化学工业出版社"十四五"普通高等教育规划教材

 高等院校智能制造人才培养系列教材

# 增材制造与创新设计：
# 从概念到产品

王坤　冯海全　著

## Additive Manufacturing and Innovative Design From Idea to Product

化学工业出版社

·北京·

## 内容简介

本书是着力于加强学生实践能力培养的立体化教材，以基本原理、技术概要、创新方法、模型构建、典型案例等一系列符合学习规律的知识图谱方式，深入浅出地叙述 3D 打印创新设计实践方法。全书共 8 章，第 1、2 章为技术基础部分，内容涵盖增材制造概述、增材制造技术、设备及材料；第 3～5 章为制造工艺部分，内容涵盖数字化建模技术及数据处理、增材制造前处理及工艺规划、增材制造后处理及经验总结；第 6 章为结构创新部分，主要介绍 3D 打印产品创新结构设计；第 7、8 章为实践应用部分，内容涵盖增材制造创新综合应用实例、对增材制造的未来展望及 4D 打印介绍。

本书理论阐述简明扼要，重点突出，给出的典型案例都提供了完整的建模步骤和技术详解，增强与读者的互动。书中四大部分内容相互衔接，围绕"教"和"学"两方面展开，借助多媒体网络和数字技术平台等现代技术手段，充分共享学习资源，实现个性化自主学习，体现出"教"与"学"的互动性特点。

本书面向高等院校应用型人才培养，适合作为与机械、智能制造、康复医疗器械、航空航天等相关的专业师生的教材，也可供相关领域的工程技术人员、科研工作者阅读。

**图书在版编目（CIP）数据**

增材制造与创新设计 ：从概念到产品 / 王坤，冯海
全著. -- 北京 ：化学工业出版社，2024．7. --（高等
院校智能制造人才培养系列教材）. -- ISBN 978-7-122
-46104-9

Ⅰ．TB4

中国国家版本馆 CIP 数据核字第 2024G7G220 号

---

责任编辑：金林茹　　　　　　　　　　装帧设计：韩　飞
责任校对：宋　夏

---

出版发行：化学工业出版社（北京市东城区青年湖南街 13 号　邮政编码 100011）
印　　装：大厂聚鑫印刷有限责任公司
787mm×1092mm　1/16　印张 19½　字数 470 千字　2024 年 10 月北京第 1 版第 1 次印刷

---

购书咨询：010-64518888　　　　　　　　售后服务：010-64518899
网　　址：http://www.cip.com.cn
凡购买本书，如有缺损质量问题，本社销售中心负责调换。

---

定　　价：69.00 元

# 高等院校智能制造人才培养系列教材
# 建设委员会

## 主任委员：

罗学科　　　郑清春　　　李康举　　　郎红旗

## 委员（按姓氏笔画排序）：

| | | | | |
|---|---|---|---|---|
| 门玉琢 | 王进峰 | 王志军 | 王　坤 | 王丽君 |
| 田　禾 | 朱加雷 | 刘　东 | 刘峰斌 | 杜艳平 |
| 杨建伟 | 张　毅 | 张东升 | 张烈平 | 张峻霞 |
| 陈继文 | 罗文翠 | 郑　刚 | 赵　元 | 赵　亮 |
| 赵卫兵 | 胡光忠 | 袁夫彩 | 黄　民 | 曹建树 |
| 戚厚军 | 韩伟娜 | | | |

## 教材建设单位（按笔画排序）：

| | |
|---|---|
| 上海应用技术大学机械工程学院 | 北京信息科技大学机电工程学院 |
| 山东交通学院工程机械学院 | 四川轻化工大学机械工程学院 |
| 山东建筑大学机电工程学院 | 兰州工业学院机电工程学院 |
| 天津科技大学机械工程学院 | 辽宁科技学院机械工程学院 |
| 天津理工大学机械工程学院 | 西京学院机械工程学院 |
| 天津职业技术师范大学机械工程学院 | 华北水利水电大学机械学院 |
| 长春工程学院汽车工程学院 | 华北电力大学（保定）机械系 |
| 北方工业大学机械与材料工程学院 | 华北理工大学机械工程学院 |
| 北华航天工业学院机电工程学院 | 安阳工学院机械工程学院 |
| 北京石油化工学院工程师学院 | 沈阳工学院机械工程与自动化学院 |
| 北京石油化工学院机械工程学院 | 沈阳建筑大学机械工程学院 |
| 北京印刷学院机电工程学院 | 河南工业大学机电工程学院 |
| 北京建筑大学机电与车辆工程学院 | 桂林理工大学机械与控制工程学院 |
| 内蒙古工业大学机械工程学院 | |

# 丛书序

党的二十大报告指出，要建设现代化产业体系，坚持把发展经济的着力点放在实体经济上，推进新型工业化，加快建设制造强国、质量强国、航天强国、交通强国、网络强国、数字中国。实施产业基础再造工程和重大技术装备攻关工程，支持专精特新企业发展，推动制造业高端化、智能化、绿色化发展。推动战略性新兴产业融合集群发展，构建新一代信息技术、人工智能、生物技术、新能源、新材料、高端装备、绿色环保等一批新的增长引擎。其中，制造强国、高端装备等重点工作都与智能制造相关，可以说，智能制造是我国从制造大国转向制造强国、构建中国制造业全球优势的主要路径。

制造业是一个国家的立国之本、强国之基，历来是世界各主要工业国高度重视和发展的重要领域。改革开放以来，我国综合国力得到稳步提升，到 2011 年中国工业总产值全球第一，分别是美国、德国、日本的 120%、346%和 235%。党的十八大以来，我国进入了新时代，发展的格局更为宏大，"一带一路"倡议和制造强国战略使我国工业正在实现从大到强的转变。我国不但建立了全球最为齐全的工业体系，而且在许多重大装备领域取得突破，特别是在三代核电、特高压输电、特大型水电站、大型炼化工、油气长输管线、大型矿山采掘与炼矿综采重点工程建设项目、重大成套装备、高端装备、航空航天等领域取得了丰硕成果，补齐了短板，打破了国外垄断，解决了许多"卡脖子"难题，为推动重大技术装备高质量发展，实现我国高水平科技自立自强奠定了坚实基础。进入新时代的十年，制造业增加值从 2012 年的 16.98 万亿元增加到 2021 年的 31.4 万亿元，占全球比重从 20%左右提高到近 30%；500 种主要工业产品中，我国有四成以上产量位居世界第一；建成全球规模最大、技术领先的网络基础设施……一个个亮眼的数据，一项项提气的成就，勾勒出十年间大国制造的非凡足迹，标志着我国迎来从"制造大国""网络大国"向"制造强国""网络强国"的历史性跨越。

最早提出智能制造概念的是美国人 P.K.Wright，他在其 1988 年出版的专著 *Manufacturing Intelligence*（《制造智能》）中，把智能制造定义为"通过集成知识工程、制造软件系统、机器人视觉和机器人控制来对制造技工们的技能与专家知识进行建模，以使智能机器能够在没有人工干预的情况下进行小批量生产"。当然，因为智能制造仍处在发展阶段，各种定义层出不穷，国内外有不同专家给出了不同的定义，但智能机器、智能传感、智能算法、智能设计、解决制造过程中不确定问题的智能方法、智能维护是智能制造的核心关键词。

从人才培养的角度而言，实现智能制造还任重道远，人才紧缺的局面很难在短时间内扭转，相关高校师资力量也不足。据不完全统计，近五年来，全国有 300 多所高校开办了智能制造专业，其中既有双一流高校，也有许多地方院校和民办高校，人才培养定位、课程体系、教材建设、实践环节都面临一系列问题，严重制约着我国智能制造业未来的长远发展。在此情况下，如何培养出适应不同行业、不同岗位要求的智能制造专业人才，是许多开设该专业的高校面临的首要任务。

智能制造的特点决定了其人才培养模式区别于其他传统工科：首先，智能制造是跨专业的，其所涉及的知识几乎与所有工科门类有关；其次，智能制造是跨行业的，其核心技术不仅覆盖所有制造行业，也适用于某些非制造行业。因此，智能制造人才培养既要考虑本校专业特色，又不能脱离社会对智能制造人才的需求，既要遵循教育的基本规律，又要创新教育体系和教学方法。在课程设置中要充分考虑以下因素：

- 考虑不同类型学校的定位和特色；
- 考虑学生已有知识基础和结构；
- 考虑适应某些行业需求，如流程制造，离散制造，混合制造等；
- 考虑适应不同生产模式，如多品种、小批量生产、大批量生产等；
- 考虑让学生了解智能制造相关前沿技术；
- 考虑兼顾应用型、技能型、研究型岗位需求等。

改革开放 40 多年来，我国的高等教育突飞猛进，高等教育的毛入学率从 1978 年的 1.55%提高到 2021 年的 57.8%，进入了普及化教育阶段，这就意味着高等教育担负的历史使命、受教育的对象都发生了深刻的变化。面对地方应用型高校生源差异化大，因材施教，做好智能制造应用型人才培养，解决高校智能制造应用型人才培养的教材需求就是本系列教材的使命和定位。

要解决好这个问题，首先要有一个好的定位，有一个明确的认识，这套教材定位于智能制造应用人才培养需求，就是要解决应用型人才培养的知识体系如何构造，智能制造应用型人才的课程内容如何搭建。我们知道，应用型高校学生培养的主要目的是为应用型学科专业的学生打牢一定的理论功底，为培养德才兼备、五育并举的应用型人才服务，因此在课程体系、基础课程、专业教育、实践能力培养上与传统综合性大学和"双一流"学校比较应有不同的侧重，应更着眼于学生的实用性需求，应培养满足社会对应用技术人才的需求，满足社会实际生产和社会实际发展的需求，更要考虑这些学校学生的实际，也就是要面向社会发展需求，为社会各行各业培养"适销对路"的专业人才。因此，在人才培养的过程中，对实践环节的要求更高，要非常注重理论和实践相结合。据此，在应用型人才培养模式的构建上，从培养方案、课程体系、教学内容、教学方式、教材建设上都应注重应用型人才培养的规律，这正是我们编写这套智能制造相关专业教材的目的。

这套教材的突出特色有以下几点：

① 定位于应用型。这套教材不仅有适应智能制造应用型人才培养的专业主干课程和选修课程教

材，还有基于机械类专业向智能制造转型的专业基础课教材，专业基础课教材的编写中以应用为导向，突出理论的应用价值。在编写中引入现代教学方法和手段，结合教学软件和工业仿真软件，使理论教学更为生动化、具象化，努力实现理论课程通向专业教学的桥梁作用。例如，在制图课程中较多地使用工业界成熟设计软件，使学生掌握比较扎实的软件设计能力；在工程力学教学中引入有限元软件，实现设计计算的有限元化；在机械设计中引入模块化设计的概念；在控制工程中引入 MATLAB 仿真和计算机编程内容，实现基础教学内容的更新和对专业教育的支撑，凸显应用型人才培养模式的特点。

② 专业教材突出实用性、模块化、柔性化。智能制造技术是利用先进的制造技术，以及数字化、网络化、智能化等知识和控制理论来解决制造过程中不确定和非固定模式的问题，使得制造过程具有智能的技术，它的特点是综合性和知识内涵的丰富性以及知识本身的创新性。因此，在教材建设上与以前传统的知识技术技能模式应有大的区别，更应注重对学生理念、意识、认知、思维方式和系统解决问题能力的培养。同时考虑到各行业、各地和各校发展阶段和实际办学水平的不同，希望这套教材尽可能为各校合理选择教学内容提供一个模块化、积木式结构，并在实际编写中尽量提供项目化案例，以便学校根据具体情况做柔性化选择。

③ 本系列教材注重数字资源建设，更多地采用多媒体的互动方式，如配套课件、教学视频、测试题等，使教材呈现形式多样化，数字内容更为丰富。

由于编写时间紧张，智能制造技术日新月异，编写人员专业水平有限，书中难免有不当之处，敬请读者及时批评指正。

高等院校智能制造人才培养系列教材建设委员会

# 序

当今世界，国际形势复杂多变，国际竞争日益加剧。世界科技强国都将增材制造技术作为未来产业发展的"新动力"和有望革新制造业的"潜力股"。欧美等发达国家纷纷制定了包含增材制造技术未来发展规划的国家战略，如美国"America Makes"、欧盟"Horizon 2020"、德国"工业 4.0"等。我国也将增材制造列入了"中国制造 2025"强国战略，吹响了冲进世界制造强国的号角。在"百年未有之大变局"的背景下，重构全球创新版图，重塑全球经济结构，这是我国推动高质量发展千载难逢的历史机遇。增材制造技术作为 21 世纪颠覆性技术，正源源不断地为制造业注入澎湃的活力，带领着"中国制造"向"中国创造"转变。

党的二十大以来，总书记指出"为世界提供更多更好的中国制造和中国创造"，要立足现有产业基础，扎实推进先进制造业高质量发展，加快推动传统制造业升级，发挥科技创新的增量器作用，积极主动适应和引领新一轮科技革命和产业变革，把高质量发展的要求贯穿新型工业化全过程。近年来，我国在高端装备制造领域取得了重要进展与突破，设计研制了新型航空航天装备、盾构掘进装备、深海探测装备、轨道交通装备等一系列高附加值的产品，其中增材制造技术在新材料研发、设备研制、关键零部件制造、理论探索和技术应用等领域突飞猛进，解决高、精、尖复杂零部件的制造难题，行业呈现出向规模化、集成化，精度化、快速化，材料通用化、专业化和多样化的发展趋势，在推动实现新型工业化过程中发挥重要作用。

创新设计赋能智能制造，"制造"与"创造"的界限正被重新定义，中国要从"制造大国"走向"制造强国"，创新驱动，设计要先行。对我国装备制造业，特别是高端装备制造的产品创新设计能力提出了更高的要求。国家"十四五"规划和 2035 年远景目标纲要提出完善智能制造标准体系的要求，助力我国智能制造业迅猛发展。增材制造行业也要紧跟智能制造规划的"两步走、四大任务、六个行动、四项措施"，立足于智能制造这个基本本质，紧扣增材制造特征，以工艺、装备为核心，以材料、数据为基础，建立健全增材制造标准体系。目前国内增材制造技术方面的人才匮乏，存在巨大的人才缺口。2021 年，教育部将增材制造工程（additive manufacturing engineering）列入普通高等学校本科专业目录的新专业名单，成为中国普通高等学校本科专业。此后，我国陆续在本科院校开设了增材制造专业，但大部分高校还处于增材制造专业课程建设的初期阶段，如何培养符合增材制造企业高质量发展要求的创新型人才成为行业发展的瓶颈问题。为此，该书作者在多年增材制造领域的技术研究和教学实践的基础上，组织编写了《增材制造与创新设计：从概念到产品》立体化教材，阐述了"增材思维"概念，提出了一种面向增材制造创新设计的方法论。以基本原理、技术概要、创新方法、模型构建、典型案例等一系列符合学习规律的知识图谱方式，构建了以"教书育人—科学研究—社会服务"的阶梯式创新人才培养路径，全面培养学生增材制造创新设计能力和实践动手能力。

恰时，化学工业出版社推出《高等院校智能制造人才培养系列教材》，在编写初期，该书作者组织国内顶尖增材制造专家、学者和企业家对本书的学术定位、编写思想、特色形式等都进行了深入的研讨，初稿完成后也有多位高校学者进行了详细的校审修改工作，力求在保证高学术水平的基础上，更富有教学适应性、认知规律性、结构完整性、内容拓展性、编排逻辑性，做到了每一章都重点突出、层次分明、条理清楚。该书论述完整、体系严谨、实践性强，可作为高等院校相关专业的教材，同时也是增材制造爱好者、相关领域的工程技术人员、科研工作者的重要参考书籍。

教育部长江学者特聘教授
国家重点研发计划首席科学家

闫春泽

2024 年 3 月

# 前　言

　　3D 打印作为一个新兴的制造领域，正逐渐改变着传统制造业的格局，为创新设计提供前所未有的可能性。目前国内 3D 打印技术方面的人才匮乏，存在着巨大的人才缺口，急需具有创新设计能力和掌握 3D 打印功能-结构一体化设计的技术人才。本书正是基于此需求并结合学生能力培养目标编写的，系统介绍 3D 打印创新设计流程、方法与实践，指导大学生和从业者更好地应用 3D 打印技术，以期推动产品创新和技术发展。

　　本书作为《高等院校智能制造人才培养系列教材》分册之一，在内容体系上引导读者从概念出发，逐步将创新设计转化为实际产品。本书内容涵盖 3D 打印技术的基本原理、数字化建模技术和数据处理、增材制造前后处理和工艺规划、增材思维和创新设计方法、3D 打印技巧以及新产品开发经典实例等，并且给出具有较好自学性和综合性的阶梯成长型案例，使学生在学习原理的同时，进行实际建模和 3D 打印操作，经历实例设计、建模、打印、后处理和结果评判的全过程，在实践的基础上深刻理解和掌握 3D 打印技术及创新设计方法。

　　一本好的教材应该在培养学生掌握坚实的基础理论、系统的专业知识以及具有实践应用能力方面发挥作用。本书不但提供系统的、具有一定深度的基础理论，以及丰富的实践操作指导，而且介绍了相关的应用领域，为学生进一步学习提供扩展空间。本教材力求体现以下特点：

　　① 教学适应性：强调对学生在增材制造原理、方法和实践应用等方面的培养目标要求，注重学生在智能制造工程实践方面的基础训练，培养学生"使用先进软硬件解决实际工程问题"的初步能力。

　　② 认知规律性：力求按照 3D 打印技术方法的教学规律和认知规律，在教材中设计了"基本原理""技术概要""创新方法""模型构建""典型案例"章节模块，并体现出"干中学，学中干"的知行合一的教育理念，在每章都明确学习目标，给出思维导图，同时每章都给出典型实践案例，并归纳总结知识要点，以引导学生领会 3D 打印技术的实质，体现教材的启发性，有利于激发学生的学习兴趣和便于自学。

　　③ 结构完整性：本教材结构完整，包括思维导图、案例导入、正文、典型例题、各章要点、习题、专业术语的英文标注、参考文献以及相关附件，便于学生查阅。

　　④ 内容拓展性：除基本内容外，还介绍了较广泛的应用领域，包括航空航天、医疗器械、康复辅具、汽车制造及文化创意产业等，提供了相关典型问题的建模详细分析过程，基本上反映了 3D 打印技术在

一些主要领域的应用状况及建模方法。

⑤ 编排逻辑性：本教材层次分明、条理清晰，在每章中重点突出增材思维、理论基础及实践方法，强调相应的工程概念，并给出具体的实例，提供典型例题详解，力求反映 3D 打印创新设计实践特有的思维方式。

本书由王坤副教授和冯海全教授主编，并完成全书的统筹工作，本书第 1、3、6~8 章由王坤编写，第 2、4 和 5 章由冯海全编写。此书撰写过程中，有幸得到团队成员闫超伟、武亚焜、韩鹏飞、宁天亮、李方祺、李一凡的帮助；华中科技大学材料科学与工程学院闫春泽教授对本书章节结构和知识点布局给出了许多宝贵的建议；西安交通大学机械工程学院连芩教授对本书进行了详细的审定，并提出了许多建设性的意见；河北工业大学机械工程学院朱东彬教授在本书的编写过程中对各个例题进行了校审和修改。在此，一并表示由衷的感谢！本书在编写过程中参考了国内外专家和同行的有关文献，在此，谨向他们表示衷心的感谢！

由于笔者水平有限，书中不足之处在所难免，敬请读者批评指正。

扫码获取本书资源

# 目 录

# 第 3 章　数字化建模技术及数据处理　56

## 第4章　增材制造前处理及工艺规划 　91

## 第5章　增材制造后处理及经验总结 　116

## 第 6 章　3D 打印产品创新结构设计　　132

## 第7章　增材制造创新综合应用实例　　156

## 第 8 章　4D 打印与增材制造的未来　　279

## 参考文献　　293

# 第1章

## 增材制造概述

 **思维导图**

```
                        ┌─────────────────┐
                    ┌───│  增材制造前沿    │
                    │   └─────────────────┘
                    │   ┌─────────────────┐
                    ├───│  增材制造定义    │
                    │   └─────────────────┘
 ┌──────────┐       │   ┌─────────────────┐
 │增材制造概述│──────┼───│  增材制造历史    │
 └──────────┘       │   └─────────────────┘
                    │   ┌─────────────────────┐
                    ├───│ 增材制造优势及局限性 │
                    │   └─────────────────────┘
                    │   ┌─────────────────┐
                    └───│  增材制造产业应用 │
                        └─────────────────┘
```

扫码获取本书资源

 **案例导入**

　　智能人形机器人（图1-0）是仿生学和机构学的结合与应用，具有结构复杂，形状与人类相似，能够移动、操作、感知，以及拥有记忆和自治能力等特点，这样高智能、高性能的人形机器人是如何制造出来的？哪些零部件采用了增材制造技术？它究竟有怎样神奇的魅力呢？

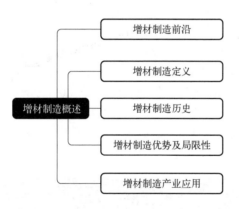

**图1-0　智能人形机器人**

**学习目标**

**认知目标**

- 掌握增材制造技术的逐层堆积原理。
- 了解增材制造技术的起源和发展。
- 全面认识增材制造技术的应用领域与案例，分析增材制造技术在不同领域中解决问题的优势和局限性。

**能力目标**

- 探索增材制造技术在各大领域中的应用，培养创新设计的思考能力。

**素养目标**

- 增强学生对增材制造技术的学习兴趣，培养精益求精的职业素养和大国工匠精神。

# 1.1 增材制造前沿

增材制造（也可称 3D 打印，本书后面为了方便将不加区别地采用其中一种叫法）技术是 20 世纪 80 年代后期发展起来的新型制造技术，是当前国际先进制造技术发展的前沿，同时也是目前智能制造体系的重要组成部分，世界科技强国都将增材制造技术作为未来产业发展新的增长点加以培育和支持，欧美等发达国家纷纷制定了发展增材制造技术的国家战略，美国"America Makes"、欧盟"Horizon 2020"、德国"工业 4.0"等战略计划均将其列入提升国家竞争力、应对未来挑战亟须发展的先进制造技术。我国也将增材制造列入了"中国制造 2025"强国战略，并进行了重点布局和发展规划。如图 1-1 所示为增材制造技术在生产环节中的应用，从概念到产品全流程覆盖。

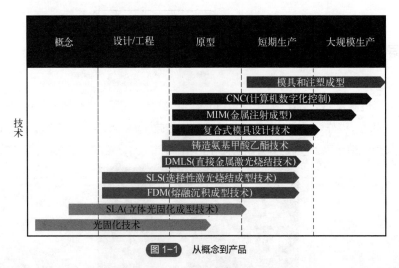

图 1-1 从概念到产品

技术发展的一般性规律如图 1-2 所示，一种新技术的发展一般会经历发展初期，然后迅猛发展到顶峰期，此时会淘汰一部分技术，回落到低谷期，然后筛选下来的技术进入复苏期，经历复苏期后稳定发展进入生产成熟期。目前增材制造技术就处于复苏期正迈向生产成熟期的阶段。

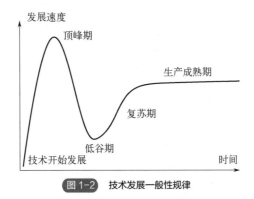

图 1-2　技术发展一般性规律

　　3D 打印是增材制造的主要实现形式。增材制造的理念区别于传统的减材制造。

　　如图 1-3 所示，减材制造是在原材料基础上，借助工装模具，使用切削、磨削、腐蚀、熔融等方法去除多余部分得到最终零件，然后用装配拼装、焊接等方法组成最终产品。增材制造与之不同，无需毛坯和工装模具，就能直接根据计算机建模数据对材料进行层层叠加，生成任何形状的物体。

(a) 减材制造　　　　　　　　　(b) 增材制造

图 1-3　减材制造与增材制造

　　目前，增材制造技术已广泛应用于医疗、食品加工、航天、文物修复和建筑等多个领域，特别是在一些高价值应用中，如制造髋关节、牙齿或飞机零部件，都展现出了其独特的应用价值。不仅如此，增材制造技术作为一种革命性的制造技术，正日益渗透到研发、设计、生产等多个领域，展现其深远的影响力。它不仅是材料、生产工艺与信息技术的完美结合，更是推动工业生产向柔性化和绿色化迈进的关键力量。此外，该技术还为传统制造方式提供了重要的优化和补充，为生产模式、业态及市场带来了全新的变革。在全球范围内，众多研究者与企业家正激烈探讨 3D 打印是否会成为引领新一轮产业革命的颠覆性创新技术，增材制造技术的潜力和前景不容小觑。

## 1.2　增材制造定义

定义：增材制造（additive manufacturing，AM），也称3D打印技术，是一种通过逐层累加材料来制造实体零件的方法，通过三维数字化设计将材料（如液体、粉末、线材或块材等）一层层叠加，形成实体结构。与传统的减材制造技术相比，增材制造是一种"自下而上"的制造方法。

增材制造技术是由 CAD 模型直接驱动快速制造任意复杂形状三维实体零件或模型的技术总称。如图1-4所示，首先在计算机中生成符合零件设计要求的三维 CAD 数字模型，然后根据工艺要求，按照一定的规律将该模型在 Z 方向离散为一系列有序的片层，通常在 Z 方向将其按一定厚度进行分层，把原来的三维 CAD 模型变成一系列的层片；再根据每个层片的轮廓信息，输入加工参数，自动生成数控代码；最后由成型机头在 CNC 程序控制下沿轮廓路径做 2.5 轴运动，喷头经过的路径会形成新的材料层，上下相邻层片会自己黏结起来，最后得到一个三维物理实体。这样就将一个复杂的三维加工转变成一系列二维层片的加工，大大降低了加工难度，这也是所谓的"降维制造"。总的来说，增材制造技术是以计算机三维设计模型为蓝本，通过软件分层离散和计算机数字控制系统，利用激光束、热熔喷嘴等方式将金属粉末、陶瓷粉末、塑料、细胞组织等特殊材料进行逐层堆积黏结，最终叠加成型，制造出实体产品。与传统制造业生产产品不同，3D打印将三维实体变为若干个二维平面，通过对材料处理并逐层叠加进行生产，大大降低了制造的复杂度。这种数字化制造模式不需要复杂的工序，不需要庞大的机床，不需要众多的人力，直接根据计算机图形数据便可生成任意形状的零件，具有很高的定制化和个性化特点。

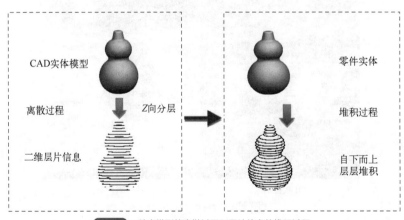

**图 1-4**　数字模型的离散过程和层片信息的堆积过程

作为先进制造业的重要组成部分，3D打印能够快速、高效地制造新产品的物理原型，为产品研发提供一种快捷的技术途径。如图1-5所示为利用 FDM 技术通过热塑性塑料的热熔性、黏结性，在计算机控制下逐层堆积形成的三维实体玩偶摆件。

关于增材制造的外延，可以从多个角度进行理解。

首先，从技术的角度看，增材制造的外延涉及其应用领域和技术创新。随着技术的发展，增材制造的应用已经从简单的原型制造和间接制造扩展到了直接制造金属功能零件，并在航空航天、国防军工、医疗器械、汽车制造、注塑模具等领域得到了广泛应用。同时，随着新材料的研发和新工艺的出现，增材制造技术也在不断创新，为制造业带来了更多的可能性。

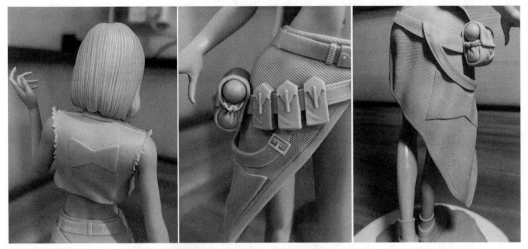

图1-5　3D打印的红蜡材料玩偶摆件细节图

其次，从概念的角度看，增材制造的外延也在不断扩展。"广义"和"狭义"增材制造的概念就体现了这种外延。狭义的增材制造主要关注不同能量源与 CAD/CAM 技术结合、分层累加材料的技术体系；而广义的增材制造则是以材料累加为基本特征，以直接制造零件为目标的大范畴技术群，包括更多的技术分支和应用领域。

此外，从材料的角度看，增材制造的外延也涉及更多的材料类型。按照加工材料的类型和方式分类，增材制造可以分为金属成型、非金属成型、生物材料成型等。这意味着增材制造可以处理更多种类的材料，为制造业提供了更大的灵活性。

总的来说，增材制造的外延是一个不断发展的概念，它涉及技术的创新、应用领域的扩展以及材料类型的丰富。随着科技的进步和市场的需求，增材制造的外延还将继续扩大，为制造业带来更多的机遇和挑战。

## 1.3　增材制造历史

增材制造理念起源于 19 世纪末美国的快速原型制造（rapid prototyping manufacturing），并在 20 世纪 80 年代开始得到广泛推广和应用。20 世纪 80 年代初，一些前瞻性的研究和创造，如雕塑制作和地貌成型技术，为 3D 打印的核心制造思想奠定了基础。起初，这种技术并不普及，主要集中在一些富有创新的人和爱好者手中，他们使用 3D 打印机制造出各种物品，如珠宝、玩具、工具和厨房用具。一些勇敢的汽车专家还尝试利用 3D 打印技术制作汽车零部件的模型，进而为市面上的标准零部件定制提供依据。1979 年，美国科学家 RF Housholder 获得了与"快速成型"技术相关的专利，但这项技术并未被商业化。1986 年，3D Systems 成立，标志着 3D 打印进入产业化。1995 年，德国 Fraunhofer 激光技术研究所（ILT）推出 SLM（选择性激光熔化）技术，激光技术开始被应用于增材制造并逐步普及。到 20 世纪 80 年代中期，SLS 技术由得克萨斯大学的卡尔 Deckard 博士开发并获得专利，这项技术得到了 DARPA（美国国防高级研究计划局）的资助。随着 3D 打印底层技术发展越来越全面，我国增材制造市场开始进入发展快车道。根据中国增材制造产业联盟的数据，2022 年我国 3D 打印市场规模达到 330 亿元，实现十年 30 倍涨幅。增材制造的发展历程如图 1-6 所示。

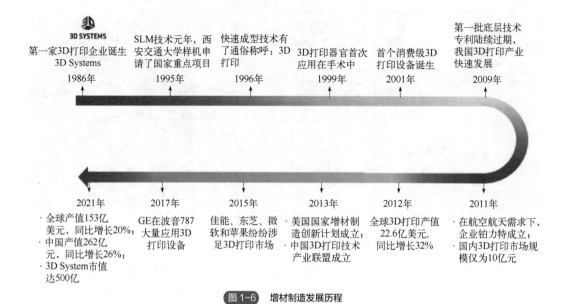

图 1-6 增材制造发展历程

　　3D 打印是科技融合的最新、最高维度的体现，被誉为"源自 20 世纪的理念，继承 20 世纪的技术，引领这个世纪的市场潮流"。它利用光固化、纸层叠等技术实现快速成型，打破了传统加工模式的限制。因此，3D 打印被认为是近 40 年来制造技术领域的一次重大飞跃。3D 打印历史大事件如表 1-1 所示。

表 1-1　3D 打印历史大事件

| 1984 年 | 美国人 Charles Hull 发明了立体光刻技术，可以用来打印 3D 模型 |
| --- | --- |
| 1986 年 | Charles W.Hull 成立了 3D Systems 公司，研发了著名的 STL 文件格式，STL 格式逐渐成为 CAD/CAM 系统接口文件格式的工业标准 |
| 1988 年 | 3D Systems 公司推出了世界上第一台基于 SLA 技术的商用 3D 打印机 SLA-250，其体积非常大，Charles 把它称为"立体平板印刷机"。尽管 SLA-250 身形巨大且价格昂贵，但它的面世标志着 3D 打印商业化的起步。同年，Scott Crump 发明了另一种 3D 打印技术即熔融沉积快速成型技术（fused deposition modeling，FDM）并成立了 Stratasys 公司 |
| 1989 年 | 美国得克萨斯大学奥斯汀分校的 C.R.Dechard 发明了选择性激光烧结工艺（selective laser sintering，SLS）。SLS 技术应用广泛并支持多种材料成型，例如尼龙、蜡、陶瓷甚至是金属，SLS 技术的发明让 3D 打印生产走向多元化 |
| 1992 年 | Stratasys 公司推出了第一台基于 FDM 技术的 3D 打印机——3D 造型者（3D Modeler），这标志着 FDM 技术步入了商用阶段 |
| 1993 年 | 美国麻省理工学院的 Emanual Sachs 教授发明了三维印刷技术（three-dimension printing，3DP）。3DP 技术通过黏结剂把金属、陶瓷等粉末黏结成型 |
| 1995 年 | 快速成型技术被列为我国未来十年十大模具工业发展方向之一，国内的自然科学学科发展战略调研报告也将快速成型与制造技术、自由造型系统以及计算机集成系统研究列为重点研究领域之一 |

| 1996 年 | 3D Systems、Stratasys、Z Corporation 各自推出了新一代的快速成型设备 Actua 2100、Genisys 和 Z402,此后快速成型技术便有了更加通俗的称谓——3D 打印 |
|---|---|
| 1999 年 | 3D Systems 推出了 SLA 7000,定价 80 万美元 |
| 2002 年 | Stratasys 公司推出 Dimension 系列桌面级 3D 打印机。Dimension 系列价格相对低廉,主要也是基于 FDM 技术以 ABS 塑料作为成型材料 |
| 2005 年 | Z Corporation 公司推出世界上第一台高精度彩色 3D 打印机 Spectrum Z510,让 3D 打印走进了彩色时代 |
| 2007 年 | 3D 打印服务创业公司 Shapeways 正式成立。Shapeways 公司建立起了一个规模庞大的 3D 打印设计在线交易平台,为用户提供个性化的 3D 打印服务,深化了社会化制造模式(social manufacturing) |
| 2008 年 | 第一款开源的桌面级 3D 打印机 RepRap 发布。RepRap 是英国巴恩大学 Adrian Bowyer 团队立项于 2005 年的开源 3D 打印机研究项目,得益于开源硬件的进步与欧美实验室团队的无私贡献,桌面级的开源 3D 打印机为新一轮的 3D 打印浪潮翻起了暗涌 |
| 2009 年 | Bre Pettis 带领团队创立了著名的桌面级 3D 打印机公司——Makerbot。Makerbot 的设备主要基于早期的 RepRap 开源项目,但对 RepRap 的机械结构进行了重新设计,发展至今已经历几代的升级,在成型精度、打印尺寸等指标上都有长足的进步。Makerbot 承接了 RepRap 项目的开源精神,其早期的产品同样是以开源的方式发布,在互联网上能非常方便地找到 Makerbot 早期项目所有的工程材料,Makerbot 也出售设备的组装套件,此后国内的厂商便以这些材料为基础开始了仿造工作,国内的桌面级 3D 打印机市场也由此打开 |
| 2012 年 | 英国著名经济学杂志 *The Economist* 一篇关于第三次工业革命的文章全面地掀起了新一轮的 3D 打印浪潮。同年 9 月,3D 打印的两个领先企业 Stratasys 和以色列的 Objet 宣布进行合并,合并后的公司名仍为 Stratasys。此项合并进一步确立了 Stratasys 在高速发展的 3D 打印及数字制造业中的领导地位。10 月,来自 MIT MediaLab 的团队成立 Formlabs 公司并发布了世界上第一台廉价的高精度 SLA 消费级桌面 3D 打印机 Fom1,引起了业界的重视。此后在著名网站 Kickstarter 上发布的 3D 打印项目呈现百花齐放的盛况,国内的生产商也开始了基于 SLA 技术的桌面级 3D 打印机研发。同期,国内由亚洲制造业协会联合华中科技大学、北京航空航天大学、清华大学等权威科研机构和 3D 行业领先企业共同发起的中国 3D 打印技术产业联盟正式宣告成立。国内关于 3D 打印的门户网站、论坛、博客如雨后春笋般涌现,各大报刊、网媒、电台、电视台也争相报道关于 3D 打印的新闻 |
| 2013 年 | 《环球科学》即《科学美国人》(*Scientific American*)的中文版,在 2013 年的一月刊中邀请科学家,经过数轮讨论评选出了 2012 年最值得铭记、对人类社会产生影响最为深远的十大新闻,其中 3D 打印位列第九 |
| 2015 年 | 3D Systems 收购无锡易维,创建 3D Systems 中国;佳能、理光、东芝、欧特克、微软和苹果纷纷涉足 3D 打印市场;惠普公布了其开发的多射流熔融(MJF)3D 打印技术 |
| 2016 年 | GE 收购两大 3D 打印巨头 Concept Laser 和 Arcam;以色列 XJet 发布纳米颗粒喷射成型金属打印设备;哈佛大学研发出 3D 打印肾小管;Carbon 推出首款基于 CLIP 技术的 3D 打印机;医疗行业巨头强生与 Carbon 合作进军 3D 打印手术器械市场 |
| 2017 年至今 | Elon Musk(马斯克),2017 年提出 SpaceX 星舰计划,运用 3D 打印技术实现可重复使用的高性能 3D 打印运载火箭。这是一项推动人类前往火星和月球,以及在地球轨道上实现太空旅行的疯狂计划 |

增材制造技术发展至今,中国与国外顶尖技术相比仍有一定的差距,亟需发展的 3D 打印技术如图 1-7 所示。

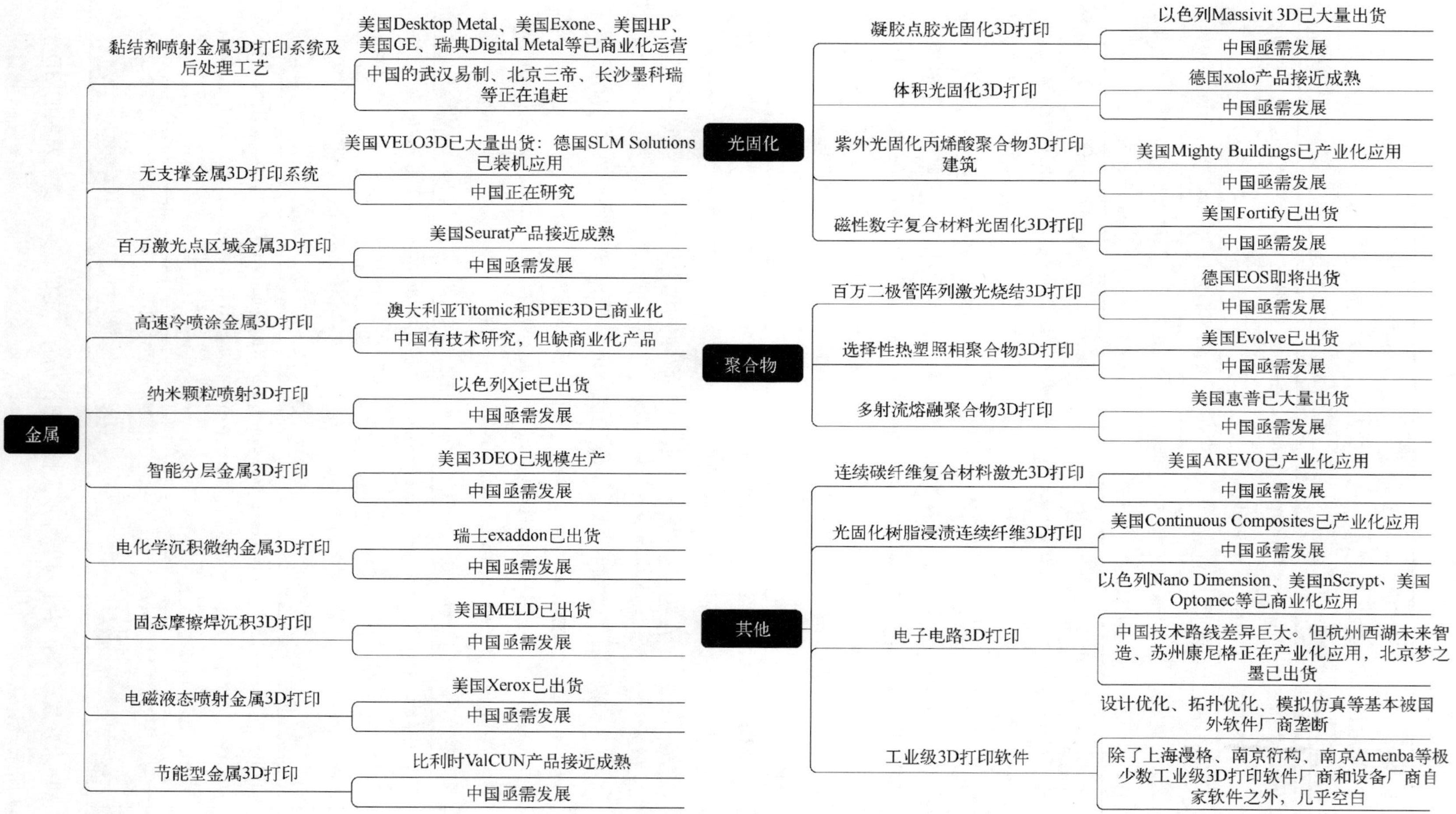

**金属**

- 黏结剂喷射金属3D打印系统及后处理工艺：美国Desktop Metal、美国Exone、美国HP、美国GE、瑞典Digital Metal等已商业化运营；中国的武汉易制、北京三帝、长沙墨科瑞等正在追赶
- 无支撑金属3D打印系统：美国VELO3D已大量出货；德国SLM Solutions已装机应用；中国正在研究
- 百万激光点区域金属3D打印：美国Seurat产品接近成熟；中国亟需发展
- 高速冷喷涂金属3D打印：澳大利亚Titomic和SPEE3D已商业化；中国有技术研究，但缺商业化产品
- 纳米颗粒喷射金属3D打印：以色列XJet已出货；中国亟需发展
- 智能分层金属3D打印：美国3DEO已规模生产；中国亟需发展
- 电化学沉积微纳金属3D打印：瑞士exaddon已出货；中国亟需发展
- 固态摩擦堆积金属3D打印：美国MELD已出货；中国亟需发展
- 电磁液态金属喷射金属3D打印：美国Xerox已出货；中国亟需发展
- 节能型金属3D打印：比利时ValCUN产品接近成熟；中国亟需发展

**光固化**

- 凝胶点点胶光固化3D打印：以色列Massivit 3D已大量出货；中国亟需发展
- 体积光固化3D打印：德国xolo产品接近成熟；中国亟需发展
- 紫外光固化丙烯酸酯聚合物3D打印建筑：美国Mighty Buildings已产业化应用；中国亟需发展
- 磁性数字复合材料光固化3D打印：美国Fortify已出货；中国亟需发展

**聚合物**

- 百万二极管阵列激光烧结3D打印：德国EOS即将出货；中国亟需发展
- 选择性热塑照相聚合3D打印：美国Evolve已出货；中国亟需发展
- 多射流熔融聚合物3D打印：美国惠普已大量出货；中国亟需发展

**其他**

- 连续碳纤维复合材料激光3D打印：美国AREVO已产业化应用；中国亟需发展
- 光固化树脂浸渍连续纤维3D打印：美国Continuous Composites已产业化应用；中国亟需发展
- 电子电路3D打印：以色列Nano Dimension、美国nScrypt、美国Optomec等已商业化应用；中国技术路线差异巨大，但杭州西湖未来智造、苏州康尼格正在产业化应用，北京梦之墨已出货
- 工业级3D打印软件：设计优化、拓扑优化、模拟仿真等基本被国外软件厂商垄断；除了上海漫格、南京衍构、南京Amenba等极少数工业级3D打印软件厂商和设备厂商之外，几乎空白

图1-7 2022年统计的中国亟需发展的3D打印技术

综上所述，40 多年来，3D 打印技术不断创新、进化，不仅为制造业带来了巨大的革命，也带动了医疗、航空航天、建筑、文化和教育等多个领域的快速发展。随着技术的不断进步和成本的不断降低，3D 打印技术逐渐成为人们创造、设计和制造的新时代工具。

## 1.4　增材制造优势及局限性

### 1.4.1　增材制造的优势

增材制造与传统制造方式的不同之处在于：增材制造不像传统制造那样通过切割或模具塑造来制造物品，它通过层层堆积的方式来形成实体物品，恰好从物理的角度扩大了数字概念的范畴。当人们要求具有精确的内部凹陷或互锁部分的形状设计时，3D 打印技术便具备了与生俱来的优势。增材制造和传统制造的本质区别决定了增材制造在部分领域拥有一定的优势，例如在零部件开发方面，增材制造与传统制造方式相比，至少具有以下六个方面的优势。

#### （1）生产结构复杂的高性能产品，依托轻量化降低全生命周期成本

3D 打印制造一个形状复杂的物品与打印一个简单的方块所消耗的成本是相同的。就传统制造而言，物体形状越复杂，制造成本越高。如图 1-8 所示，对于增材制造而言，制造形状复杂的物品其成本并不会相应增长，增材制造可以生产出结构更加优化、质量更轻的零部件。通过精确控制材料分布和结构形态，增材制造在轻量化应用方面表现出色。在航空航天、汽车制造等领域，轻量化应用尤为重要，增材制造技术的引入极大地推动了这些领域的发展。

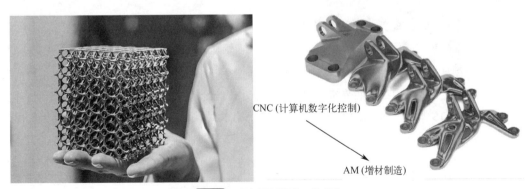

图 1-8　复杂结构轻量化一体成型

#### （2）缩短研发周期，降低成本

增材制造可以缩短"设计—验证—生产"全流程周期，提高产品制造效率。传统制造模式中产品设计验证需要经历大量的定型前产品试制，不断对产品进行改进，最终实现定型。增材制造技术能够使用建模软件进行产品的优化设计，并且可以实现产品的快速制造。以钛排气装置为例，如图 1-9 所示，根据 3D Systems，增材制造可以实现装置的整合式设计与制作，产品设计时间从 6 周缩短到 6 天，零部件数量从 20 个降低到 1 个，此外生产时间也仅为之前的 1/4，大大缩短了流程周期，提高了制造效率。在传统制造业中，培养一个娴熟的工人往往需要很长

的时间，而3D打印机的出现可以显著降低生产技能的门槛。远程环境或极端情况下批量生产，以及计算机控制制造，都将显著降低对生产人员技能的要求，降低人员成本。增材制造还具备可以使部件一体化成型的特点，这对减少劳动力和运输方面的花费有明显的帮助。

### （3）减少设计约束，增加设计自由度

增材制造使设计师能够更加自由地发挥创意。他们可以设计出更加复杂、独特的结构，如图1-10所示，选择更加合适的材料，从而创造出更具创新性和竞争力的产品。这种设计自由度的增加不仅提升了产品的美观性和实用性，还推动了制造业的创新和发展。3D打印机从设计文件中自动分割计算出生产需要的各种指令集，制造同样复杂的物品，3D打印机所需的操作技能将比传统设备少很多。这种摆脱原来高门槛的非技能制造业，将进一步引出众多新的商业模式，并能在远程环境或极端情况下为人们提供新的生产方式。

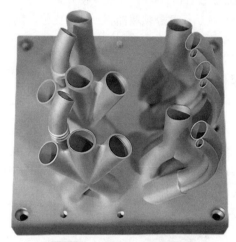

图1-9　钛排气装置一体化成型

图1-10　创新型结构通过3D打印轻松实现

从制造物品的复杂性来看，3D打印相比传统制造技术同样具备优势，甚至能制作出目前只能存在于设计之中、人们在自然界未曾见过的形状。传统制造技术和工匠制造的产品形状有限，制造形状的能力受制于所使用的工具。例如，传统的木制车床只能制造圆形物品，制模机仅能制造铸模形状。而3D打印有望突破这些局限，开辟巨大的设计和制造空间。

### （4）模块化设计、便携制造

增材制造的优点还在于可以自由移动设备，并制造出比自身体积还要庞大的物品。就单位生产空间而言，如注塑机只能制造比自身小很多的物品，而3D打印机却可以制造和其打印台一样大的物品。

### （5）节约原材料、增强功能性

相对于传统的金属制造技术来说，3D打印机制造时产生的副产品更少。传统金属加工有着十分惊人的浪费量，一些精细化生产甚至会造成90%原材料的浪费。相对来说，3D打印的浪费量将显著减少。不同原材料价格差异较大，某些应用领域的原材料价格昂贵，比如钛合金，传统钛基材料达到9.8万元/吨，价格高昂；2021年，3D打印的钛基材料达到36.3万元/吨，同

比增长 200% 以上。3D 打印逐层堆叠的特点可以减少原材料的浪费，较大程度提升了原材料利用率，从而降低核心零部件的制造成本。随着打印材料的进步，"净成型"制造可能取代传统工艺成为更加节约环保的加工方式。

将不同原材料结合成单一产品对当今的制造机器而言是一项技术难题，因为传统的制造机器在切割或模具成型过程中难以将多种原材料结合在一起，但增材制造还可以实现多材料打印，将不同性能的材料结合在一起，进一步提升产品的功能性并可以多种材料无限组合，如图 1-11 所示。

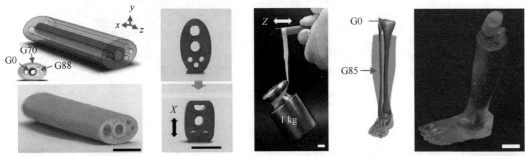

图 1-11　手术前假肢打印：硬材料模仿骨头、软材料模仿肌肉、空心结构模仿血管

扫码获取彩图

## 1.4.2　增材制造的局限性

金无足赤，人无完人。任何新技术都不可能一出现便完美无缺、无所不能，一定既存在优势又有不足，3D 打印技术也是如此，多种限制因素阻碍增材产业化发展。虽然技术在发展历程中不断迭代，但增材制造的本质仍是对材料进行不同方式的熔融后逐层堆积形成产品，这个过程实际上对原材料、设备都提出了不同于传统制造的各种要求，它存在以下四个方面的局限性。

### （1）加工工艺的局限性

铝合金、铜合金等材料在激光烧结后力学性能变差，疲劳强度低，高温下抗蠕变性能差；钽金属、多主元合金等在高温下难融难加工；一些热固性塑料、酚醛塑料等，还没有很好的替代材料；还有陶瓷浆料成型，由于 3D 打印需要一定的流动性，而喷头挤出的黏流态材料容易堵头，故陶瓷成分占比很难超过 70%；打印件的后处理工艺也是限制增材制造产业化发展的重要因素，例如钛合金打印件表面粗糙等。

### （2）原材料有限，成本高昂

原材料种类有限，约束产品生产范围，目前可供 3D 打印机使用的材料只有少数的几种。为了保证原材料能够完成较好的熔融烧结并逐层堆积，3D 打印使用的粉末有特殊性质要求，如对粉末的含氧量、流动性、粒度等都有不同要求，使得新材料的研发成本较高，原材料范围有限。整体来看，在产业化发展起步时期，增材制造的新型材料应用周期较长，限制了 3D 打印技术在部分细分领域/场景的应用。如图 1-12 所示，要使用 3D 打印进行液体或金属材料加工，即使只是一些常见的材料，前期设备投入普遍都在数百万元以上，其成本高昂可想而知。

图 1-12　昂贵的光敏树脂和金属粉末

增材制造方案整体成本较高，目前以低价格敏感度领域为主。增材制造作为新兴行业，市场化历程短暂，设备相对传统设备结构复杂，原材料、生产工艺等相对传统制造要求更高，所以增材制造方案整体成本相对较高，下游客户主要集中在各应用领域实力雄厚的头部厂商，故目前仍以低价格敏感度的航空航天、医疗等领域为主。

### （3）存在台阶效应

由于分层制造存在台阶效应，每层虽然都分解得非常薄，但在一定微观尺度下，仍会形成具有一定厚度的多级"台阶"，如图 1-13 所示，如果需要制造的对象表面是圆弧形，就不可避免地会造成精度上的偏差。分层切片厚度决定了打印精度，同时也决定打印时间，最终变为打印效率的经济价值和打印精度的平衡问题。

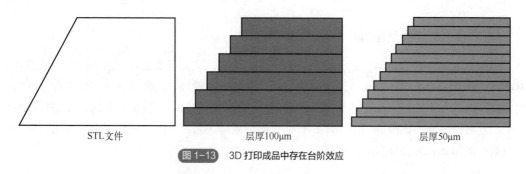

STL文件　　　　　层厚100μm　　　　　层厚50μm

图 1-13　3D 打印成品中存在台阶效应

此外，许多 3D 打印工艺制作的物品都需进行二次强化处理，当表面压力和温度同时提升时，3D 打印生产的物品会因为材料的收缩与变形，精度进一步降低。

### （4）打印尺寸受技术限制，微型/大型零件制造难度较高

通常 3D 打印一次性成型最大尺寸取决于打印机的打印空间大小，而最小尺寸则取决于可打印的最小壁厚。当前 3D 打印设备的尺寸通常处于毫米级到米级，尺寸局限相对传统制造较大。

## 1.5　增材制造产业应用

3D 打印技术取得了令人瞩目的进展，其应用范围也在日益扩大，航空航天、工业/化工、军事防御、生物医学、海运/货轮、汽车高铁等行业均有广泛应用，如图 1-14 所示。据报道，2017 年 3 月底，俄罗斯成功发射了全球首个采用 3D 打印技术制造的卫星外壳。同时，波音公司也研发出了一种无需实体打印平台的悬浮式 3D 打印技术，并已获专利，该技术利用声波实现悬浮，为波音公司在飞机零部件制造领域的创新提供了新方向。

空中客车公司的 A350 机身中，超过 1000 种零部件是通过 3D 打印制造的，数量遥遥领先于其他飞行器。美国空军则计划利用 3D 打印技术在战场上快速制造小型无人驾驶飞行器，以满足前线需求并降低装备成本。NASA（美国航空航天局）也在国际空间站试验 3D 打印，未来宇航员或许能在火星等星球上利用该技术打印出栖息地。此外，3D 打印技术还解决了如阿波罗 13 号任务中一氧化碳窒息等紧急问题。南极基地的工作人员也不再需要长时间等待补给，通过 3D 打印即可满足需求。同时，该技术还广泛应用于假肢、助听器和牙套等领域。

相较于传统制造工艺，3D 打印技术在航空航天零部件生产中的优势显著。传统方法在处理如钛合金等昂贵材料时效率低下，而 3D 打印技术可将材料利用率提升至 60% 甚至 90% 以上。此外，该技术还能简化复杂零部件的结构，减轻重量，提高性能。

扫码获取彩图

图 1-14　增材制造产业应用

随着全球产品设计的进步，3D 打印的市场需求呈现爆炸式增长，应用范围不断拓展。尤其在交叉学科中，3D 打印技术的应用显得尤为重要。未来，3D 打印的发展潜力巨大，虽然其影响可能不及 PC 深远，但确实具有改造制造行业和消费方式的巨大潜力。

### （1）工业制造领域

在工业制造领域，工业级 3D 打印机能够高效制造汽车、航天等领域的关键零件，显著减少了传统零部件研发测试所需的高额投入并缩短了周期。在汽车制造前期的零部件研发测试阶段，3D 打印技术满足了小批量生产的迫切需求，有效缩短了开发周期，降低了研发成本。如

图 1-15 所示的等比例缩小实物再生产，借助 3D 打印技术，关键零部件的可行性测试和调整得以迅速进行，以更经济的方式规避了传统研发测试的高成本和时间消耗。福特公司已率先采用 3D 打印技术生产零部件，并预计该技术可将制造周期缩短至数周内。

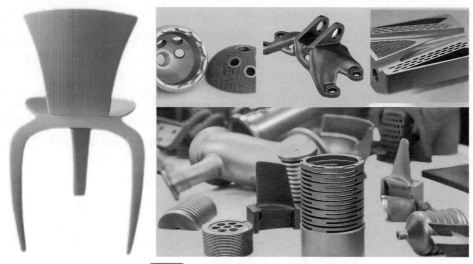

图 1-15　3D 打印等比例缩小实物再生产

此外，美国航空航天局（NASA）、波音和空客等行业巨头也已开始利用 3D 打印技术生产零件和组件，如图 1-16 所示，Elon Musk（马斯克）的 SpaceX 星舰计划、3D 打印火箭等，展现了该技术在制造业中的广阔应用前景。

(a) 3D打印的航空发动机部件　　　　　　　　　　　(b) 首款3D打印的火箭

图 1-16　星舰计划 3D 打印件

### （2）建筑领域

如图 1-17 所示，在建筑行业中，工程师和设计师正积极运用 3D 打印技术来制造建筑模型。这种方法不仅速度快、成本低，还非常环保，且能精准地呈现出设计者的构想。通过 3D 打印，可以显著减少建筑材料的浪费。建筑 3D 打印的工作原理与常规 3D 打印类似，但使用的原料主要是水泥和玻璃纤维的混合物。这种特殊材料不仅可回收再利用，还有效减轻了建筑废料对环境造成的负担。荷兰的 DUS Architects 公司便是成功运用 3D 打印技术建造房屋的先驱，为可持续性和环保建筑开辟了新的道路。

图 1-17　3D 打印房屋

### （3）医学领域

医疗领域是 3D 打印技术应用最广泛的领域之一，尤其是在人体结构的三维宏观几何轮廓及内部组织结构领域。如图 1-18 所示，3D 打印能提供医学影像无法比拟的三维实体，有助于实现特定专科所需的个体化、精准化治疗。主要集中牙齿矫正与修复、人工骨植入物、人体器官、假肢制造、手术导板、外固定支具等方面。

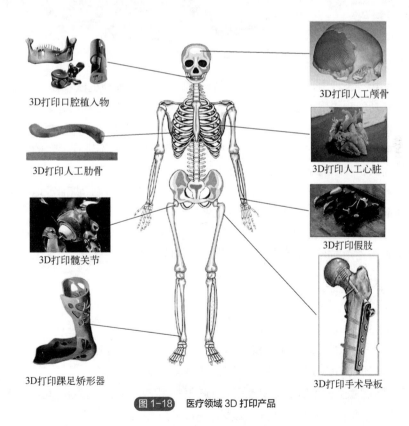

3D打印口腔植入物

3D打印人工肋骨

3D打印髋关节

3D打印踝足矫形器

3D打印人工颅骨

3D打印人工心脏

3D打印假肢

3D打印手术导板

图 1-18　医疗领域 3D 打印产品

根据 Evaluate Medtec 预计，2025 年全球医疗器械市场规模为 4050 亿美元，骨科器械占比为 9.01%。使用 3D 打印技术能够制造出更多先进合格的植入物和假体，也使得定制化植入物的交货速度得以提升，一个定制化的植入物从设计到制造最快可以在 24h 内完成。工程师通过医院提供的 X 射线、核磁共振、CT 等医学影像文件，建立三维模型并设计植入物，最终根据设计文件利用 3D 打印设备制造出来，可以完美地复制人体结构，实现贴合人体工学的设计。

### （4）现代教育领域

近年来，学校均积极探索将 3D 打印系统与教学体系相结合的创新教学模式，如图 1-19 所示。通过使用 3D 打印机，学生能够更好地掌握技术，提升自身的科技素养。此外，利用 3D 打印机打印出立体模型能够显著提高学生的设计创造能力。目前，在教学中应用最广泛的两种 3D 打印技术是光固化技术和熔融沉积技术。

图 1-19　3D 打印与小学教育相结合

在机械工程相关课程中，学生可以使用 3D 打印技术制造各种机械零件，如齿轮、轴承等，以更好地理解其功能和作用。通过动手设计和制造这些零件，学生可以更深入地理解机械工程的基本原理和设计思路。在生物医学课程中，学生可以使用 3D 打印技术制造人体器官模型，以便更好地理解人体结构和生理机制。这种模型可以帮助学生在不进行手术的情况下了解人体内部结构，提高医学知识的学习效果。在地理课程中，学生可以使用 3D 打印技术制作地形模型，以更好地理解地形地貌的形成和变化。通过打印出山脉、河流、湖泊等地形元素，学生可以更直观地理解地理环境对人类生活和经济发展的影响。

这些例子表明，3D 打印技术在教学中的应用可以帮助学生更好地理解复杂的概念和模型，提高学习效果和兴趣，同时培养他们的创新思维和实践能力。

 ## 本章小结

- 3D 打印技术是近几年来制造技术领域的一次重大飞跃，能够快速、高效地制造出复杂的产品，并且具有很高的定制化和个性化的特点。

- 3D 打印是基于三维 CAD 设计数据的制造方法，明确其模型的离散化-切片模型堆积化的打印定义，通过将材料（如液体、粉末、线材或块材等）一层层叠加，形成实体结构。

- 3D 打印在制造业、建筑、医学、教育产业中均具有广泛应用前景。

- 3D 打印技术的优势：生产结构复杂的高性能产品，依托轻量化降低全生命周期成本，缩短研发周期，减少设计约束，增加设计自由度，模块化设计，便携制造，节约原材料，增强功能性。3D 打印技术的局限性：加工工艺的局限性，原材料有限，成本高昂，存在台阶效应，打印尺寸受技术限制，微型/大型零件制造难度较高。

- 40 多年来，3D 打印技术不断创新、进化，不仅为制造业带来了巨大的革命，也带动了医疗、航空航天、建筑、文化和教育等多个领域的快速发展。

## 思考与练习

### 一、简答题

1．请简述增材制造的基本原理和核心思想。

2．增材制造与传统减材制造相比有哪些显著的优势？

3．增材制造在哪些领域有着广泛的应用？请举例说明。

4．随着技术的发展，你认为增材制造未来将面临哪些挑战和机遇？

5．结合具体的增材制造应用实例，分析其在产品设计、原型制作、生产制造等方面的作用和价值。

### 二、实践题

通过对 3D 打印技术的过去、现在和未来的了解，试分析未来 3D 打印技术对人们生活的影响。

## 拓展阅读

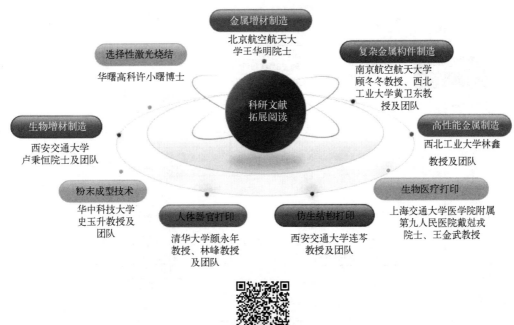

扫码获取本书资源

# 第 2 章

# 增材制造技术、设备及材料

思维导图

扫码获取本书资源

**案例导入**

　　第 1 章我们走进了增材制造的世界，了解了增材制造技术的历史脉络、优缺点及产业应用（图 2-0）前景，那么增材制造的主流技术有哪些？它们的工作原理是什么？工厂使用什么主流设备？使用了哪些与我们生活息息相关的材料呢？

**图 2-0**　西门子携手 EOS 和 DyeMansion 实现批量打印运动鞋

**学习目标**

**认知目标**
- 掌握熔融沉积成型技术、光固化技术、粉末熔化技术等主要增材制造技术基本原理及特点。
- 理解增材制造工艺技术路线图，掌握增材制造工艺流程。
- 了解金属、塑料、陶瓷、生物医疗等不同领域 3D 打印机的特性、主流使用技术，能够根据需要选择合适的设备进行产品设计与制造。
- 了解增材制造常用材料的种类与性能，包括金属、有机高分子、无机非金属、复合材料等常用材料的特性，包括强度、耐磨性、耐高温性等。

**能力目标**
- 能够根据产品设计需求和加工特性以及增材制造技术工艺特点，选择合适的材料、成型工艺和打印设备。

**素养目标**
- 理解增材制造技术与设备在实际产品设计中的应用，培养对增材制造技术与设备发展趋势的敏感度，了解当前行业前沿技术，为未来的产品设计与创新奠定基础。

## 2.1　增材制造主流技术

### 2.1.1　增材制造技术分类

　　制造技术按照在制造过程中材料质量的增加或减少，可分为三种：等材制造、减材制造及增材制造。增材制造技术由于使用材料不同和成型原理不同，目前主要分为材料挤出技术、光固化技术、粉末熔化技术、材料喷射技术、黏结剂喷射技术和直接能量沉积技术等，如图 2-1 所示。不同技术使用的送料装置也是不同的，一般根据输送材料的状态分为：挤出黏流态、液态树脂固化、粉末烧结或粉末黏结等，如 FDM 机的喷头挤出装置，通过步进电机控制热塑性材料的挤出量，而 SLS 机器则是由刮刀和送料辊来完成扑粉过程等。

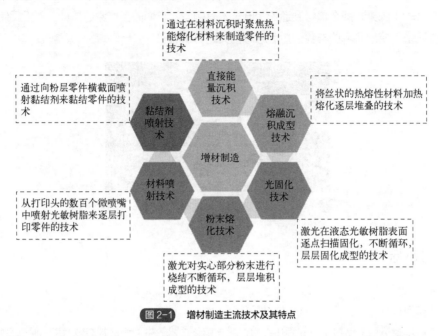

图 2-1　增材制造主流技术及其特点

## （1）熔融沉积成型（FDM）技术

熔融沉积成型（FDM）作为一种快速成型技术，其工作原理（如图 2-2 所示）是将热塑性塑料丝材或颗粒加热熔化后，通过计算机数控的喷头按照 CAD 分层截面数据进行二维填充并喷出，随后喷头根据零件的截面轮廓和填充路径移动，同时将熔化材料挤出。这些材料迅速固化并层叠黏结，每层厚度控制在 0.025～0.762mm 之间，一层截面成型完成后，工作台下降一定高度（或平台不变，打印头提升一定高度），再进行下一层的熔覆，好像一层层"画出"截面轮廓，如此循环，最终逐层堆叠成所需零件。FDM 工艺的关键在于精确控制成型的温度，使其保持在半流动状态，稍高于凝固点。喷头受到水平分层数据的精确指导，沿 $X$、$Y$ 方向移动时，熔融丝材从喷头中挤出，在打印底板上迅速固化，形成精确的层状结构。该类技术设备的打印精度在 0.1mm，由于切片层厚限制，很难匹配打印精度与打印实效的关系。

FDM 工艺使用的原材料为热塑性材料，如 ABS（acrylonitrile butadiene styrene，丙烯腈、丁二烯和苯乙烯的共聚物）、PC（polycarbonate，聚碳酸酯）、PLA（polylactic acid，生物降解塑料聚乳酸）等丝状材料，如表 2-1 所示。

随着 FDM 技术专利的失效，开源的 FDM 在 3D 打印个人消费市场中迅速崛起，凭借其低门槛和低价格的优势受到广泛欢迎。目前，我国大型工业级 FDM 3D 打印市场中，国产设备依然成为主流。总的来说，FDM 是最广泛使用和具有应用前景的 3D 打印技术之一，未来随着技术的不断发展和完善，其精度和稳定性将会得到进一步提升。

FDM 工艺的关键在于精确控制材料的温度，使其保持在半流动状态，稍高于凝固点。喷头受到水平分层数据的精确指导，沿 $X$、$Y$ 方向移动时，熔融丝材从喷头中挤出，在打印底板上迅速固化，形成精确的层状结构。

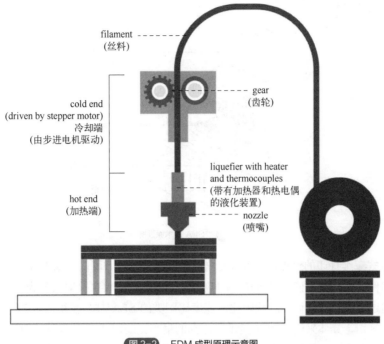

filament
(丝料)

gear
(齿轮)

cold end
(driven by stepper motor)
冷却端
(由步进电机驱动)

liquefier with heater
and thermocouples
(带有加热器和热电偶
的液化装置)

hot end
(加热端)

nozzle
(喷嘴)

图 2-2　FDM 成型原理示意图

表 2-1　FDM 挤出技术材料

| 技术 | 主要公司 | 材料 |
|---|---|---|
| FDM | Stratasys、Ultimaker、MakerBot、Markforged | ABS、PLA、尼龙、PC、阻燃尼龙、电木、短纤维等填充丝材 |

### （2）光固化技术

光固化技术是最早且最成熟的 3D 打印技术，经过多年的发展，出现了许多基于光固化机理的新技术，下面着重介绍常用的三种：立体光固化成型（SLA）、数字光处理（DLP）、连续液相界面固化（CLIP）。

① SLA 技术　立体光固化成型（SLA）技术的原理如图 2-3 所示，它利用装满半透明树脂的槽和建造平台进行操作。当平台被树脂覆盖时，激光器会逐点扫描图形界面，使液态光敏树脂聚合硬化。每完成一层树脂的激光扫描和固化后，平台上升或下降一定高度，以便新树脂覆盖打印物体，通过逐层重复此过程，最终完成零件打印。为提高零件的力学性能，常使用紫外灯照射。SLA 技术主要有两种打印方式：以 Objet 为代表的从下至上打印和以 FormLabs 为代表的从上至下打印。SLA 技术的精度非常高，可以达到微米级别。具体来说，SLA 技术可以达到 0.025mm 这样的精细程度。这种高精度使得 SLA 技术在制造多种模具、模型等领域具有显著优势，特别是在需要高精度和良好表面质量的领域，如医疗、牙科、珠宝、艺术和设计等。

② DLP 技术　数字光处理（DLP）技术的原理如图 2-4 所示。DLP 技术与 SLA 技术在打印原理和机器外形上相似，但关键在于面曝光技术：DLP 使用高分辨率的数字光处理器投影仪进行整层液态光固化树脂的曝光，实现快速片状固化，而非 SLA 的激光逐点扫描，因此 DLP

打印速度更快。此外，DLP 技术展现出高精度的特性，其成型细节和表面光洁度与注塑成型的耐用塑料部件相匹敌。

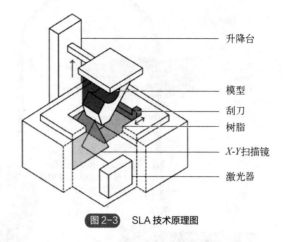

图 2-3　SLA 技术原理图

DLP 投影式三维打印的优点：利用机器出厂时配备的软件，可以自动生成支撑结构并打印出完美的三维部件。DLP 技术使用高分辨率的数字光处理器投影仪来投射紫外光，每次投射可成型一个截面，通过类似幻灯片似的片状固化，速度比同类的 SLA 技术快很多。DLP 技术在精度上可以达到微米级别，具体来说，DLP 技术可达到的最小光斑尺寸是 $\pm 50 \mu m$，这一精度使得 DLP技术在多个领域都有出色的应用表现。DLP 3D 打印机打印的高精度血管模型，如图 2-5 所示。

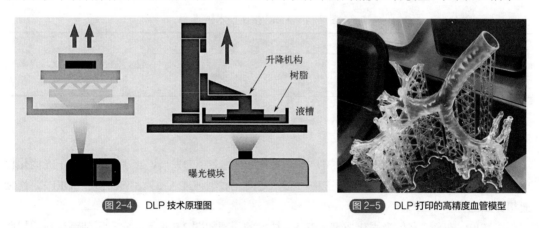

图 2-4　DLP 技术原理图　　　　图 2-5　DLP 打印的高精度血管模型

③ CLIP 技术　连续液相界面固化（CLIP）技术的原理如图 2-6 所示。此技术通过特氟龙透氧材料和氧气形成液态抑制固化层，确保固化过程的连续性，从而大幅提升打印速度，最快可达 500mm/h，远超传统 3D 打印技术。CLIP 与 DLP 在制造方式上相似，但 CLIP 依赖建造平台在 Z 轴的连续运动，无需中途停顿铺设树脂。光固化技术使用的光敏树脂由聚合物单体、预聚体及光引发剂组成，经 UV 光照射后发生聚合反应并固化。CLIP 技术能打印出精细零件，表面质量上乘，因此在珠宝、熔模铸造、牙科和医疗领域广受欢迎，其技术精度可以达到 0.025mm。这种高精度主要得益于其独特的工作原理，即将透氧、透紫外光的特氟龙材料作为底面的透光板，通过控制氧气进入树脂液体中起到阻聚剂的作用，从而精确控制固化反应的发生。当制件离开这个区域后，脱离氧气制约的材料可以迅速地发生反应，将树脂固化成型。如图 2-7 所示打印的埃菲尔铁塔模型。此外，CLIP 技术的固化层下面接触的是液态的"死区"，使树脂层可

以被切得更薄，从而实现更高精度的打印，如图 2-7 所示为打印的埃菲尔铁塔模型。

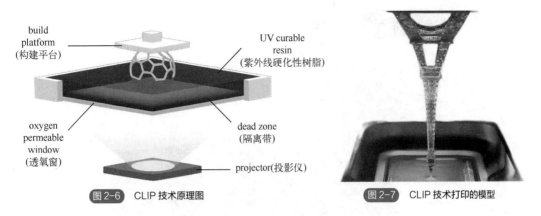

图 2-6　CLIP 技术原理图　　　　图 2-7　CLIP 技术打印的模型

表 2-2 为光固化技术的厂家和材料介绍。

表 2-2　光固化技术

| 技术 | 主要厂家 | 材料 |
| --- | --- | --- |
| SLA | Formlabs、3D Systems、DWS | 普通、高强、柔性、透明及铸造树脂 |
| DLP | B9 Creator、MoonRay | 普通和铸造树脂 |
| CLIP | Carbon3D、EnvisionTEC | 普通、高强、柔性、透明及铸造树脂 |

### （3）粉末床熔融技术

粉末床熔融技术也是 3D 打印常用的技术之一，下面着重介绍以 SLS、SLM/DMLS、EBM、MJF 为代表的粉末床熔融技术。

① SLS 技术　选区激光烧结（selective laser sintering，SLS）与 SLA 技术相似，也使用激光作为能源，不过 SLS 使用的不是液态的光敏树脂，而是粉末。如图 2-8 所示，该技术通过高能量激光使粉末产生高温，并使相邻的粉末发生烧结反应，连接在一起。每烧结一层，构建平台会下降一个高度，新的粉末被铺在表面。激光扫描零件的横截面，不断重复这一过程，从而实现立体制造。最终，零件加工完成后会被粉末包裹在里面，需要将其从粉层中移除并清理干净（通常采用压缩气体）。在工业上，SLS 通常指的是用于烧结尼龙或陶瓷的技术。一般来说，SLS 技术的精度可以达到 ±0.1mm 或更精细的范围，这种精度使得 SLS 技术能够生产出精确的零件和原型（图 2-9）。

② SLM/DMLS 技术　1995 年，德国 Fraunhofer 激光器研究（Fraunhofer Institute for Laser Technology，ILT）首次提出了选择性激光熔融技术（selective laser melting，SLM），如图 2-10 所示，这种技术能够直接成型出近乎完全致密的金属零件。如图 2-10 选区激光熔化（SLM）和直接金属烧结技术（DMLS）与 SLS 制造零件的原理相似，但主要的区别在于 SLM、DMLS 两种技术主要用于生产金属部件。具体来说，SLM 技术用于制造纯金属部件，而 DMLS 用于打印合金零件。与 SLS 技术不同，这两种技术通常需要添加支撑结构，以抵抗制造过程中的残余应力，防止部件变形或失真。目前，DMLS 技术是最成熟的金属原型制造工艺，其安装条件相对容易满足。对于 SLM 技术，其精度通常可以达到较高的水平，尤其在制造金属零部件时。SLM 技术通过激光熔化金属粉末，逐层堆积形成实体，能够制造出具有高精度和良好力学性能

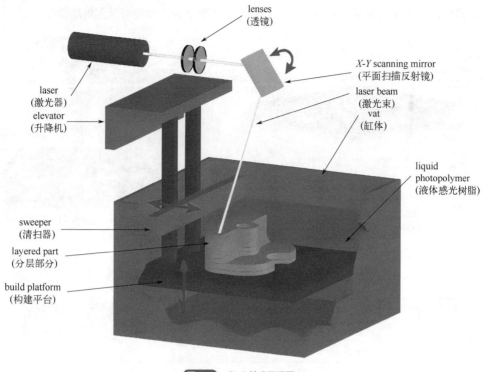

lenses
（透镜）

X-Y scanning mirror
（平面扫描反射镜）

laser beam
（激光束）

vat
（缸体）

laser
（激光器）

elevator
（升降机）

liquid
photopolymer
（液体感光树脂）

sweeper
（清扫器）

layered part
（分层部分）

build platform
（构建平台）

图 2-8　SLS 技术原理图

图 2-9　惠普 SLS 技术打印的个性化尼龙头盔

的部件，如图 2-11 所示为利用 SLM 技术打印的螺旋桨。然而，具体的精度数值可能因设备性能、工艺参数以及材料类型等因素而有所不同。至于 DMLS 技术，它结合了激光烧结和金属粉末熔化，可以制造出具有复杂几何形状和高精度的金属部件。DMLS 技术也广泛应用于航空航天、汽车、医疗等领域。与 SLM 类似，DMLS 技术的精度也受到设备、工艺和材料等多种因素的影响，因此具体的精度数值也会有所差异。

③ 电子束熔化技术（EBM）　如图 2-12 所示，与其他粉末熔化技术相比，电子束熔化（electron beam melting，EBM）技术采用高能电子束而非激光来熔化金属粉末，聚焦电子束在粉末床表面的特定区域扫描实现局部熔化和凝固，进而实现打印。电子束熔化技术在打印件内部产生的残余应力较少，因此引起的变形和所需的支撑结构也较少。虽然 EBM 技术使用的能量较少，但比 SLS 打印效率更高，其最小特征尺寸、粉末粒径、层厚以及表面光洁度都要更大些。EBM 技术必须在真空环境下工作，其材料必须具有导电性，且打印前底板需加热，温度一

一般在 200℃以上。EBM 技术的精度是一个关键的性能指标，它决定了打印部件的准确性和可靠性。根据 EBM 技术的特点和相关文献资料，其尺寸精度可以达到±0.2mm。这意味着使用 EBM 技术打印的部件在尺寸上与原始设计之间的偏差通常不会超过 0.2mm。

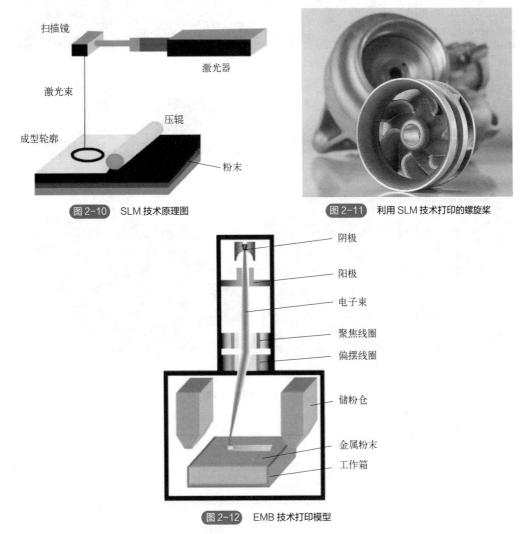

图 2-10　SLM 技术原理图

图 2-11　利用 SLM 技术打印的螺旋桨

图 2-12　EMB 技术打印模型

④ 多射流熔融技术（MJF）　多射流熔融（MJF）技术与其他粉末熔化技术原理有所不同，如图 2-13 所示，它增加了一个额外的步骤，即喷射一种用于细节处理的材料。首先铺设粉末，然后沿着图形截面喷射溶剂，在细节部位同时喷射精细剂。内部的粉末会融合在一起，最后通过加热源进行固化。精细剂的作用是降低零件边沿的融合强度，从而保持零件的锐利或平滑的表面特征。这一系列步骤会不断重复，直到零件制造完成。

粉末熔化技术为制造具有复杂结构的零件提供了便利，尤其是那些不需要额外支撑结构的零件。所制作的零件通常具有高强度和刚度，并且有多种后处理方法，这使得该技术能够用于生产最终的零件。然而，粉末熔化技术也存在一些不足之处，主要表现在表面质量（如表面粗糙度和孔隙）、收缩变形、粉末清理以及后处理方面。MJF 技术的精度是一个重要的性能指标，它决定了使用该技术打印出的部件或产品的精确度和可靠性。根据相关资料，MJF 技术的精度通常可以达到±0.3%，下限为±0.3mm（0.012in）。这意味着使用 MJF 技术打印出的物体在尺寸上与原始设计之间的偏差通常很小，能够满足许多应用场合的精度要求。如图 2-14 所示为 HP 公司生产的 MJF 打印机，在行业内比较被认可。

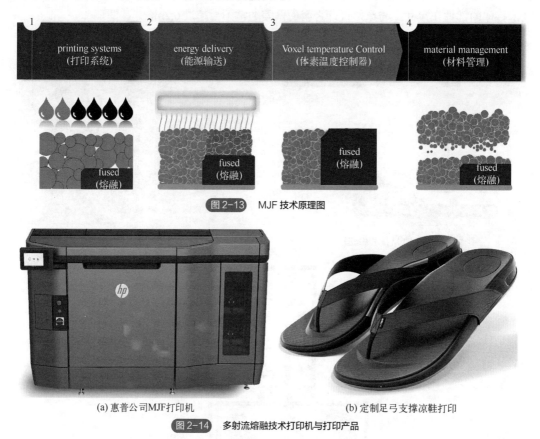

图 2-13　MJF 技术原理图

(a) 惠普公司MJF打印机　　　　　　　　(b) 定制足弓支撑凉鞋打印

图 2-14　多射流熔融技术打印机与打印产品

表 2-3 为粉末熔化技术的厂家和材料介绍。

表 2-3　粉末熔化技术

| 技术 | 主要公司 | 材料 |
| --- | --- | --- |
| SLS | 华曙高科、EOS、Stratasys | 尼龙、铝合金、碳纤维尼龙、弹性尼龙 |
| SLM/DMLS | EOS、3D Systems、Sinterit | 铝合金、钛合金、不锈钢、镍基合金、钴铬合金 |
| EBM | Arcam | 钛合金、钴铬合金 |
| MJF | HP | PA 尼龙、TPU |

## （4）材料喷射技术

材料喷射是光前众多 3D 打印技术中的一大主流技术。根据喷射材料不同，又分几大类，下面分别进行介绍。

① 材料喷射打印技术　材料喷射打印技术通常用来和 2D 喷墨打印进行比较，其技术原理如图 2-15 所示，采用光聚合物、金属粉末或蜡进行光照或者升温固化的原理来一层层制造零件。材料喷射的过程允许在同一个零件上采用多种不同的材料，以此可以在建造支撑时选择不同的材料。材料喷射技术是从打印头的数百个微喷嘴中分配光敏树脂来逐层打印零件，与其他点沉积技术相比，喷射技术采用快速、线性轨迹沉积建造，当液滴沉积在建造平台上后，采用 UV 光固化。材料

喷射过程需要添加支撑，在零件建造过程中被同时打印出来，在后处理过程中很容易被去除。材料喷射技术的精度取决于具体的工艺和应用场景。以利用材料喷射系统 3D 打印的零件为例，其尺寸精度可以达到 ±0.1mm。这种技术主要用于原型制造以及制造工具零件，具有非常好的表面光洁度。

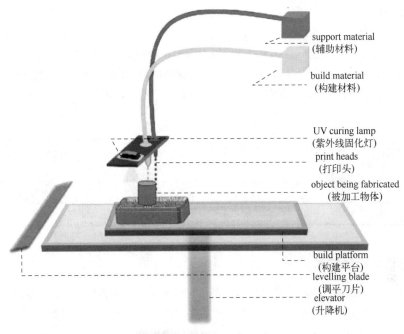

图 2-15　材料喷射技术原理图

　　② 纳米粒子喷射技术　纳米粒子喷射（nanoparticle jetting，NPJ）技术的原理如图 2-16 所示，纳米粒子喷射技术将包裹有纳米金属粒子或支撑粒子的液体装入打印机并喷射在建造平台上，通过高温使液体蒸发留下金属部分。NPJ 是一种利用纳米级金属或陶瓷颗粒进行 3D 打印的技术。这种技术可以打印出具有超高精度和细节水平的部件。

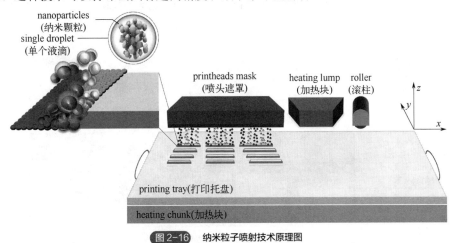

图 2-16　纳米粒子喷射技术原理图

　　③ 按需喷墨（DOD）技术　按需喷墨打印机有两个打印头，一个沉积构建材料（通常是蜡状材料），另一个沉积可溶解的支撑材料。与传统的原型技术类似，DOD 打印机按照预设路径喷射材料（以点的形式）来逐层构建部件的横截面。这些打印机还使用飞轮切割器，在制造每一层之后切除构造区域，以确保在打印下一层之前表面完全平整。DOD 技术通常用于制造失蜡铸造前的"蜡

模"。按需喷墨技术的精度是一个相对复杂的问题，因为它受到多种因素的影响，包括设备性能、喷头设计、墨滴大小、驱动电压、喷射速度等，因此无法给出一个统一的、具体的精度数值。

一般来说，按需喷墨技术可以实现较高的打印精度。墨滴大小通常可以控制在 $10\sim500\mu m$（$2\sim100pL$[❶]）的范围内，甚至可以达到 $10\mu m$ 以内，这对于大多数应用来说是足够的。同时，通过灰度（可变点）技术，同一个喷嘴可以喷射出各种不同大小的墨滴，从而进一步提高打印的精度和灵活性。

材料喷射技术是制造原型的理想方式，可以展现出卓越的细节、高精度以及优质的光洁表面质量。该技术允许设计人员在同个零件中实现多种颜色和材料的组合，但其主要缺点在于成本较高，而且光固化零件的力学性能会随着时间的推移而逐渐降低。表 2-4 为材料喷射技术厂家和材料介绍。

表 2-4　材料喷射技术

| 技术 | 生产厂家 | 材料 |
| --- | --- | --- |
| 材料喷射技术 | Stratasys（Polyjet）、3D Systems（MultiJet） | 刚性、透明、多色、橡胶、ABS 耐热树脂 |
| 纳米粒子喷射技术 | XJET | 不锈钢、陶瓷 |
| 按需喷射技术 | Solidscape | 蜡 |

### （5）黏结剂喷射技术

黏结剂喷射技术是通过向粉层零件横截面喷射黏结剂来黏结零件的技术。如图 2-17 所示，该技术类似于 SLS，都需要初始粉层，打印头移动并在零件横截面喷射胶水（喷头直径通常在 $80\mu m$）来制造零件，一层打印完毕之后，降低一个层厚重新铺粉再喷射胶水，重复该过程直到零件制作完毕。制作完毕之后，零件在粉末中放置一段时间固化可提高强度，之后取出零件采用压缩空气去除未黏附的粉末，有时可加入浸渍剂来提高力学性能。该技术的主要优点是喷嘴可以通过混合多种颜色打印出具有复杂颜色特点的几何形状。黏结剂喷射技术的精度因设备、工艺和材料的不同而有所差异。以隆源成型为例，其黏结剂喷射（BJ）金属打印设备可实现 $\pm0.1mm$ 的打印精度，并且致密度可大于 55%。另外，某些设备可以集成小粒径（$5\sim15\mu m$）低流动性粉末精准供料系统、新型铺粉辊压系统和高精度喷墨打印系统（1200dpi），这些先进技术有助于实现更高的打印精度。

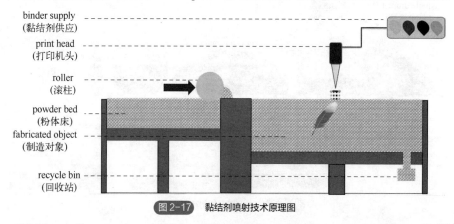

图 2-17　黏结剂喷射技术原理图

黏结剂喷射技术适于展示美学和外观设计（建筑模型、包装、人体工程学验证）的应用，因为胶水黏结使零件脆性较大，因此不能用作功能件使用。表 2-5 是黏结剂喷射技术的厂家和材料。

---

❶ pL，皮升，容积计量单位，是非国际单位制单位，$1pL=10^{-12}L$。

表 2-5　粘结剂喷射技术

| 技术 | 常见制造商 | 材料 |
| --- | --- | --- |
| 黏结剂喷射 | 3D Systems、Voxeljet，Sailner | 硅砂、PMMA 颗粒材料、石膏 |
| | ExOne | 不锈钢、陶瓷、钴铬、碳化钨 |

### （6）直接能量沉积技术

直接能量沉积技术通过在材料沉积时熔化材料来制造零件，其技术原理如图 2-18 所示，主要用激光熔化金属粉末或金属丝，因此也称为金属沉积。常见的有激光近净成型（LENS）技术和电子束增材制造（EBAM）技术。

① LENS 技术　LENS 技术是一种利用高能激光束将金属粉末熔化并形成金属熔池的近净成型技术。通过激光光学部分、粉末喷嘴和惰性气体装置构成的沉积头喷出粉末，在惰性气体保护下被激光熔化，从而在建造平台上制造零件。建造平台通常为金属基板，零件在该基板上生长出来。LENS 技术具有高加工效率，能够处理大型和中型零件，且成型精度良好的特点，但表面质量一般。它特别适用于对钛合金、高温合金、高强度钢等难加工材料的加工。然而，激光作为热源的加工技术也面临一些问题，如随着激光效率的提高，激光器的价格会急剧增长；大部分金属制造对激光能量的利用率较低，因此，加强其机理研究仍然是当前的重要任务。

② EBAM 技术　电子束增材制造（EBAM）技术利用电子束熔化金属粉末或焊丝来制造零件，与 LENS 技术的加工原理相似。电子束增材制造具有更高的效率，并且需要在真空环境下工作，最初主要用于空间技术领域。EBAM 是电子束焊接技术在增材制造领域的应用，它利用高能电子束在真空环境中轰击金属表面形成熔池。金属丝材在电子束的加热下熔化，并形成熔滴进入熔池。通过逐层堆积，实现金属材料的冶金结合，最终制造出金属零件或毛坯。由于电子束作为热源具有高能量密度，且金属材料不会反射电子束，因此该工艺的加工效率非常高。电子束增材制造形成的熔池深度较大，有助于消除层间的未熔合现象，提高成型件内部质量，减少残余应力。此外，真空加工环境特别适合对铝、钛等活性金属进行加工。然而，由于真空环境的要求限制了零件的加工尺寸，导致生产设备成本非常高。直接能量沉积技术专门用于绿色再制造，其实质意味着它们适用于修复现有零件（如图 2-19 所示打印的航空踏板），延长零件的使用寿命。由于该技术需要大量支撑，因此不适合用于从零开始制造零件。表 2-6 为直接能量沉积技术厂家和材料。

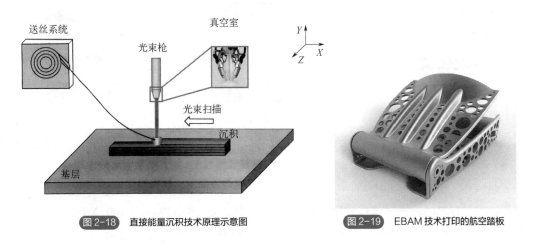

图 2-18　直接能量沉积技术原理示意图　　　图 2-19　EBAM 技术打印的航空踏板

表2-6 直接能量沉积技术

| 技术 | 常见制造商 | 材料 |
|------|-----------|------|
| LENS | Optomec | 钛、不锈钢、铝、铜、工具钢 |
| EBAM | Sciaky | 钛、不锈钢、铝、铜镍、4340钢 |

　　总的来说，增材制造技术的原理各有不同，使用的材料和成型方法也各不相同。因此，应该根据打印需求和产品特点选择性价比高的成型方法。常规打印技术及应用范围主要用于航空工业、汽车工业、专业设计（产品设计和建筑设计的模型制造）、外科（量身定做的矫正牙套、假牙、助听器）等领域。目前，3D打印产业规模不断扩大，行业分布越来越密集，整体呈现出良好的发展趋势。作为前沿性、先导性的新兴技术，3D打印技术打破了传统工艺和行业制造的限制。这种技术利用节约资源、降低成本、提高精度等优势，成了传统技术无法比拟的新型制造技术。随着3D打印技术的不断发展，未来将有更多的行业和领域受益于这种新兴技术，推动整个社会的进步和发展。

## 2.1.2　3D打印工艺技术路线

　　3D打印技术的工艺流程如图2-20所示，3D打印技术路线主要由三部分组成：工艺规划、过程处理、后期处理。

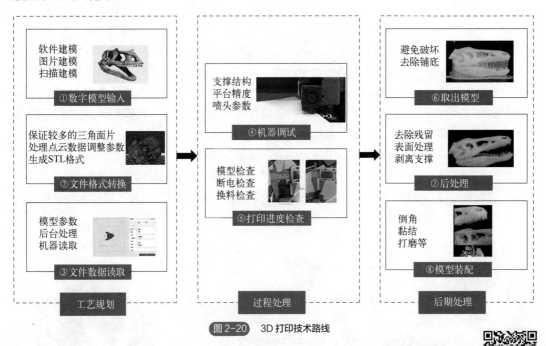

图2-20　3D打印技术路线

　　结合图2-20的打印技术路线，下面给出增材制造（AM）过程中通用的八个步骤。

　　第一步：数字模型的输入——通常由设计人员根据产品需求，使用计算机辅助设计（CAD）软件进行绘制。常用的CAD软件包括Creo、SolidWorks、UG、MDT和AutoCAD等。此外，还可以通过扫描数据输入数据模型，并使用扫描点云处理软件，如Geomagic Studio、

扫码获取彩图

Imageware 和 CopyCAD 等，对点云数据进行处理，生成 STL 文件，用于 3D 打印。

第二步：转化成 STL 格式文件——从 CAD 软件或逆向软件输出 STL 格式文件，为了保证打印模型的精度，使模型拟合更精准，可通过细化 STL 文件来实现，即增加 STL 小三角平面数量来拟合曲面，从而得到可以快速打印的三维近似模型文件。常见的 CAD 设计软件，如 Pro/E、SolidWorks、MDT、AutoCAD 和 UG 等，都具备导出 STL 格式文件的功能。

第三步：3D 打印机读取 STL 文件，并在切片软件上处理层厚和支撑等打印前的模型调试工作——AM 的使用者将 STL 的文件写入到 3D 打印机，由 3D 打印机的后台处理器控制实现脱机打印工作。在这里，使用者能够通过软件界面调整模型，如指定打印缩放比例、放置的位置和填充模式等。

第四步：打印前的机器调试——主要包括对喷头装置的调试、平台精度的调试，还有就是耗材余量的检测。不同种类的机器这个过程不完全相同，对于需要支撑的 3D 打印机，预设支撑结构、优化布局也十分重要。

第五步：打印过程——实际上就是读取 STL 文件的过程，打印过程几乎是自动化的，不需要人为干预。每一层通常根据打印精度要求设置层厚，目前市面的主流 3D 打印机都可以达到 0.1mm 精度，层厚一般由 $Z$ 方向移动的精度控制，也决定了打印的精度。打印的时间可能会持续数几分钟甚至数天，这取决于物体的大小，一般高度方向越高打印时间越长，同时与机器本身的打印速度有关。打印过程几乎都是连续过程，除非需要换料或突然断电，在这个过程中要定期检查打印进度，确保打印无误。

第六步：取出打印模型——将打印好的产品（或一些情况下是多个产品）从机器里取出来。一般为了保证打印质量和精度，打印时机器都会预铺材料保证平台相对水平精度，所以在取下模型时就要去除打底材料，这时要避免去除打底材料时破坏模型本身。

第七步：后处理——许多 3D 打印机打印出的产品需要做一些后期处理，主要是去除支撑材料和表面处理。不同机器不一样，比如粉末烧结的 3D 打印机需要刷去所有的残留粉末，又如光敏树脂 3D 打印机冲洗去除水溶性的支撑结构，再如 FDM 3D 打印机需要手剥离支撑材料等，同时，由于一些材料需要硬化时间，需要放到硬化机里处理。

第八步：装配——把功能部件组装成产品。装配时，可能部分部件需要打磨、倒角、黏结等工序，才能把小构件组装成具有功能的产品。

## 2.2　主流设备

### 2.2.1　金属 3D 打印机

金属 3D 打印机常用于工业领域，主要采用选择性激光熔化（SLM）、电子束熔化（EBM）、直接金属激光烧结（DMLS）、金属黏结喷射（MBJ）、熔融沉积成型（FDM）、选区激光烧结（SLS）、直接能量沉积技术（LENS、EBAM）、黏结剂喷射等技术。

打印金属是借助激光加热把一层层的金属粉末"熔为一体"。金属 3D 打印机广泛应用于制造行业、航空航天、汽车工业等需要坚固耐用、强度要求高的零件的场合。这种技术在珠宝加工厂使用的频率也越来越高。现阶段通过这种技术打印出来的金属部件还存在一些问题，如存在气孔的现象需要解决。图 2-21 所示为金属 3D 打印机和打印的金属零件。

图 2-21　DiMetal-300 金属 3D 打印机和打印的金属零件

金属 3D 打印机还可使用液体金属射流打印（LMIJP）技术。机器顶部有一个电熔炉，借助电荷和机器把熔滴"印刷"到机床的特定位置，以逐层堆积的方式把模型打造出来。总体来说，它跟喷墨打印机的原理有点类似。比起普通的单头 3D 打印机，金属 3D 打印机拥有多个喷头，速度要快很多。未来的金属 3D 打印机会支持更多常见金属（如金、银、铜等）的打印。如图 2-22 所示，澳大利亚公司 Titomic 最近展示了目前全球最大的金属增材 3D 打印机，其核心打印流程是该公司与联邦科研机构 CSIRO 共同开发的。这台打印机能够制造 9m 长、3m 宽、1.5m 高的金属部件，而这一尺寸只是受打印机本身的体量所限，如果有需要的话还可以制造出更大的打印机。

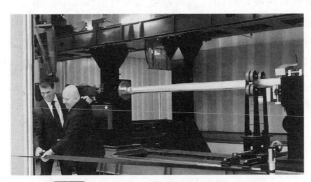

图 2-22　Titomic 展示全球最大的金属 3D 打印机

图 2-22 所示打印机的独特之处在于其采用 Titomic 动能融合技术（Titomic kinetic fusion process），机械臂将钛金属粉末以约 1km/s 的高超音速喷射到工作台上，高动能的金属颗粒碰撞产生的能量使它们融合在一起，逐渐形成所需的金属部件。由于不需要常规金属增材 3D 打印中的加热环节（例如激光），所以也无需惰性气体保护环节，不仅避免了工件热形变，而且能够节省材料。

Titomic 公司已经将这种技术应用于钛金属自行车架的制造，其强度非常接近用传统技术生产的钛金属部件。由于打印机尺寸的优势，它可以同时生产多个部件，或者把原先需要焊接组装起来的组合部件变成一个单体部件。Titomic 公司希望首先在航天、军工、运动装备等行业应用这种创新的 3D 打印设备，未来将会扩展到汽车、医疗设备、建筑、采矿设备等行业。

## 2.2.2 塑料 3D 打印机

塑料 3D 打印机是一种能够使用塑料材料逐层堆积，从而制造出三维实体的设备。在塑料 3D 打印过程中，首先将塑料丝材加热至半熔融状态，然后通过挤出机将熔化的材料按照预设的路径逐层堆积在打印平台上。随着材料的逐层堆积，最终形成一个完整的三维实体。塑料 3D 打印机具有非常广泛的应用领域，如产品设计、原型制作、模型展示、艺术创作、教育培训等。它可以快速、准确地制作出各种复杂的塑料零件和产品，从而极大地缩短产品开发周期，降低生产成本，如图 2-23 所示为塑料打印机和打印模型。

图 2-23　Stratasys 公司 F770 工业级塑料 3D 打印机和复杂塑料模型制作

塑料 3D 打印机主要使用熔融沉积成型（FDM）、光固化成型（SLA）、喷墨打印（3DP）等技术，其中 FDM 技术因其成本相对较低、操作简单、材料选择广泛等优点而被广泛采用。与传统的塑料加工设备相比，塑料 3D 打印机具有以下优势。

① 设计自由度高：能够打印出传统方法难以制造的复杂结构和形状。

② 材料种类多：可以使用多种类型的塑料材料，包括 ABS、PLA、尼龙等，满足不同的应用需求。

③ 个性化定制：可以根据个人需求定制产品，实现个性化生产。

④ 适合大众化：因其耗材和机器价格便宜，塑料打印机被创客们所接受。

然而，塑料 3D 打印技术也存在一些局限性，如打印速度相对较慢、打印精度有待提高等问题。

随着技术的不断进步和成本的不断降低，塑料 3D 打印机将在更多领域得到应用，为人们的生活带来更多便利和可能性。

## 2.2.3 陶瓷 3D 打印机

陶瓷 3D 打印机使用黏土或陶瓷粉作为原料，并通过挤出、激光烧结，或者液体黏结剂等方式进行造型固定。通过它打印出来的陶瓷物品拥有上万年的使用寿命。一般的工业陶瓷可用于制造高度耐磨、耐温、抗生化产品。当然，它的价格十分昂贵，暂时还无法进入家庭领域。如图 2-24 所示为 3D Cream 陶瓷打印机及打印的航空发动机气塞喷嘴。

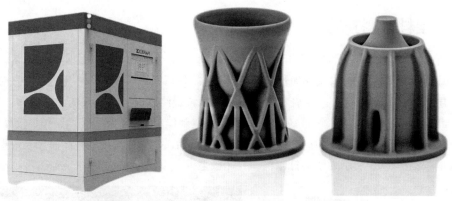

图 2-24　3D Cream 陶瓷打印机及打印的航空发动机气塞喷嘴

理论上，FDM 技术可以打印陶瓷和几乎所有类型的糊状材料（如金属糊剂、塑料树脂、混凝土等）。例如，20cm 陶瓷瓶这类造型简单小巧的物品，只需大约 15min 便能完成，当然打印结束后还需进行烘烤使之变成真正的硬陶瓷。立体光固化也是 3D 陶瓷打印的理想技术，DLP 3D 打印机将含有陶瓷粉末的光敏聚合物暴露在 DLP 投影的光源下，通过光来照射混合材料层进行打印，每打印完一层，Z 方向的打印平台会往上升，并开始下一层光照处理。脱脂完成后，再进行烧结。陶瓷 3D 打印的产品采用塑料和陶瓷的混合，与注塑制品类似。在表面质量和产品公差方面，DLP 3D 技术能制造高分辨率的产品，且具有 SLS 技术的优势。

Cerajet 是 3D Systems 公司推出的运用 CJP（color jet printing）技术的打印机，是艺术家、设计家或创客都负担得起的陶瓷 3D 打印机。用 Cerajet 进行精密陶瓷物件的高速打印，能将 3D 打印推广到陶艺的世界，但是跟普通的陶制物品一样，Cerajet 打印出来的物品必须得上釉并进窑烧制。

结合目前陶瓷 3D 打印在各领域应用现状和研究进展，陶瓷 3D 打印在自身材料、打印成型工艺、设备以及后处理工艺方面都存在一些难点，制约了其在实际应用中的发展。同时，我国在陶瓷 3D 打印领域的应用及研究进展与国外相比还有一定差距，尤其在装备制造方面多属于仿制，缺乏创新性，且装备品质和性能仍有差距；材料研发进展也相对较慢，大多采用进口材料，导致成本较高；国内应用领域也相对较少，仍需积极扩展，在未来，陶瓷打印的发展方向有以下几点：

① 陶瓷 3D 打印材料：粉体原料的改性研究、浆料的高效制备技术及装备的开发、预处理原料可批量稳定的制备等方面都对陶瓷 3D 打印技术的成型质量有重要影响。

② 成型装备及控制软件开发：光固化陶瓷 3D 打印具有可以高精度、高致密打印陶瓷材料和玻璃材料的优势，是陶瓷 3D 打印技术中最受欢迎的打印工艺之一，大尺寸光固化成型装备及控制软件开发有助于大幅提高制造业的生产效率和产品质量，增强行业竞争力。

③ 多材料多功能一体化打印：一体化成型工艺是实现陶瓷产品的集成化、微型化和多功能化的重要方法，因此，多材料的匹配特性、界面结构与作用机制，3D 打印成型工艺的创新和装备开发都是未来需要重点研究的方向。

## 2.2.4　生物医疗 3D 打印机

随着 3D 打印技术的发展和精准化、个性化医疗需求的增长，3D 打印技术在生物医疗行业方面的应用在广度和深度方面都得到了显著发展。

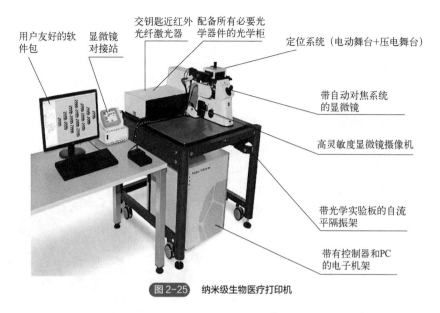

用户友好的软件包　显微镜对接站　交钥匙近红外光纤激光器　配备所有必要光学器件的光学柜　定位系统（电动舞台+压电舞台）

带自动对焦系统的显微镜

高灵敏度显微镜摄像机

带光学实验板的自流平隔振架

带有控制器和PC的电子机架

图 2-25　纳米级生物医疗打印机

在应用的广度方面，从最初的医疗模型快速制造，逐渐发展到 3D 打印直接打印助听器外壳、植入物、复杂手术器械和药品。在深度方面，由 3D 打印没有生命的医疗器械向打印具有生物活性的人工组织、器官方向发展。

3D 打印在说明病情和手术参照预演、手术干预方面的主要应用（如骨科的打印骨骼立体模型）除了外观形状之外，还重现了切断时的质感。通过使内部达到多孔的效果，使用树脂材料可以得到与实际骨骼相同的触感。内脏的立体模型是根据患者的 CT 扫描数据，利用 3D 打印机制作的立体模型，如图 2-25 所示为纳米级生物医疗打印机。通过使用透明材料，血管、病灶等内部情况清晰可辨，在向患者说明病情和手术参照等用途中会起到很好的效果。

生物 3D 打印的核心技术是生物砖（biosynsphere），即一种新型的、精准的、具有仿生功能的干细胞培养体系。它用含种子细胞（干细胞、已分化细胞等）、生长因子和营养成分等的"生物墨汁"，结合其他材料层层打印出产品，经打印后培育处理，形成具有生物活性的组织和器官。对于那些需要器官移植的患者来说，3D 打印技术无疑是他们的福音，一方面无需担心不同机体器官之间的排斥反应。如图 2-26 所示，打印一个人体心脏只需要 10 美元的高分子材料即可。

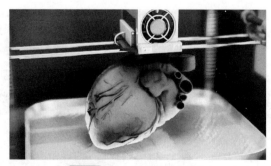

图 2-26　3D 打印生物活体心脏

目前，我国的生物医疗设备有自主研发的全球首创 3D 生物血管打印机，仅 2min 便可打印出 10cm 长的血管，而且可以打印出血管独有的中空结构、多层不同种类细胞，与使用钛合金、生物陶瓷、高分子聚合物等原材料的工业 3D 打印截然不同，血管打印机是打印出含有细胞成分并具有生物学活性的产品。有了这套技术体系，器官再造在未来成为可能。

## 2.2.5 其他 3D 打印机

### （1）建筑 3D 打印机

建筑 3D 打印机的外观像巨型的吊车，两边是轨道，而中间的横梁则是"打印头"，横梁可以上下或者前后移动，然后挤压出材料（类似于 FDM 原理），一层一层地将整栋房子打印出来。图 2-27 所示为建筑 3D 打印机示意图。

**图 2-27** 建筑 3D 打印机及打印的房子示意图

上海的建筑 3D 打印机在苏州工厂组装而成，其底面占地面积足有一个篮球场那么大，高度足有 3 层楼高，且打印机的长度还可以延伸，完全拉开可长达 150m。3D 打印的房屋是在苏州打印好后搬运到上海的，打印"油墨"是一种经过特殊玻璃纤维强化处理的混凝土材料，其强度和使用年限大大高于钢筋混凝土。墙体可以打印为空心，空心墙体不仅大大减轻了建筑本身的质量，还可以随意填充保温材料，并可任意设计墙体结构，一次性解决墙体的承重结构问题。无论是桥梁、简易工房、剧院，还是宾馆和居民住宅，其建筑体的强度和牢度都符合且高于国家建筑行业标准。

### （2）服装 3D 打印机

T 台上美轮美奂的 3D 打印服装一般由立体光固化成型技术或选择性激光烧结技术的 3D 打印机制作而成。用服装 3D 打印机打印的服装基本上是定制的，不管身材是胖还是瘦，都可以快速定制出合身的衣服。服装 3D 打印机在我国也有研发，如青岛服装 3D 打印机打印出的套装，上衣由两片打印"面料"缝制而成，裙子由打印"面料"缝制而成，用的材料是类似于服装面料的弹性纤维，摸上去稍有些塑料制品的感觉。图 2-28 所示为服装 3D 打印机及打印的产品。

**图 2-28** 服装 3D 打印机和 3D 打印的软底镂空轻量化运动鞋

服装 3D 打印机的打印流程为：首先由服装设计师提供衣服样板，然后软件工程师根据衣服样板进行 3D 建模，也就是制作立体样板，之后将数据模型输入软件，3D 打印机接收指令，一件衣服便可以顺利打印出来。

### （3）纸张 3D 打印机

MCOR 公司的 3D 打印机使用纸作为打印的原材料。MCOR 3D 打印机会胶合常见的书本纸，然后用一把刀具一遍又一遍地在"纸块"上把 3D 模型雕刻成产品。近期，MCOR 又推出了新款的 MCOR ARKe，不但能实现全彩打印，而且使用的材料是无毒无害的普通 A4 办公纸，而非通常的塑料线材。图 2-29 所示为纸张 3D 打印机和打印出的全彩模型。

纸张 3D 打印机的原理是：首先采用普通二维喷墨打印机对纸张着色，如爱普生的普通产品，除了轮廓线部分以外，定位用的标记也事先打印在纸张的四角上。使用纸张作为打印原材料的最大优点就是不会造成污染，材料常见，容易替代，不必另外购买塑料类或者树脂类的材料。图 2-29 所示为在全球电子消费展上的纸张 3D 打印机。

图 2-29　纸张 3D 打印机和打印出的全彩模型

### （4）教育用 3D 打印机

传统教育形式对于动手能力的培养相对不足，家庭、学校都需要既清晰直观，又能锻炼动手能力的新兴教学辅助工具。3D 打印技术就是这种新兴的教学辅助工具，集互联网、大数据、云计算等多项新一代技术于一体。该技术进入课堂可以激发学生的创新、动手能力，让学校的课程多元化。3D 打印与各学科结合是校本课程的创新升级。3D 打印技术进入课堂后，学生们只要在老师的指导下，就能够按照自己的想法设计出属于自己的 3D 图形，将图形输入到 3D 打印机中，就可以打印出实物，真正把创意变成现实。

教育用 3D 打印机的特点是小巧，造型容易被学生接受，并且界面"傻瓜式"，学生上手操作容易，具有无线监控，支持手机平板等设备，更容易走进家庭和课堂。年龄较小的孩子也可以学习 3D 打印技术，那就是 3D 打印笔。3D 打印笔相当于微型的 3D 打印机，用笔来体验 3D 打印的层层堆积原理，了解 3D 打印的相关材料知识，并且培养了空间感和立体思维，为以后 3D 打印建模的学习打下了基础。图 2-30 所示为 3D 打印笔三维作品绘制过程和作品展示。

### （5）食品 3D 打印机

食品 3D 打印机是在 3D 打印技术的基础上发展起来的一种快速成型的食品制造设备。食品 3D 打印机的原理类似于 FDM 技术，把原料替换为食材，再将 3D 打印机改造成适合食物烹饪的机器。食品 3D 打印机一般包括食品 3D 打印系统、操作控制平台和食物胶囊三大部分。将可以食用的打印材料放入食物胶囊里，再将食谱输入机器，按下启动键，喷头就会通过熔聚成型按照预先设计的造型将食材以层层叠加的方式"打印"出来。3D 食品打印机不仅可以个性化地改变食物的形状，还可以自由搭配、均衡营养。目前为止，食品 3D 打印机成功打印出 30 多种不同的食品，主要有六大类：糖果（巧克力、杏仁糖、口香糖、软糖、果冻）；烘焙食品（饼干、蛋糕、甜点）；零食产品（薯片、可口的小吃）；水果和蔬菜产品（各种水果泥、水果汁、水果果冻或凝胶）；肉制品（不同的肉类品）；奶制品（奶酪或酸奶）。图 2-31 所示为 3D 打印的各种食物和我国研发的煎饼 3D 打印机。

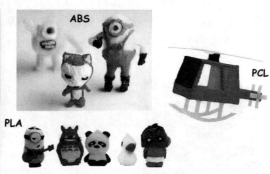

图 2-30　3D 打印笔绘制过程和作品展示

图 2-31　3D 打印的各种食物和我国研发的煎饼 3D 打印机

随着食品 3D 打印技术的发展，食品 3D 打印可能会在很大程度上改变人类的饮食方式，在食品的制作和用餐空间上（如野外、办公室内，甚至是移动的车体内）带来极大的灵活性，在烹饪方法和食材组合上也会带来革命性的影响，个人可以方便地定义自己的菜谱，以保证美味、营养、健康的平衡。

## 2.3　增材制造常用材料

俗语有云："巧妇难为无米之炊"。3D 打印作为高科技同样遵循这一道理，其关键并非在技术的复杂程度，而在所使用的材料上，表 2-7 所示为 3D 打印常用材料及成型工艺技术。一定程度上，打印材料是打印技术不可或缺的物质基础，决定了最终的成品属性。

表 2-7　3D 打印常用材料及成型工艺技术

| 材料 | 熔融沉积 | 材料喷射 | 板材层压 | 黏结剂喷射 | 材料挤压 | 直接能量沉积 | 粉末熔化 |
|---|---|---|---|---|---|---|---|
| 塑料（plastic） | √ | √ | | √ | √ | | √ |
| 金属（metal） | | | √ | √ | | √ | √ |
| 陶瓷（ceramics） | | | | √ | | | √ |

现今，增材制造材料的发展现状如图 2-32 所示，金属、聚合物、陶瓷和天然材料已经用于不同的增材制造工艺中，基于这些同质材料系统，已经成功地建立了使用异质材料（包括各种复合材料和多种材料）的工艺，以便获得更高的性能、更多的功能甚至定制的性能，例如阻燃聚合物、直接金属和陶瓷复合材料，未来还会发展具有某些响应特性的智能材料，如图 2-33 所示为现今 3D 打印材料与展望。

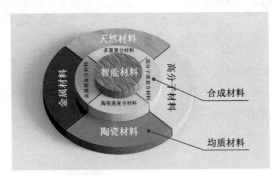

图 2-32　增材制造材料发展现状

目前，国内外 3D 打印领域已产生近 20 种工艺类型，其中最为成熟和应用最多的 6 种工艺包括熔融沉积（FDM）、光固化技术（SLA）、激光选区熔化（SLM）、选择性激光烧结（SLS）、定向能量沉积（DED）、电子束熔化（EBM）。随着 3D 打印及相关支持产业的快速发展，先进的 3D 打印技术不断涌现，所需的材料种类也在不断更新迭代。本节将 3D 打印先进材料分为金属材料、有机高分子材料、无机非金属材料三大类，并分别阐述各先进材料种类下的国内外先进 3D 打印技术的最新研究成果，以期对我国 3D 打印先进材料产业发展起到创新引领作用。

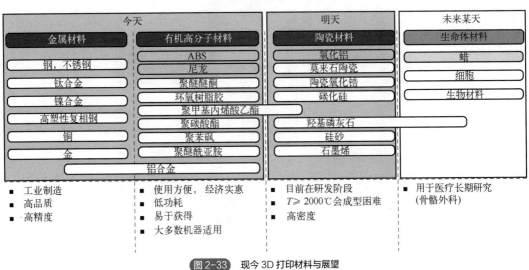

图 2-33　现今 3D 打印材料与展望

## 2.3.1　金属材料

金属材料3D打印是以金属为原料，如图2-34所示，以金属粉末、丝材等为形式，在激光、电子束等高温热源下快速完成熔化、凝固、成型的制造技术。常用于3D打印的金属材料包括钛合金、高温合金、铁基合金、铝合金和难熔合金等。

图2-34　3D打印常用金属粉末材料

由文献调研可知：在金属材料3D打印中，钛合金和铁基合金多通过加入增强相改善性能，高温合金、铝合金则通过合金化提高合金强度，而难熔合金与3D打印工艺适应性较差，往往通过热等静压（HIP）或温度梯度改善等方式实现成型。

### （1）钛合金

钛是自20世纪50年代发展起来的一种重要结构金属。如图2-35所示，钛合金强度高、耐蚀性能好、耐热性能强。用于3D打印的钛合金主要为粉末材料，目前国内航空航天和医疗领域常用TA1、TC4和TA15等牌号的钛合金粉末，粉末质量和批次稳定性已经得到充分验证。为满足应用领域的需求，研究人员不断开发出新型钛合金及其复合材料。国内有学者开发的Ti-6.5Al-2Zr-Mo-V新型钛合金的纤维组织中存在大角度晶界，在不同工艺参数下，硬度值为270～290HV。

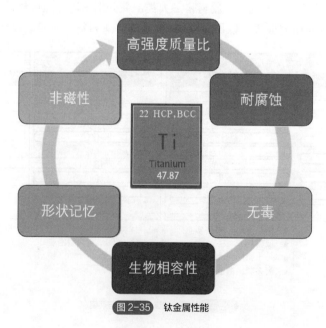

图2-35　钛金属性能

如图 2-36 所示，内蒙古工业大学王坤教授团队研发了针对钛合金膝关节打印件的磨粒流处理工艺，提出了基于钛合金膝关节打印件的过磨优化结构与切削量预测模型，运用非牛顿流体的 Carreau-Yasuda 方程进行仿真模拟，将仿真流道压力与加工循环次数结合建立了钛合金膝关节打印件切削量预测模型，并试验验证了模型的有效性。结果表明：抛光试验的结果与数值模拟结果具有较高吻合度，钛合金打印件过磨的现象出现在数值模拟的压力区域最大处。在加工压力为 10MPa、加工循环次数为 100 次的工况下，钛合金膝关节打印件内外侧预测模型均方根误差分别为 2.47% 和 2.80%，切削量预测模型的拟合度较好，明显改善了流道的压力分布，有效避免钛合金膝关节打印件外侧出现过磨现象。

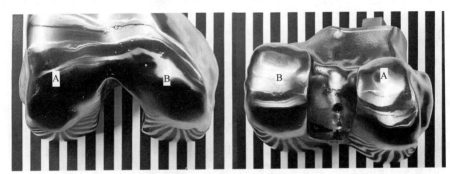

图 2-36　钛合金打印的膝关节模型

### （2）高温合金

高温合金是服役于 600℃ 以上高温环境，能承受苛刻的机械应力，并具有良好组织稳定性的一类合金。高温合金是航空发动机涡轮叶片、涡轮盘、燃烧室等热端部件的主要材料。目前国内 3D 打印厂商应用的高温合金原材料主要为镍基和钴基合金粉末，牌号包括 GH3230、GH3536、GH3625、GH4169、GH4099、GH5188 等。随着工程化应用程度的不断加深，具有良好抗氧化性能和铸造性能的高温合金材料逐步进入人们视野。西北工业大学研制出 GH1469 与 CoCrMo 的梯度合金，具有均匀的合金成分、组织和结构，并发现 CoCrMo 端主要由 $\gamma$-fcc 相柱状亚晶和少量片层状 $\varepsilon$-hcp 相组成，抗氧化性能得到显著提升。Ghoussoub 等通过研究（Nb+Ta）/Al 值，成功开发出抗氧化性能好，抗蠕变性能略低于 CM247LC 合金的新型合金。Chen 等成功设计出铸造高温合金 K418 激光选区熔化（SLM）工艺，如图 2-37 所示为高温合金打印的叶片零件，其高温合金室温强度为 1078MPa，600℃ 高温下的强度为 946MPa。

图 2-37　高温合金打印的叶片零件

### （3）铁基合金

应用于 3D 打印的铁基合金大多是不锈钢、模具钢粉末，在核电领域的 SLM 和 DED 工艺产品中较为常见。目前国内外学者对铁基合金的研究方向集中于强化其耐磨性能。国内学者研究了碳化硅（SiC）颗粒与不锈钢 316L 的混合可行性，并研究出随着 SiC 含量的增加，显微组织由等轴转变为枝晶并导致晶粒细化。该合金经过激光处理后，强度和摩擦学性能得到了显著提高。Tanprayoon 研究了氮化钛（TiN）颗粒与不锈钢 316L 的混合可行性，发现纳米级 TiN 颗粒起到了强化作用，合金硬度最大可提高 70HV。也有企业研发出高 Mn-Ni 型双相不锈钢合金粉末，大幅提升了不锈钢的耐蚀性能和耐磨性能，如图 2-38 所示为打印的铁基合金含油轴承。

### （4）铝合金

传统用于 3D 打印的铝合金室温强度仅有 300MPa 左右，加入某些微量元素可显著提高铝合金的室温强度。中强度和高强度的铝合金有望替代结构钛合金和不锈钢，作为航空航天领域中的重要零部件。西安交通大学校企合作项目开发了各向同性 Al-Mn-ScZr 系铝合金，使得铝合金多方向极限拉伸强度高于 500MPa，伸长率高于 10%。也有校企合作开发了中强度 Al-Mg-Si-Mn-Ti 打印材料，具有抗拉强度 450MPa 以上、伸长率 9%以上的优异性能。还有校企合作开发的陶瓷原位增强铝合金粉末，其打印件的最大抗拉强度超过 540MPa，最大断裂伸长率超过 15%。重庆大学研发的 ZYHL-2 高强度铝合金热处理后的抗拉强度稳定在 550~560MPa，伸长率为 12%~14%，同时在 215℃高温下仍能达到 250MPa 的抗拉强度，伸长率可达 18%以上。Wang 等开发出一种 Al-Mg-Sc-Zr 合金，实施激光选区熔化工艺后，不仅具有良好的强度和韧性组合，而且超细铝合金相媲美。Wang 等开发了喷雾成型新型 Al-Zn-Mg-Cu 铝合金，并探究了合金的显微组织稳定性和力学性能，发现由于晶粒细化强化、位错强化和沉淀强化的共同作用，合金的屈服强度和极限抗拉强度分别提高了 171MPa 和 143MPa。如图 2-39 所示为铝合金打印制品。

图 2-38　3D 打印的铁基合金含油轴承

图 2-39　铝合金打印制品

### （5）难熔合金

难熔金属包括钨、钼、钽、铌等金属，其最大的共同特点是熔点高，每种金属也有各自的特点。钨具有高硬度以及良好的射线屏蔽性能，熔点为 3410℃，被广泛应用于电子行业、核工业以及医疗行业。钽具有耐腐蚀性能以及优良的电性能，主要被应用于制造钽电容和医疗植入物等，纯钽植入物如图 2-40 所示。采用 3D 打印方法生产的 CT 设备钨准直器已经在国外长期批量应用，该准直器的某些关键性能已超过传统工艺制备的准直器。难熔金属熔点较高，成型能量输入较高，会形成较多孔洞缺陷，一般通过调整工艺参数和热等静压等方式解决。西安交通大学采用激光选区熔化（SLM）技术成功开发出 Nb-5W-2Mo-1Zr 新型难熔合金，并制备出高致密零件。该合金经过热等静压达到几乎完全致密，抗拉强度为（678.7±1.1）MPa，伸长率为（5.91±0.32）%。

在 3D 打印工艺中，金属粉末质量是影响最终打印部件结构及性能的关键因素之一。结合我国 3D 打印金属材料存在的问题及需要解决的关键技术发现，需要丰富 3D 打印金属材料体系，加强 3D 打印金属新合金和创新构型结构功能一体化材料的研究，通过理论与工程实践相结合，开发出颠覆性的新材料和新结构，实现我国金属 3D 打印技术创新。

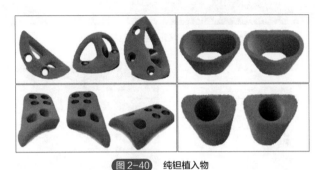

图 2-40　纯钽植入物

## 2.3.2　有机高分子材料

有机高分子材料包括专用树脂、超高分子量聚合物等，主要以线材为主，通过特定的热源形式完成。国内外材料厂商利用聚乳酸（PLA）、PETG 等 3D 打印线材合成机理，对传统线材进行化学改性，提升材料韧性和强度等指标。聚醚醚酮（PEEK）材料的改性则采取碳纤维等增强基的复合化处理。

### （1）聚乳酸（PLA）

聚乳酸（PLA）是一种新型的生物降解材料，由聚乳酸制成的产品除了能够被生物降解外，生物相容性、光泽度、透明性、手感和耐热性也非常好，还具有一定的抗菌性、阻燃性和抗紫外线性，主要用在服饰、建筑、农业、林业、造纸和医疗卫生等领域。

近期，国内主流 PLA 线材厂商对传统材料进行了改性和升级，取得了较大成效。eSUN 在对聚乳酸材料进行增韧之后可以拓宽其应用范围，eSUN 聚乳酸线材产品如图 2-41 所示。Polymaker 通过将聚乳酸和聚丙烯酸酯微球混合，提升了聚乳酸材料的力学性能，尤其是韧性。某新材料企业用甲基丙烯酸甲酯-丙烯酸丁酯共聚物进行增韧改性，改善材料的抗冲击性能。

国外研究学者采取材料复合、加入增强基等方法对聚乳酸进行强化。Reverte 等将短纤维作为增强材料添加到聚乳酸中，获得一种新型复合材料，抗拉强度提高近 50%。Zerankeshi 等制备了新型的聚乳酸-石墨丝材复合材料，可显著提升聚乳酸的机械强度，使聚乳酸的机械强度达到 47MPa。

### （2）PETG

PETG 材料是一种透明的非晶型共聚酯，可采用传统的挤出、注塑、吹塑及吸塑等成型方法，也可以用于 3D 打印成型，其二次加工性能优良，被广泛用于塑料制品、医疗保健品、包装制品等领域。如图 2-42 所示为 eSUN 生产的 PETG 线材产品及其打印件。

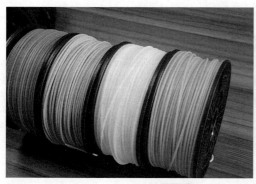

图 2-41　eSUN 聚乳酸线材产品及其打印件

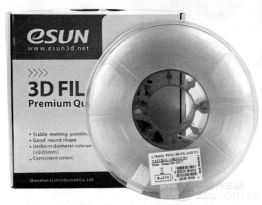
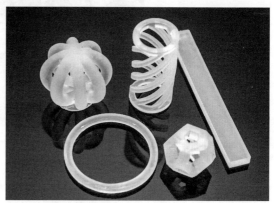

图 2-42　eSUN 生产的 PETG 线材产品及其打印件

用于 3D 打印的 PETG 原材料主要为 FDM 线材。PETG 熔点高，对打印温度提出了较高的要求，但是材料成型的力学性能较低、耐热性能较差，在实际推广应用过程中严重受阻，因此 PETG 通常需要改性，以提高其力学性能及打印性能。国内外 3D 打印耗材厂商通过对 PETG 进行增强增韧等改性，推出了具有各自特色的 PETG 耗材。Taulman 3D 推出一款 guideline 线材，生物相容性良好，热变形温度达 70℃以上。3DXTech 推出一款 Nanotube 线材，由 PETG 与碳纳米管进行复合制备而得，具有优秀的耐化学腐蚀性能、耐热性能、极低的吸湿性和优异的尺寸稳定性。目前国内外关于 PETG 研究较少，研究人员仅仅从增韧改性方面进行了相关研究。国内学者分别将碳纤维（CF）和形状记忆合金（Ni-Ti）作为增强材料与 PETG 混合，发现 CF-PETG 复合材料样品硬度、抗拉强度和冲击强度等力学性能有所提升，Ni-TiPETG 复合材料的动态力学性能显著提升，并且与短纤维增强复合材料相比，复合线材具有更高阻尼性能。

### （3）聚醚醚酮（PEEK）

聚醚醚酮（PEEK）是高温热塑性特种工程塑料，具有高强度、耐高温、抗化学腐蚀、耐磨损、自润滑、生物相容性、阻燃等优异性能，在汽车、飞机制造、电子电器以及医疗等领域有一定应用。纯 PEEK 的弹性模量为（3.86±0.72）GPa，经碳纤维增强后可达（21.1±2.3）GPa，与人骨的弹性模量最为接近，可以有效避免植入人体后与人骨产生应力不匹配以及松动问题，是一种理想的骨科植入物材料（图 2-43），采用碳纤维（CF）与 PEEK 混合粉制备新型复合材料，这种新材料预热温度降低，零件收缩和翘曲问题显著改善。利用羟基磷灰石（HA）与 PEEK 混合的新材料，采用熔丝制造（FFF）工艺制备骨组织支架，研究结果显示细胞的黏附、增殖、成骨分化和矿化骨髓间充质干细胞对 PEEK/HA 支架的作用能力明显提高，并且 PEEK/HA 支架相比纯 PEEK 支架具有更好的骨融合效果和黏结强度。有学者设计并合成了氟基聚醚醚酮（FD-PEEK），研究结果显示，15mol%芴基团（15%-FD-PEEK）的引入使层间强度和断裂应变分别比 PEEK 提高了 400% 和 500%，分别达到 67MPa 和 11.23%，表明材料的层间强度得到了显著的提高。

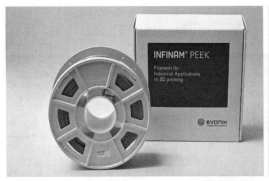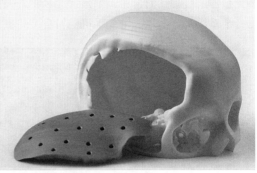

图 2-43  PEEK 材料用作骨植入物

有机高分子材料需求量较大，对材料的强度、耐磨、耐高温、耐候、抗静电、阻燃及成本等性能指标提出了更高的要求。因此，有机高分子材料性能仍然有很大提升空间，离在工业领域广泛应用还较远。

### （4）ABS 材料

ABS 材料因其卓越的热熔性和冲击强度在熔融沉积成型 3D 打印工艺中得到广泛选择。ABS 通常会经过预制成丝或粉末化处理后使用，其广泛应用几乎覆盖了所有日常用品、工程产品以及部分机械零部件。ABS 材质在颜色的选择方面表现得多姿多彩，拥有白色、象牙白、黑色、红色、蓝色、深灰色、玫瑰红等多种丰富选项，广泛运用于汽车、家电以及电子消费品等领域，如图 2-44 所示。

图 2-44  ABS 材料及其打印件

近几年，ABS 材料在不断拓展的领域应用中，其性能取得了显著的提升。通过充分发挥 ABS 材料强大的黏附性和强度，并对其进行改性，成功拓展了其在 3D 打印材料领域的适用范围。2014 年，国际空间站采用 ABS 塑料进行 3D 打印零部件，这标志着 ABS 在航天领域的重要应用。此外，全球最大的 3D 打印材料公司 Stratasys 公司推出最新 ABS 材料——ABS-M30，专为 3D 打印制造而设计，其力学性能相较传统 ABS 材料提升了 67%。这一系列的创新使 ABS

材料更具竞争力和广泛应用的前景，从而扩展了 ABS 在各个领域的使用范围。

### （5）PC 材料

如图 2-45 所示，PC（聚碳酸酯）材料被视为一种真正的热塑性材料，其特点包括高强度、耐高温、抗冲击和抗弯曲，相较于 ABS 材料其强度更高，提升了 60%。可以作为最终零部件甚至超强工程制品的材料。德国拜耳公司开发的 PC2605 可用于防弹玻璃、树脂镜片、车头灯罩、宇航员头盔面罩、智能手机的机身、机械齿轮等异形构件的 3D 打印制造。

图 2-45　PC 材料颗粒及其打印件

PC 工程塑料的三大主要应用领域是玻璃装配业、汽车工业和电子电器工业，另外还有工业机械零件、光盘、包装、计算机等办公室设备、医疗及保健、薄膜、休闲和防护器材等。PC 可用作门窗玻璃，PC 层压板广泛用于银行、使馆、拘留所和公共场所的防护窗，飞机舱罩，照明设备、工业安全挡板和防弹玻璃。

### （6）PA 材料

如图 2-46 所示，PA 材料表现出高强度，但同时具备一定的柔韧性，可直接用于 3D 打印制造设备零件。利用 3D 打印技术制造的 PA 碳纤维复合塑料树脂零件不仅具有卓越韧性，还能替代机械工具中的金属部件。作为全球知名的 PA 工程塑料专家，索尔维公司以 PA 工程塑料为基础进行 3D 打印样件，如门把手套件、零件、刹车踏板等。成功采用 PA 材料替代传统金属，解决了汽车轻量化的问题。

图 2-46　PA 材料颗粒及其打印件

PA 材料在多个领域得到广泛应用,包括生产燃料滤网、燃料过滤器、储油罐、捕集器、发动机储油槽、气缸盖罩、散热器水箱、平衡旋转轴齿轮等。此外,它还可用于汽车的电气配件、接线柱,以及制作一次性打火机体、碱性干电池衬垫,摩托车驾驶员头盔,办公机器外壳等。另外,PA 材料还可在控制和驱动部件等方面应用。

### (7) PPSF 材料

如图 2-47 所示,PPSF 材料在所有热塑性材料中具有最高强度、最优耐热性和卓越抗腐蚀性。由于这些出色的性能,PPSF 材料在航空航天、交通工具以及医疗行业得到广泛应用,通常被用作最终零部件材料。

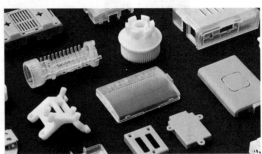

图 2-47 PPSF 丝材及其打印件

PPSF 具有最高的耐热性、强韧性以及耐化学品性,在各种快速成型工程塑料之中性能最佳,通过碳纤维、石墨的复合处理,PPSF 材料能够表现出极高的强度,可用于 3D 打印制造该承受负荷的制品,成为替代金属、陶瓷的首选材料。

### (8) EP 材料

如图 2-48 所示,EP(elasto plastic)即弹性塑料,是 Shapeways 公司最新研制的一种 3D 打印原材料,它能避免用 ABS 打印的穿戴物品或者可变形类产品存在的脆弱性问题。EP 材料具备极其柔软的特性,其塑形过程采用了类似 ABS 的"逐层烧结"原理,但由此制造的产品表现出卓越的弹性,并在受到变形后容易恢复原状。该材料适用于制作各种产品,包括但不限于 3D 打印鞋、手机壳以及 3D 打印衣物等。

图 2-48 EP 材料颗粒及打印件

### （9）光敏树脂

光敏树脂，又称光固化树脂，属于一类在受光照射后能够在短时间内迅速发生物理和化学变化，从而实现交联固化的低聚物。在口腔科学领域，光固化复合树脂被广泛用于充填和修复材料。其色泽美观且具备一定的抗压强度，在临床应用中扮演关键角色，特别适用于前牙各类缺损、窝洞修复和器官模型打印，能够取得令人满意的效果，如图 2-49 所示为光敏树脂及打印的心脏模型。

图 2-49  光敏树脂及打印的心脏模型

光敏树脂是由聚合物单体与预聚体组成的。由于具有良好的液体流动性和瞬间光固化特征，液态光敏树脂成了 3D 打印耗材用于高精度制品打印的首选材料。光敏树脂固化速度快、表干性能优异，成型后产品外观平滑，可呈现透明或半透明磨砂状态。光敏树脂具有气味低、刺激性成分低等特征，非常适合个人桌面 3D 打印系统。

### （10）高分子凝胶

在 3D 打印中，高分子凝胶材料包括海藻酸钠、纤维素、动植物胶、蛋白胨和聚丙烯酸等。这些材料表现出卓越的性能。在特定温度、引发剂和交联剂的作用下，这些材料经历聚合反应，形成具有特殊网状结构的高分子凝胶制品。受离子强度、温度、电场和化学物质等因素的影响时，凝胶的体积也相应变化，用于形状记忆材料。凝胶溶胀或收缩发生体积转变，用于传感材料；凝胶网孔的可控性，可用于智能药物释放材料。

## 2.3.3　无机非金属材料

本节介绍的无机非金属材料主要为 3D 打印工艺中常用的砂型材料和陶瓷材料。由于国内黏结剂喷射和陶瓷光固化等工艺起步较晚，因此大多数的砂型材料和部分陶瓷材料的研究主要围绕工艺性验证开展。现阶段，对应工艺的大多数材料还处于攻关状态，而 SiC 陶瓷以及磷酸三钙陶瓷等材料的研究已进入复合强化阶段。

### （1）砂型材料

砂型材料主要分为用于选择性激光烧结（SLS）技术的覆膜砂和用于黏结剂喷射（BJP）技术的树脂砂。SLS 覆膜砂材料是一种选择性激光烧结（SLS）工艺打印铸造用型芯或型壳的成型材料，打印出的砂型材料结合传统铸造工艺，可快速铸造制得金属零件。BJP 树脂砂主要包括铸造用硅砂、呋喃树脂黏结剂、酚醛树脂黏结剂、无机黏结剂等铸造砂型成型材料，通过 BJP 工艺成型砂芯、砂型，极大程度上提升了铸造生产效率。覆膜砂的烧结性能优异，尤其适用于复杂结构金属零件的快速铸造，在航空航天、汽车制造等领域有广泛应用。某企业研制的覆膜砂材料拉伸强度可达 4～6MPa，发气量为 12～13mL/g，耐火度高，溃散性好，有比传统工艺更优良的抗黏砂性，使铸件易于脱模，生产的铸件表面粗糙度可达到 3.2～6.3μm。华中科技大学利用覆膜砂直接烧结砂型并结合熔模精密铸造工艺成功浇铸出摩托车气缸体、气缸盖和涡轮铸件。国内相关学者对黏结剂喷射树脂砂工艺进行了改进。陈瑞等针对 3D 打印砂型紧实度低的问题，提出了一种空间网格化砂型 3D 打印方法，利用圆形、矩形两种基础形状，按不同网格大小与不同网格间骨架尺寸进行网格划分，降低了砂型强度 10%～50%，提高了砂型透气性 100% 以上，减少了黏结剂用量 10%～50%。清华大学林峰提出打印工艺参数对砂型碳排放源影响分析模型，建立了三个目标的优化模型，并以某型号叶轮铸件作为实例研究，结果显示碳排放量减少了 33.1%，打印效率提高了 38.35%，弯曲应力仅降低了 1.02%，如图 2-50 所示为砂型材料打印件。

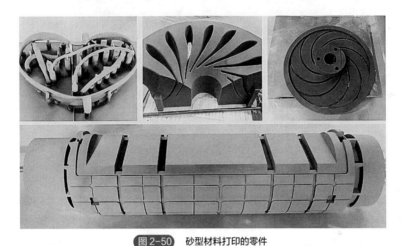

图 2-50　砂型材料打印的零件

### （2）陶瓷材料

在用于 3D 打印陶瓷材料中，研究最多的、成熟度最高的陶瓷材料主要为氧化物（$Al_2O_3$、$ZrO_2$）、SiC、磷酸三钙（TCP）等材料。粉末床成型技术一般要求粉体具有较高的流动性；立体光固化成型技术所用的原材料是由陶瓷粉体、分散剂和添加剂等组成的浆料。

氧化物陶瓷被广泛地应用于刀具、磨轮、球阀、轴承等的制造，其中以 $Al_2O_3$ 和 $ZrO_2$ 陶瓷刀具制造最为广泛。该种材料被研究学者所关注的性能以耐磨性能和强韧性为主。哈佛大学开发了一种基于光刻的氧化铝陶瓷增材制造技术，利用 300～450℃/min 的速度快速烧结形状复杂的陶瓷部件，生成的氧化铝具有 810MPa 的高机械强度和高韧性。新加坡国立大学采用激光选区熔化技术直接制备了 $Al_2O_3$/$GdAlO_3$（GAP）共晶复合陶瓷，显微硬度和断裂韧性分别达到（17.1±0.2）GPa 和（4.5±0.1）MPa·$\sqrt{m}$。

SiC 陶瓷在已知陶瓷材料中具有最佳的高温力学性能（高的抗弯强度、优良的耐腐蚀性、高的抗磨损以及低的摩擦因数等），其抗氧化性能在所有非氧化物陶瓷中也是最好的。国外学者提出了一种通过引入低光吸收 $SiO_2$ 粉末和两步烧结过程打印高性能 SiC 陶瓷的路线，制备的 SiC 陶瓷具有更高的抗弯强度（268.66MPa）。还有学者采用激光选区烧结（SLS）技术实现了

SiCw/SiC 材料的制备，当 SiC 的粒径范围在 60～80μm 时，原位的 SiCw 数量最多，形成和生长方式遵循传统的气—液—固（V—L—S）机制。Xu 等提出了一种由碳化硅、碳粉和碳化硅晶须（SiCw）组成的新型水基浆料，试件的最大抗弯强度为 239.3MPa。

磷酸三钙陶瓷（tricalcium phosphate，TCP）的化学组成在人体骨骼中广泛存在，因此在医疗领域作为一种良好的骨修复三维支架而被广泛应用。TCP 支架是国内外研究的热点之一，长期以来，研究人员不断提升性能来改善 TCP 支架对于骨损伤等方面的治疗效果。国外学者开发了 β-磷酸三钙陶瓷/58S 生物玻璃（β-TCP/BG）新型复合材料并制备了 β-TCP/BG 陶瓷浆料支架，研制结果显示 β-TCP/BG 树脂浆液的最大黏度为 85.92Pa·s，支架的抗压强度达到最大值（11.43±0.4）MPa。Yin 等和 Qi 等研讨了合金与 TCP 陶瓷的复合可行性，二者研究表明添加了合金元素的 TCP 陶瓷支架的生物降解和力学稳定性均获得较大提升。如图 2-51 所示为 3D 打印生物陶瓷骨修复材料。

**图 2-51　3D 打印生物陶瓷骨修复材料**

目前，大多数陶瓷材料的研究还处于科研攻关阶段，加强与高校、研究院所等的合作交流，可获取有用的技术和资源，是有利于陶瓷材料创新发展的最有效方法。此外，也可以深入与国际化工材料企业（如巴斯夫）等的合作交流，努力寻材问料，从源头解决制约陶瓷材料发展的问题。

## 2.3.4　复合材料

3D 打印技术和纤维复合材料的结合为制造业、环境保护和科技创新带来了巨大推动。制造业的转型升级、节能减排和资源利用、创新驱动和科技竞争力都将因 3D 打印纤维复合材料的应用而实现新的突破。采用 3D 打印纤维复合材料，是用最少的工具快速制造复合材料物体的理想方法。连续纤维增强热塑性复合材料因具有高的比强度、比模量、可设计性，在航空、航天、汽车等轻量化结构件中扮演着越来越重要的角色，目前 3D 打印连续纤维复合材料优化研究框图如图 2-52 所示。

3D 打印连续纤维复合材料主要基体材料有苯乙烯-丙烯腈-聚丁二烯共聚物（ABS）、聚乳酸（PLA）、尼龙（Nylon）、聚醚醚酮（PEEK）和环氧树脂等，主要增强纤维为碳纤维（CF）、玻璃纤维（GF）和凯夫拉纤维（Kevlar），研究表明纤维体积分数与连续纤维复合材料拉伸和弯曲性能呈正相关，纤维含量越高，材料强度越高，研究人员常通过纤维表面改性、提高打印压力和工艺优化等方式，提升纤维含量，改善力学性能。

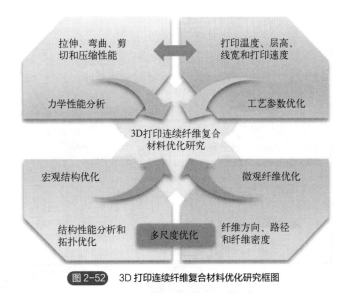

图 2-52　3D 打印连续纤维复合材料优化研究框图

本节主要讲述碳纤维，碳纤维复合材料作为 3D 打印材料界的重要类别之一，具有轻量、高强度、高韧性、导热性好、耐低温、耐腐蚀等特点。这些特性使碳纤维成为 3D 打印纤维复合材料的理想材料，可以制造出更坚固、更轻盈的产品原型，如图 2-53 所示为碳纤维材料及其打印件。

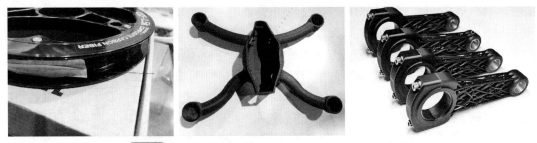

图 2-53　碳纤维复合材料丝材及打印的无人机机架和碳纤维复合连杆

### （1）打印优势

碳纤维 3D 打印机可以实现复杂结构的打印，如薄壁结构、空心结构等，提高了产品的设计自由度和创造力。同时，它还可以实现精细打印，提供更高的打印分辨率和精度，碳纤维复合材料增材制造工艺如图 2-54 所示。

### （2）应用领域

在航空航天领域，轻量化和强度是关键要素。3D 打印技术可以根据设计师的要求，制造出复杂形状的零部件，采用碳纤维材料可以进一步提升零件的强度和刚性，减轻整个航空器的重量，从而提高燃油效率并降低碳排放。

在工业制造领域，3D 打印技术可以打印出复杂形状的工业零部件，如排气系统、引擎外壳等。使用碳纤维材料可以增加零部件的强度，同时大大减轻机器质量，提升机器性能并降低能源消耗。

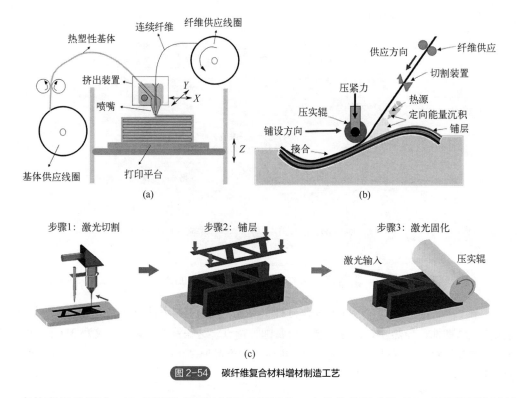

图 2-54　碳纤维复合材料增材制造工艺

在体育用品领域，3D 打印技术可以制造出轻量化、个性化的运动装备。应用碳纤维材料，可以提高运动装备的强度和弹性，减少运动员的负重感，提升运动表现。

3D 打印碳纤维复合材料在航空航天领域的应用是一项具有巨大潜力的技术。通过 3D 打印技术和碳纤维复合材料结合，可以实现大规模、复杂形状结构件的快速制造。传统的碳纤维复合材料成型工艺往往需要复杂而昂贵的模具，而 3D 打印技术可以直接将零件从数字设计文件转化为实体，消除了模具的需求，降低了制造成本和周期。此外，3D 打印技术可以实现复杂几何形状高度定制化的制造，包括传统工艺难以实现的结构件，根据具体要求调整纤维分布和层叠方式，提高结构件的性能。例如，复杂内部结构和集成传感器的部件提高了飞机的性能和安全性。

美国 3D 打印纤维复合材料技术一直走在世界前列。美国航空航天局与路易斯维尔大学和美国空军合作在 3D 打印纤维复合材料方面积累了丰富经验。利用热固性聚酰亚胺树脂和碳纤维，通过选择性激光烧结技术成功实现了具有耐高温属性的复合材料部件生产。在这项技术中，热固性聚酰亚胺树脂被用作填充材料，并经过选择性激光烧结后进行固化，以提高其耐热性能。该技术的成功应用使复合材料部件的玻璃化转变温度达到了 370℃。作为全球最大的雷达与军舰制造商之一，诺斯罗普•格鲁于 2022 年 9 月宣称，已在碳/碳复合材料 3D 打印技术上取得了重大突破。该公司生产的复杂的耐热构件致力于制造高超音速和其他高速武器。

在新一代载人飞船实验船在轨飞行任务中，由我国 529 厂和西安交通大学团队共同研制的连续纤维增强复合材料太空 3D 打印装备，实现了国际首次连续纤维复合材料太空环境增材制造技术，为我国未来制造复合纤维零件提供了技术储备。

## 2.3.5　其他材料

以下是 3D 打印的其他材料介绍。

① TPU：具有高弹性和柔软性，常用于制作鞋子、手机壳、玩具等。

② Nylon：具有高强度、高耐磨性和耐化学性，可用于多种应用场景。

③ 生物可降解材料：这种材料在生物体内能够被自然降解，因此特别适用于医疗应用，如制作临时植入物、缝合线或药物输送系统。它们不仅避免了二次手术的需求，还减少了患者的不适。

④ 生物组织材料：这些材料旨在模拟人体组织的特性，用于制作人工骨骼、关节、心脏瓣膜等。它们通常需要与患者的细胞和组织相兼容，以促进愈合和恢复。

⑤ 橡胶类材料：橡胶类材料具有良好的弹性和耐磨性，常用于制作轮胎、密封件、缓冲垫等。在3D打印中，橡胶类材料可以通过特定的打印技术实现复杂形状和结构的制造，为产品设计提供更多的可能性。

⑥ 木质材料：近年来，木质材料也逐渐被引入到3D打印领域。木质材料具有天然的纹理和质感，适用于制作家居用品、装饰品等。通过3D打印技术，可以实现木质零件的精确制造和定制化设计。

⑦ 软胶材料：这种材料柔软且富有弹性，常用于制作需要弯曲或变形的部件，如管道、软管等。软胶材料具有良好的耐磨性和耐腐蚀性，适用于各种复杂环境下的应用。

⑧ 蜡质材料：蜡质材料常用于制作铸造模具和模型。它们具有良好的可塑性和加工性，可以通过3D打印技术制造出高精度、高表面质量的模型，为铸造行业提供便利。

⑨ 可食用材料：随着3D食品打印技术的发展，可食用材料逐渐成为3D打印的一个重要方向。这些材料通常由糖、面粉、巧克力等食品原料制成，通过3D打印技术可以制作出各种形状和口味的食品，为餐饮业和食品加工业带来创新。

⑩ 石墨烯复合材料：石墨烯具有优异的电学、热学和力学性能，因此石墨烯复合材料在3D打印领域具有巨大的潜力。这种材料可以用于制造高性能的电子产品、航空航天部件以及轻量化结构等。

⑪ 陶瓷基复合材料：陶瓷基复合材料结合了陶瓷的高硬度、高耐磨性和其他材料的韧性，适用于制造高性能的切削工具、耐磨件以及高温环境下的零部件。

⑫ 金属泡沫：金属泡沫是一种轻质金属材料，具有良好的吸能性能和隔音性能。通过3D打印技术，可以制造出具有复杂内部结构的金属泡沫零件，用于汽车、航空航天等领域的吸能结构和隔音材料。

⑬ 生物基材料：这些材料来源于可再生资源，如植物纤维、淀粉等。它们具有环保、可降解的特点，适用于制造一次性用品、包装材料等。

⑭ 液态金属：某些金属在特定条件下可以呈液态，这些液态金属可以被用于3D打印制造精密的金属结构。由于液态金属的流动性好，可以制造出更为复杂的形状和结构。

⑮ 智能材料：智能材料具有感知、响应和自适应的能力，如形状记忆合金、压电材料等。这些材料可以通过3D打印技术制造出具有特殊功能的结构，用于智能机器人、传感器等领域。

⑯ 纳米材料：纳米材料具有独特的物理、化学和力学性能，如高强度、高硬度、优异的导电性和导热性等。通过3D打印技术，可以精确地构建纳米结构，为微纳制造、生物医学和能源等领域提供新的解决方案。

⑰ 导电材料：这类材料具有良好的导电性能，适用于制造电子元件、传感器和电路板等。通过3D打印技术，可以实现导电结构的快速成型和定制化设计，提高电子设备的性能和可靠性。

⑱ 磁性材料：磁性材料具有磁响应性和磁存储能力，可用于制造磁性传感器、磁性存储器和磁性驱动器等。3D 打印技术可以精确地控制磁性材料的分布和结构，实现高性能的磁性器件的制造。

 **本章小结**

- 3D 打印由于使用材料不同和成型原理不同，目前主要分为材料挤出技术、光固化技术、粉末熔化技术、材料喷射技术、黏结剂喷射技术和直接能量沉积技术等。

- 不同技术所使用送料装置是不同的，一般根据输送材料的状态分为挤出黏流态、液态树脂固化、粉末烧结或粉末黏结等。

- 粉末熔化技术为制造具有复杂结构的零件提供了便利，尤其是那些不需要额外支撑结构的零件。

- 金属 3D 打印机常用于工业领域，主要采用了以下几种技术：SLM、EBM、DMLS、MBJ、FDM、SLS、LENS、EBAM 和黏结剂喷射技术。

- 塑料 3D 打印机主要使用 FDM、SLA、3DP 等技术，其中 FDM 技术因其成本相对较低、操作简单、材料选择广泛等优点而被塑料 3D 打印机广泛应用。

- 陶瓷 3D 打印机使用黏土或陶瓷粉作为原料，并通过挤出、激光烧结，或者液体黏结剂等方式进行造型固定，主要使用 FDM 技术、立体光固化（DLP）技术。一般的工业陶瓷可用于制造高度耐磨、耐温、抗生化产品。

- 生物医疗 3D 打印可直接打印助听器外壳、植入物、复杂手术器械和药品。在深度方面，由 3D 打印没有生命的医疗器械向打印具有生物活性的人工组织、器官方向发展。

- 金属材料 3D 打印是以金属为原料，以金属粉末、丝材等为形式，在激光、电子束等高温热源下快速完成熔化、凝固、成型的制造技术。

- 常用于 3D 打印的金属材料包括钛合金、高温合金、铁基合金、铝合金和难熔合金等。

- 有机高分子材料包括专用树脂、超高分子量聚合物等材料，主要以线材为主，通过特定的热源形式完成。

- 无机非金属材料主要为 3D 打印工艺中常用的砂型材料和陶瓷材料。

- 3D 打印连续纤维复合材料主要基体材料有苯乙烯-丙烯腈-聚丁二烯共聚物（ABS）、聚乳酸（PLA）、尼龙（Nylon）、聚醚醚酮（PEEK）和环氧树脂等，主要增强纤维为碳纤维（CF）、玻璃纤维（GF）和凯夫拉纤维（Kevlar）。

 **思考与练习**

**一、简答题**

1．简述增材制造技术的分类及其特点。

2．增材制造技术的发展趋势是什么？请举例说明。

3．增材制造设备通常由哪些主要部分组成？这些部分的功能是什么？

4．不同类型的增材制造设备在结构和工作原理上有何异同？

5．如何根据制造需求选择合适的增材制造设备？

## 二、分析题

1．增材制造中常用的材料有哪些类型？请列举并简要描述其特点。

2．在增材制造中，材料的选择对最终产品的性能有何影响？

## 三、实践题

选择一种你认为具有创新性的增材制造技术和材料深入调研，并说明其创新点、应用前景、发展潜力。

## 拓展阅读

### 一、书籍拓展阅读

《中国新材料研究前沿报告 2021：增材制造材料 I 》作者：黄卫东

### 二、3D 打印机制造企业设备知识拓展

扫码获取本书资源

# 第3章

# 数字化建模技术及数据处理

 **思维导图**

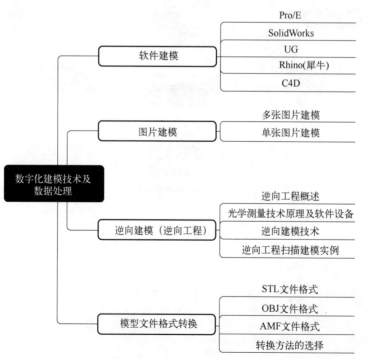

扫码获取本书资源

**案例导入**

鸟型水杯（图3-0）充满创意和趣味性，让人见之心喜，它是怎么设计出来的？建立模型时使用了哪些软件？建模需要怎样的技巧？让我们利用三维软件一起体验一下理想和现实的交互吧！

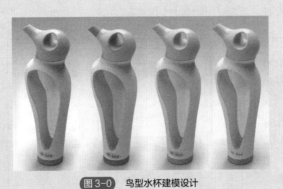

扫码获取模型

图3-0 鸟型水杯建模设计

 **学习目标**

**认知目标**

● 掌握3D建模基础，掌握软件、图片、逆向建模基本概念、原理及其在产品设计中的应用，熟悉数字化建模的基本流程。

● 掌握常见3D打印文件格式和转换工具使用方法、特点及适用范围，了解STL、OBJ、AMF、3MF等常用文件格式，并理解它们在不同3D打印软件和设备中的兼容性。

**能力目标**

● 培养三维建模的能力，能够熟练使用至少一款主流3D建模软件，包括其界面操作、工具使用、模型创建与编辑、材质贴图、光照设置等，并能够利用软件建模工具进行复杂形态的设计和制作。

● 能够通过图片进行3D建模的基本原理和步骤，包括图像分析、轮廓提取、三维重构等技术，能够利用图片信息快速生成3D模型。

● 能够熟悉扫描建模的流程，包括三维扫描设备的使用、数据导入、模型修复与优化等，能够将实体物品转化为数字模型，并理解扫描建模在逆向工程中的应用。

**素养目标**

● 培养综合建模能力运用，能够综合运用软件建模、图片建模和扫描建模等多种方法，根据设计需求选择最合适的建模方式，并能够独立完成从概念到产品的完整3D建模过程。

● 提升创新设计与审美能力，能够运用3D建模技术进行设计创新，培养空间想象力和审美能力，提高设计作品的实用性和美观性。

3D 打印模型的建模技术有软件建模、图片建模、扫描建模等。图片建模是一种快速建模技术，使用图像处理软件将二维图像转换为三维模型。图片建模的优点是可以快速生成简单的三维模型，但这些模型的自由度和细节度通常较低。扫描建模是一种利用扫描仪或相机获取物体表面的数据，并将其转换为三维模型的方法。这种方法适用于复制复杂的物体或表面，如文物、人体等。扫描建模的优点是可以高度还原物体的表面细节和形状，但这种方法的成本较高，需要专业的设备和技能，模型的设计和建立是进行 3D 打印工作的关键基础和重要前提，从建模到打印再到后处理的总体工艺流程如图 3-1 所示。

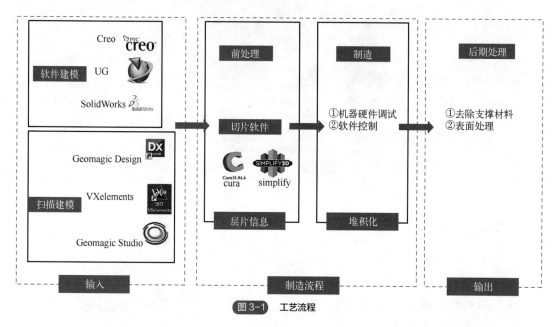

图 3-1　工艺流程

综上所述，3D 打印的模型建模技术有多种，每种技术都有其特定的适用范围和优缺点。在选择建模方法时，需要根据实际需求和资源情况选择最合适的方法。

# 3.1　软件建模

## 3.1.1　软件建模基础

软件建模是常用的建模方法，它使用 CAD 软件来创建三维模型。这些软件通常具有强大的建模工具和丰富的模型库，可以根据需要自定义模型并调整其参数。如图 3-2 所示，软件建模可以创建高度自由的模型，并且可以在模型完成后进行详细的参数调整和优化，从而更好地满足打印需求。

软件建模是我们学习 3D 打印一个基础且重要的环节，可以使我们头脑里设想的模型与现实模型进行一个交互，是把想象变成现实的一个过程。在选择建模方法和工具时，需要考虑软件系统的特点和需求，选择适合的建模语言和工具。例如，对于复杂的软件系统，可能需要使用面向对象建模方法，使用 UML 语言进行描述。对于简单的软件系统，可以使用结构化建模方法，使用流程图等工具进行描述。

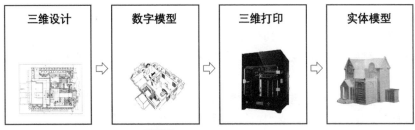

图 3-2　软件建模的打印过程

软件建模同时也是一个复杂的过程，它需要通过对软件系统的深入理解和分析，建立合适的模型来描述其结构、行为和功能。这个过程需要经过多个步骤，包括确定建模的目的和范围、收集需求和分析问题、设计模型、建立模型、验证和修改模型以及交付和使用模型。

在建模过程中，需要选择合适的建模方法和工具，确定模型的元素和结构以及定义模型中的元素之间的关系。同时，还需要对建立的模型进行验证，检查其是否符合实际需求和预期目标。如果发现错误或不足，需要对模型进行修改和优化。这个过程需要反复进行，直到建立的模型符合要求为止。在建立模型时，需要注重细节和质量。模型的细节和质量直接影响对软件系统的理解和分析。因此，需要使用专业的建模工具和符号，遵循建模标准和最佳实践，确保建立的模型准确、清晰、易于理解和使用。

目前使用较多的建模软件如表 3-1 所示。

表 3-1　建模软件

| 软件名称 | 公司名称 | 软件特点 |
| --- | --- | --- |
| Creo | 美国参数技术公司（PTC） | 草图绘制，零件制作，装配设计，钣金设计，加工处理 |
| SolidWorks | 达索系统（Dassault Systemes S.A） | 建模功能强大，易学易用，技术创新 |
| UG | Siemens PLM Software 公司 | 实体造型，虚拟造型，产生工程图，有限元分析，机构分析，动力分析，仿真模拟 |
| Rhino | 美国 Robert McNeel & Assoc | 三维动画制作、工业制造、科学研究以及机械设计等 |
| C4D（全称 Cinema 4D） | 德国 Maxon 公司 | 强大的 3D 建模、动画和渲染功能广泛应用于影视、广告、工业设计、建筑设计等领域 |

## 3.1.2　软件建模实例

如图 3-3 所示，本节以静脉枪扳机建模为例，介绍建模大概流程。

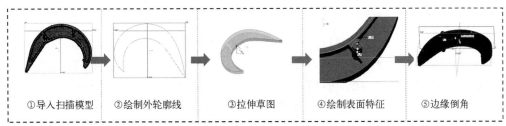

①导入扫描模型　②绘制外轮廓线　③拉伸草图　④绘制表面特征　⑤边缘倒角

图 3-3　静脉枪扳机建模过程

① 导入扫描模型：先把扳机扫描的 STL 文件导入犀牛中，进行前期扫描数据处理，通过

犀牛把多余的杂面删除。将模型与犀牛的全局坐标对齐，对齐后保存为 STL 文件，将处理好的 STL 文件导入 Pro/E 软件中。

② 绘制外轮廓线：创建草绘特征，选择 TOP 平面为草绘平面，将模型的外轮廓用样条曲线草绘出来。

③ 拉伸草图：直接在模型树选中②创建的草绘，再选择拉伸命令，拉伸高度为 2.8mm。

④ 绘制表面特征：参照扫描模型，绘制扳机表面肋板、凸台等特征。

⑤ 边缘倒角：对绘制的扳机模型边缘进行倒圆角操作，即最终完成模型。

# 3.2　图片建模

图片建模技术分为单张图片建模和多张图片建模。单张图片建模指的是利用单张图片生成浮雕模型；多张图片建模指的是利用照相机等设备对物体进行多张图片采集，随后通过计算机进行图形图像处理以及三维计算，最终生成被拍摄物体的三维模型。照片建模技术可以大大提高生产效率和产品质量，也可以提供更加精准的三维模型数据。使用普通照相机、手机摄像、高级数码单反相机或无人机拍摄物体、人物或场景，可将数码照片迅速转换为三维模型。

## 3.2.1　单张图片建模实例

用普通 bmp、jpg 格式的照片生成浮雕，这个比较简单，Cura 切片软件就有这个功能，具体方法是：Cura 软件把照片转换成黑白的，然后根据不同点的灰度不同，生成不同点的深度值，这样就可以生成一个浮雕效果的模型，其具体流程如图 3-4 所示。

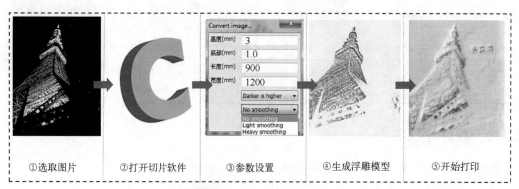

图 3-4　单张图片建模打印流程

第一步：选取图片，图片可以是 jpg.、png.、wmf.等格式。

第二步：打开切片软件，切片软件可以选择 Cura、Simplify、Hora 等，现以 Cura 软件为例，打开 Cura，进入初始界面。我们可以看到一个界面被分为左右两格。左侧区域包含菜单栏和控制面板，主要用于调整打印质量和支撑参数。右侧则是 3D 显示窗口，该窗口提供了对加载模型观察、调整以及切片文件保存的功能。用户可以通过多种显示方式来细致地观察模型。为了帮助用户更好地理解和使用这些功能，我们将首先演示如何载入和查看 3D 模型。用户只需在右侧 3D 浏览窗口的左上角按下 Load 按钮，即可开始载入模型。

首先单击"文件"，然后单击"打开模型"，主要有 mesh file 文件类型（包括 STL、obj 等网格面片文件），image file 文件类型（包括 bimp、jpeg、png 等图像文件），G-code 文件（包括 G、G-code 加工类文件）。选择 image file 文件，调入准备好的东京塔 jpeg 图片，就可以将图片导入进来。

第三步：参数设置，导入之后界面会出现参数设置对话框，其中下面的选项 darker is higher 控制图片按照灰度打印，颜色越深打印的亮度越高。反之，lighter is higher 选项，颜色越浅打印的亮度越低。No smoothing 选项控制打印质量，另外一般将高度设置为 3mm，长度设置为 90mm，宽度设置为 1200mm。

第四步：生成并检查浮雕模型。

第五步：单击"文件"，然后单击"打印当前模型"，开始打印。

在打印图片时，必须确保使用 100% 的填充率。这样做是通过控制层厚来有效遮光，从而准确还原图片的亮度值，并展现其丰富的层次和阴影。若不遵循这一原则，图片打印将失去其应有的意义。因此，图片打印必须是实心的，以确保最佳的打印效果。图 3-5 对比填充率为 20% 和 99% 之间的区别。

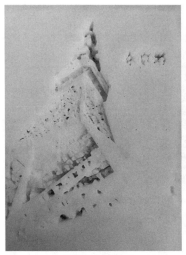 

(a) 20%的填充物　　　　　　　　(b) 99%的填充物

图 3-5　填充率区别

## 3.2.2　多张图片建模实例

本节以还原小金人的模型为例介绍多张图片建模，其流程如图 3-6 所示。

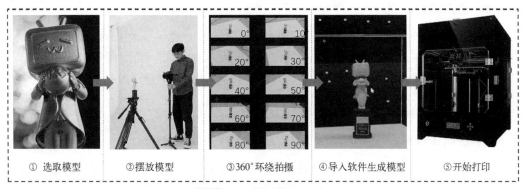

① 选取模型　　②摆放模型　　③360°环绕拍摄　　④导入软件生成模型　　⑤开始打印

图 3-6　多张图片建模打印流程

第一步：选取实物模型。

第二步：将模型摆放在一个光线均匀的场景进行拍摄，在参数设置方面，要设置合适的快门速度以避免动态模糊。

第三步：拍摄多个不同方位和角度的照片，并且照片和照片之间保持 70% 以上的重叠度。在拍摄照片时，有个小技巧，像削苹果皮一样一层一层地 360° 环绕拍照，可以保证不漏过每个细节，拍摄的照片越多，最后得到的数据模型就越精细。

第四步：在获得所有照片之后，就可以准备模型重建了，Autodesk 123D Catch 用大概 20 张照片可以合成出三维模型。在 Autodesk 123D Catch 软件中单击 Create a New Capture（创建新的项目），选中模型的所有照片，然后单击"打开"，单击 Create Project（创建项目），此时在弹出的对话框中输入三维模型的名称等信息，然后单击 Create（创建），Autodesk123D Catch 软件会自动进行解算，生成点云数据，对点云数据处理并贴图之后，即获得我们所需要的模型。

第五步：将生成的模型导入切片软件进行打印。

如图 3-7 所示，对于复杂的模型也可以用这种方法进行建模，例如有人用无人机环绕洛阳老君山峰顶建筑拍照将近 10000 张，成功还原出这座世界文化遗产的古老建筑。

图 3-7　老君山峰顶建筑模型

# 3.3　逆向建模

## 3.3.1　逆向工程概述

### （1）逆向工程定义

逆向建模技术即逆向工程（reverse engineering，RE），也称为反求工程，是从实物样本获取产品数学模型并制造得到新产品的相关技术，已经成为增材制造中的一个研究和应用热点，并发展成为一个相对独立的技术领域。在这一意义下，逆向工程可定义为：将实物转变为 CAD 模型的数字化技术、几何模型重建技术和产品制造技术的总称。

### （2）逆向工程前沿

逆向工程技术可以解构为三种关键技术——数据采集技术、逆向重构技术（数据点云的预处理技术、数据分块与曲面重构、CAD 模型创新构造）、增材制造技术或 CAM 技术。逆向工程工作流程如图 3-8 所示，一般为数据采集、数据预处理、曲面和三维实体重构、修改或创新设计以及实物制造 5 个步骤。其中，从数据采集到 CAD 模型建立的关键技术起着至关重要的作用。目前，数据采集技术主要以三坐标测量和激光三维扫描技术为主，三维扫描技术经历了从单点测量到线扫描、面扫描的发展过程，随着计算机视觉和人工智能技术的不断进步，三维扫描技术也在不断发展和完善。

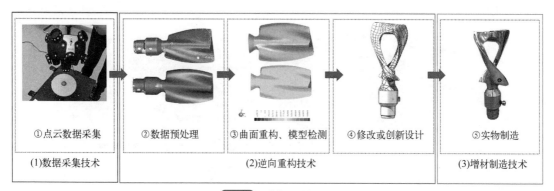

| ①点云数据采集 | ②数据预处理 | ③曲面重构、模型检测 | ④修改或创新设计 | ⑤实物制造 |
| (1)数据采集技术 | | (2)逆向重构技术 | | (3)增材制造技术 |

图 3-8　逆向工程流程图

扫码获取彩图

逆向工程技术已广泛应用于工业制造、文化遗产保护、医疗诊断、虚拟现实等领域，市场规模不断扩大，竞争也日益激烈。随着智能制造和工业 4.0 的推进，在工业制造领域，逆向工程技术主要应用于产品设计、质量检测、逆向工程等；在文化遗产保护领域，三维扫描技术能够实现对文物、艺术品等文化遗产的高精度数字化保存和复制，为文化遗产的保护和传承提供了新的手段；在医疗诊断和个性化定制打印件上，CT 扫描技术能够实现对人体器官和组织的高精度三维重建，为医疗诊断和治疗提供了新的技术支持。随着计算机视觉、深度学习等技术的不断发展，未来三维扫描技术将实现自动化、智能化的数据采集和处理，提高工作效率和准确性，在智慧城市、智能交通、数字孪生、元宇宙等拓展场景中得到应用。

## （3）逆向工程应用领域

① 新产品开发　现在产品正朝着美观化、艺术化的方向发展，产品的工业美学设计逐渐纳入创新设计的范畴。为实现创新设计，可将工业设计和逆向工程结合起来共同开发新产品，如图 3-9 所示为打印的时尚马头创意凉鞋。

图 3-9　时尚马头创意凉鞋

② 产品的仿制和改型设计　在只有实物而缺乏相关技术资料（图纸或 CAD 模型）的情况下，利用逆向工程技术进行数据测量和数据处理，重建与实物相符的 CAD 模型，并在此基础上进行后续操作，如模型修改、零件设计、有限元分析、误差分析、数控加工指令生成等，最终实现产品的仿制和改进。如图 3-10 所示，对汽车内饰车前盖的升级改造，需要在原有的基础上对模型进行重新设计，通过逆向的方式进行扫描建模，然后便可以在模型上进行接下来的升级改造工作。

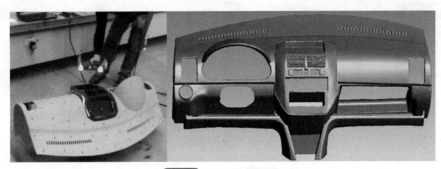

图 3-10　车前盖扫描建模

③ 快速原型制造　快速原型制造（rapid prototyping manufacturing，RPM），综合了机械、CAD、数控、激光以及材料科学等的各种技术，已成为新产品开发、设计和生产的有效手段，其制作过程是在 CAD 模型的直接驱动下进行的。逆向工程恰好可为其提供上游的 CAD 模型。两者结合组成了产品测量、建模、修改、再测量的闭环系统，可实现设计过程的快速反复迭代。如图 3-11 所示，对打结器齿轮盘进行扫描和建立模型，实现产品的更新和快速制造。

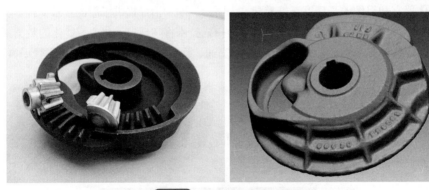

图 3-11　齿轮盘扫描和模型建立

④ 产品的数字化检测　这是逆向工程一个新的发展方向。对加工后的零部件进行扫描测量，获得产品实物的数字化模型，并将该模型与原始设计的几何模型在计算机上进行数据比对，可以有效检测制造误差，提高制造精度。如图 3-12 所示为对变速箱底座进行扫描和偏差检测。另外，通过 CT 扫描技术，还可以对产品进行内部结构诊断及量化分析等，从而实现无损检测。

⑤ 医学领域断层扫描　如图 3-13 所示，先进的医学断层扫描仪器，如 CT 等，能够为医学研究与诊断提供高质量的断层扫描信息，为人体骨骼的 CAD 建模提供良好的条件。在反求人体骨骼 CAD 模型的基础上，利用快速成型（RP）技术可以快速、准确地制造骨骼替代物的三维模型，为组织工程进入定制阶段奠定基础，同时也为疾病医治提供辅助手段。

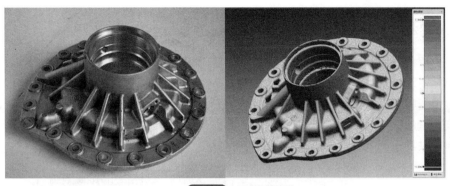

扫码获取彩图

图 3-12　最大偏差检测

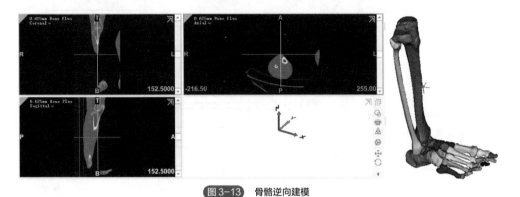

图 3-13　骨骼逆向建模

⑥ 服装、头盔等个性化设计制造　根据个人形体的差异，采用先进的扫描设备和曲面重构软件，快速建立人体的数字化模型，从而设计制造出头盔、鞋、服装等产品，并使人们在互联网上就能定制自己所需的产品。同样，在航空宇航领域，宇航服装的制作要求非常高，需根据不同体形特制，逆向工程中参数化特征建模为实现批量的定制头盔和衣服的制作提供了新思路。

⑦ 艺术品、考古文物等的复制　如图 3-14 所示，为内蒙古自治区托克托县"云中域印"，是古云域的官印，具有重要的历史研究价值，应用逆向工程技术，对工艺品、文物等进行复制，可以方便地生成基于实物模型的计算机动画、虚拟场景等，以"云中域印"开发的文创产品，推动了当地的文化传播。

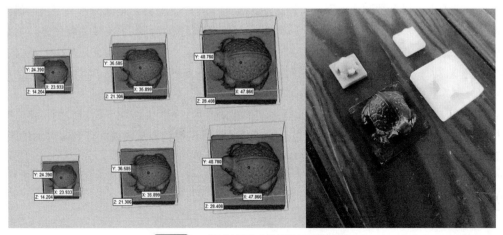

图 3-14　"云中域印"文物的逆向建模与打印

## 3.3.2  光学测量技术原理及软件设备

在逆向工程中，测量设备和方法的选择至关重要。如图 3-15 所示。由于测量原理的多样性，需要根据具体需求和条件来选择合适的测量方法。接触式测量方法包括基于力-变形原理的触发式和连续式数据收集，而激光三角测量法、激光测距法、光干涉法、结构光法、图像分析法等是非接触式测量的常见方法。这些方法各有特点和应用范围，选择时应根据被测物体的形体特征和应用目的来决定。

**图 3-15**　逆向工程数据收集方法与技术

### （1）激光三角法

1）直射式激光三角法

如图 3-16 所示，激光三角法测量原理主要是利用激光器（光源）、成像系统（相机加镜头）、被测物体之间的三角几何关系得到被测物体表面的距离关系。直射式激光三角法是指激光器打下的激光线垂直入射到被测物表面。假设 $B$ 为基准面上一个测量点，是激光器发射出的激光入射光线形成的一个基准面上的光入射点，然后光入射点在物体表面发生夹角为 $\alpha$ 的漫反射后在光敏器件成像为 $B'$ 点，$A$ 点为被测物表面一点，其在光敏面上的成像点为 $A'$，$AB'$ 为入射光束，$BB'$ 为反射光束，$AB$ 与 $BB'$ 之间的夹角即为 $\alpha$，$\beta$ 为 $BB'$ 与 $A'B'$ 的夹角，$B$、$B'$ 与成像面之间的垂直距离分别为物距 $L$、像距 $L'$。

由图 3-16 可以看到，$h$ 为 $A$ 点与 $B$ 点之间的相对高度，$h'$ 为 $h$ 在像平面对应的位移，即 $A'$ 点与 $B'$ 点之间的距离，因此根据物像点之间的三角关系可以得到被测物表面点到参考面的距离，进而求出被测物体表面的三维信息，获得需要的测量数据。

图中 $AH$ 垂直 $BB'$，$A'H'$ 垂直 $BB'$，则可知 $\triangle OHA \sim \triangle OH'A'$，根据三角形相似关系，于是有：

$$\frac{AH}{A'H'} = \frac{OH}{OH'}，即$$

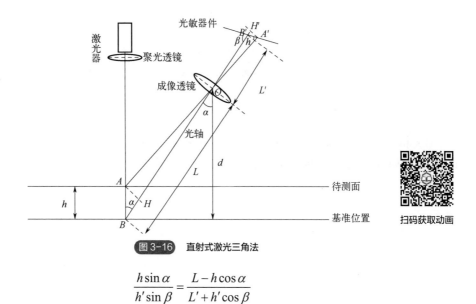

**图 3-16** 直射式激光三角法

$$\frac{h\sin\alpha}{h'\sin\beta} = \frac{L - h\cos\alpha}{L' + h'\cos\beta}$$

则高度 $h$ 可表示为

$$h = \frac{Lh'\sin\beta}{L'\sin\alpha + h'\sin(\alpha + \beta)}$$

2）斜射式激光三角法

斜射式激光三角法测量原理如图 3-17 所示。设激光入射光线与基准参考面法线所成的角度为 $\alpha_1$，法线与 $BB'$ 所成的夹角为 $\alpha_2$，$B$ 点、$B'$ 与成像面之间的垂直距离分别为物距 $L$、像距 $L'$，$\beta$ 为 $BB'$ 与 $A'B$ 的夹角，$AH$ 垂直 $BB'$，$A'H'$ 垂直 $BB'$，根据三角形相似关系，可得到 $\triangle OHA \sim \triangle OH'A'$。

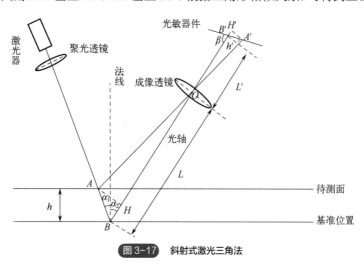

**图 3-17** 斜射式激光三角法

根据三角形相似关系，于是有：$\dfrac{AH}{A'H'} = \dfrac{OH}{OH'}$，即

$$\frac{\dfrac{h}{\cos\alpha_1}\sin(\alpha_1 + \alpha_2)}{h'\sin\beta} = \frac{L - \dfrac{h}{\cos\alpha_1}\cos(\alpha_1 + \alpha_2)}{L' + h'\cos\beta}$$

则高度 $h$ 可表示为

$$h = \frac{Lh'\cos\alpha_1\sin\beta}{L'\sin(\alpha_1+\alpha_2)+h'\sin(\alpha_1+\alpha_2+\beta)}$$

### （2）激光相位移法

激光相位移法通过调节激光脉冲的功率（其测量原理如图 3-18 所示），扫描仪会对发送出去的光束和返回传感器的光束的相位进行比较，根据相位移测量来获得更精确的空间点的距离信息。

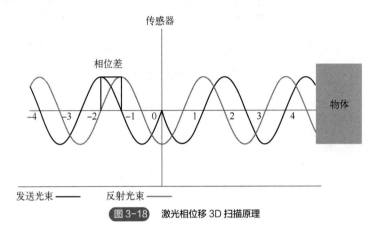

图 3-18　激光相位移 3D 扫描原理

### （3）结构光法

结构光（structured light）法和上述的激光相位移法都是基于激光三角测量法原理，由结构光投射器向被测物体表面投射可控制的光点、光条或光面结构，并由图像传感器（如 CCD 摄像机）获得图像，利用三角测量原理计算得到物体表面的三维坐标点云。结构光测量方法具有计算简单、体积小、价格低、量程大、便于安装和维护的特点，但是测量精度受物理光学的限制，存在遮挡问题，测量精度与速度相互矛盾，难以同时得到提高。结构光 3D 扫描技术以共角测量为基础，通过光线的编码构成多种多样的视觉传感器，如图 3-19 所示。它主要分为点结构光法、线结构光法和面结构光法。

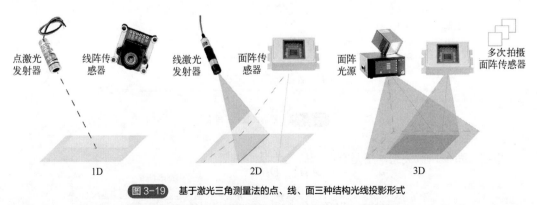

图 3-19　基于激光三角测量法的点、线、面三种结构光线投影形式

① 点结构光法　激光器投射一个光点到待测物体表面，被测点的空间坐标可由投射光束的空间位置和被测点成像位置所决定的视线空间位置计算得到。由于每次只有一点被测量，为了

形成完整的三维面形，必须对物体逐点扫描测量。它的优点是信号处理比较简单，缺点是图像摄取和图像处理需要的时间随被测物体的增大而急剧增加，难以完成实时测量。

② 线结构光法　用线结构光代替点光源，只需要进行一维扫描就可以获得物体的深度图像数据，数据处理的时间大大减少。线结构光测量时需要利用辅助的机械装置旋转光条投影部分，从而完成对整个被测物体的扫描。与点结构光法相比，其硬件结构比较简单，数据处理所需的时间也更短。

③ 面结构光法　系统由投影仪和面阵 CCD 组成，如图 3-20 所示。测量时光栅投影装置投影数幅特定编码的结构光（条纹图案）到待测物体上，呈一定夹角的两个摄像头同步采集相应图像，光栅是一种光学器件，一般常用的是在玻璃片上刻出大量平行痕形成透光和不透光的部分，当然投射的结构光图案不止条纹这一种，当投射的结构光图案比较复杂时，为了确定物体表面点与其图像像素点的对应关系，需要对投射的结构光图案进行编码，然后对图像进行解码和相位计算，并利用三角形测量原理解出两个摄像机公共视区内像素点的三维坐标。关于结构光编码这里不再展开，它的特点是不需扫描，适合直接测量。

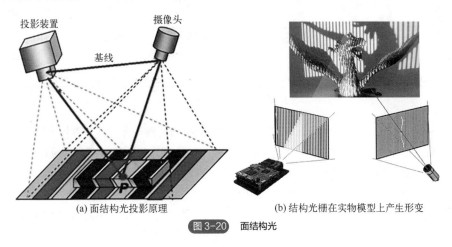

(a) 面结构光投影原理　　　　(b) 结构光栅在实物模型上产生形变

图 3-20　面结构光

如图 3-21 所示，现在主流使用的 3D 扫描设备工作原理为面结构光与红外激光结合的原理，如德国 GOM 高慕光学测量公司的 GOM ATOS Q 设备，这种技术结合了结构光扫描和激光扫描的优点，实现了高精度、高速度的 3D 测量和建模。面结构光技术通过投射特定的光栅或条纹图案到物体表面，并利用相机捕捉这些图案的变形，从而获取物体表面的三维信息。这种技术

| ATOS 性能 | ATOS 技术 | ATOS 设计 |
| --- | --- | --- |
| ◉ 高速条纹投影 | ◉ 三重扫描原理 | ◉ 操作简单 |
| ◉ 快速数据处理 | ◉ 蓝光均衡器 | ◉ 受保护的光学元件 |
| ◉ 高数据吞吐量 | ◉ 自我监控系统 | ◉ 适合工业应用 |

图 3-21　GOM 光学测量公司生产的 GOM ATOS Q 设备

能够提供较高的测量精度，适用于复杂形状的物体。同时，面结构光扫描可以实现快速测量，大大提高工作效率。而红外激光技术通过发射激光束并测量其反射回来的时间或角度，从而获取物体的三维坐标。红外激光扫描具有较远的测量距离和较高的测量速度，特别适用于大型物体以及胶体结构、孔洞等场景的扫描。

将面结构光与红外激光结合，可以充分发挥两者的优势，提高 3D 扫描的稳定性和鲁棒性。在面对不同材质、颜色和反光性的物体时，结构光和红外激光的互补作用可以使扫描结果更加准确可靠。

### （4）逆向工程软件

Creaform 的 3D 扫描仪搭配 3D Systems 的 Geomagic 软件可快速实现逆向工程建模和模型比对检测，图 3-22 所示为 Geomagic 系列软件和医学逆向软件 Mimics。

①Geomagic Studio ②Geomagic Wrap ③Geomagic Qualify ④Geomagic Design X ⑤Geomagic Spark ⑥Mimics

图 3-22 逆向工程软件

① Geomagic Studio：Geomagic Studio 是被广泛应用的逆向软件，其参数转换器在 Geomagic Studio 和 CAD 系统中提供了一个智能连接，使用户能够将真正的参数模型应用到流行的 CAD 系统中，如 SolidWorks、Pro/E 和 Autodesk Inventor。同时最重要的是该软件能够以易用、低成本、快速而精确的方式，帮助用户从点云过渡到可立即用于使用的 3D 多边形和曲面模型，从而被广泛地应用于工程建筑、艺术考古、工业制造等多个领域。其次，软件内为用户提供了全新的脚本编辑器和增强的文档，可以轻松地帮助用户学习和使用 Python 自动化，甚至新增的宏文件、纹理处理工具、曲面检查工具等功能，无不为用户大大地提高了工作效率。软件适用面十分广泛，不仅可以帮助用户创造完美的艺术作品与美轮美奂的雕塑，还能利用三维成像制作分析实体物件，配合 3D 打印技术，可以栩栩如生地还原诸多古老传统的手工艺品。简而言之，Geomagic 现代计算机软件可以帮助各行各业的使用者将扫描数据和 3D 文件轻松转换为完美的逆向工程 3D 模型。

② Geomagic Wrap：该软件是一款功能强大的三维数字化软件，主要用于将物理对象转换为数字化的三维模型。它采用先进的算法和工具，能够高精度、高效率地处理各种三维数据，包括导入数据、点云处理、注册点云、创建网格、网格修复、简化网格、纹理映射以及导出模型。Geomagic Wrap 的主要特点包括高精度的数据处理、用户友好的界面、与其他软件的兼容性以及快速的工作流程。它能够处理高密度、复杂精细的扫描数据，并保持高精度的模型重建和编辑。同时，其直观的用户界面和简单明了的工作流程使得用户（无论是初学者还是专业人士）能够轻松驾驭软件，提高工作效率。此外，该软件还具有良好的兼容性，可以与多种 CAD 软件、渲染软件和三维打印软件进行无缝集成，使整个工作流程更加流畅和高效。

③ Geomagic Qualify：该软件是一款高效的三维检测软件，能够对数字参考模型和实际制造工件进行快速、准确和图形化的对比。它广泛应用于样件检测、生产检测和供应商质量管理等领域。在精确性方面，Geomagic Qualify 允许用户检查由好几万个点定义的面的质量，提高

了检测的准确性。同时，它还具有自动生成适用于 Web 的报告的功能，有助于改善制造过程中各部门之间的沟通。此外，Geomagic Qualify 还能使 SPC 自动化，针对多个样本进行自动统计流程控制，深入分析制造流程中的偏差趋向。

④ Geomagic Design X：该软件专为将 3D 扫描数据转换为基于特征的高质量 CAD 模型而打造。它可以帮助用户快速创建 CAD 模型，将 3D 扫描数据转换为 CAD 模型，并提供一系列工具来编辑和修复模型。结合 Creaform 扫描仪的速度，利用 Geomagic Design X 建模是从扫描数据到基于特性的可编辑 CAD 模型的最快路径。一旦数据采集完毕，就可以使用利用 Geomagic Design X 建模的点云、网格、曲面和实体建模功能，无需任何其他应用程序。同时，Geomagic Design X 还可用于模型的 3D 结构设计和拓扑优化。

⑤ Geomagic Spark：该软件是业界唯一一款结合了实时三维扫描、三维点云和三角网格编辑功能以及全面 CAD 造型设计、装配建模、二维出图等功能的三维设计软件。虽然传统的 CAD 软件也有建模功能，但是缺少工具将三维扫描数据处理成有用的三维模型。而 Geomagic Spark 则加入了三维扫描数据功能，将先进扫描技术以及直接建模技术融为一体。用户两三分钟就可以在同一款软件中合并扫描数据和设计 CAD 数模，甚至部分扫描数据可创建出可用于制造的实体模型和装配。Geomagic Spark 非常适合工程师和制造商使用现成实物对象设计三维模型，也适合用于完成或修改被扫描的零件。

⑥ Mimics 软件：Mimics（Materialise's Interactive Medical Image Control System）软件是比利时公司研发生产的交互式医学影像控制系统，是应用于数字化医疗的计算机辅助设计软件，用户可根据自己需求，利用 CT 扫描的医学 DICOM 断层数据将其导入，对正常、患者人体各部位的骨骼、器官、软组织甚至是韧带进行提取、精准化处理和构建 STL 模型，并具有虚拟 3D 解剖可视化选项，可采用快速成型制造技术快速构建精准、更加真实的三维模型，便于用户具体形象地研究病患的生理解剖学情况，以进行高效的医学判断，为制定更佳的治疗康复方案奠定基础。随着软件迭代更新，其提供的先进功能如图像分割、三维重建、MedCAD 模块、Simulation 模块和 FEA 模块等都被国内外广大康复医学领域内的骨科医师、矫形器师所应用。

除了上述的逆向软件外，还有一些别的逆向工程软件被广泛使用，如表 3-2 所示。逆向工程技术以测量数据点为主要研究对象，其相关逆向软件的开发经历了两个重要阶段。

表 3-2　各种逆向工程软件

| 软件/模块类型 | 软件/模块名称 | 建模特点 |
|---|---|---|
| 专用逆向软件 | Imageware | 逆向流程遵循点—线—面的曲面创建模式，并具有由点云直接拟合曲面的功能。曲线、曲面创建和编辑方法多样，辅以即时的品质评价工具，可实现高质量曲面构建 |
| | CopyCAD | 遵循点云—构造线—特征线—曲面的逆向流程，整个进程基本上是交互式完成的，具有快速曲面造型的特点 |
| | Rapidform | 遵循点云—多边形化模型—曲线网格—NURBS 面的逆向流程，提供了自动、手动两种曲面构建的方式和类似正向 CAD 平台的曲面建模工具，允许从 3D 扫描数据点创建解析曲面 |
| | ICEM Surf | 逆向作业流程为：点云—测量线—曲面片，支持按键式和互动式两种准自动化的曲面重建方法。基于 BEZIER 和 NURBS/B-Spline 两种数学方法，可以在两种曲线/曲面之间灵活地相互转换。A 级曲面造型的效率较高，可以快速、动态地修改和重用曲面上的特征 |

| 软件/模块类型 | 软件/模块名称 | 建模特点 |
|---|---|---|
| 专用逆向软件 | Polyworks | 遵循的逆向工作流程是：点云获取和处理—创建多边形—构造特征曲线—创建曲线网格—用 BEZIER 或 NURBS 曲面拟合曲面片—添加曲面片连续性约束—生成曲面模型。软件具有自动检测边界、自动缝合等快速建模功能 |
| | RE-Soft | 遵循特征造型的理念，提供基于曲面特征和基于截面特征曲线两种建模策略，在实际应用上，两种策略相互约束和渗透。也提供了点云—三角剖分模型—Bezier 曲面拟合的自动化曲面重建方法 |
| 提供逆向处理模块的正向 CAD/CAE/CAM 软件 | DSE/QSR/GSD/FS | 在 Catia 建模系统中，4 个模块均可用于逆向工程建模，曲面模型的生成符合一般产品建模的基本要求，产品设计和检验流程遵循逆向工程建模的一般流程，即扫描点云—特征线—曲面，具有较为丰富全面的曲面建模功能 |
| | Pro/Scan-tools | 是集成于 Pro-E 软件中的专用于逆向建模的工具模块，具有基于曲线（型曲线）和基于曲面（常规的 Pro/Engineer 曲面和型曲面）两种方式独立或者结合的曲面重建方式，可以根据扫描数据建立光滑曲面 |
| | PointCloud | 该模块是集成在 UG 软件中的用于逆向工程建模的工具模块，其逆向造型遵循点—线—面一般原则，对具有单值特征的曲面直接拟合成曲面，与专业的逆向工程软件相比，其功能较为有限 |

注：DSE——digitized shape editor，数字编辑器；QSR——quick shape reconstruction，快速曲面重建；GSD——generative shape design，创成式曲面设计；FS——freestyle，自由曲面设计。

在第一个阶段，一些商业化的 CAD/CAM 软件开始集成专用的逆向模块，这些模块为数据处理和造型提供了基础功能。典型的例子包括 PTC 公司的 Pro/Scantools 模块、Catia 的 OSR/GSD/DSE/FS 模块以及 UG 的 Point cloudy 功能等。然而，随着市场需求的发展，这些集成的有限功能模块逐渐无法满足复杂的数据处理和造型需求。

进入第二个阶段，专用逆向软件的开发成为焦点。为了满足市场和技术需求，各种专业逆向软件纷纷涌现，产品类型多样化。目前市面上已经出现了数十种不同类型的专用逆向软件，其中一些代表性的产品如 Imageware、Geomagic Polyworks、CopyCAD、ICEM Surf 和 RE-Soft 等。

### （5）逆向扫描设备

1）手持式三维扫描仪

如图 3-23 所示，以 KSCAN 系列复合式三维扫描仪为例，手持式三维扫描仪是一种便携式的三维测量设备，它利用激光或光学投影技术，通过扫描物体表面获取其三维形状和几何数据。这种设备具有许多优点，如高分辨率、高精度、自动多分辨率、双扫描模式、自定位等，使其在工业设计、质量检测、逆向工程、机器人导引、文物保护等领域有着广泛的应用。

然而，手持式三维扫描仪也存在一些潜在的限制。例如，其便携性设计可能在某些方面牺牲了部分精度和稳定性，扫描件需要贴点处理。此外，对于大型或复杂的物体，可能需要更长的扫描时间和更高的技术要求。在选择手持式三维扫描仪时，用户应根据自己的需求和预算进行综合考虑。不同品牌和型号的手持式三维扫描仪在性能、精度、价格等方面可能存在差异，因此用户需要仔细比较后选择最适合自己的设备。

扫码获取彩图

图 3-23　手持式三维激光扫描仪

2）跟踪式三维扫描仪

如图 3-24 所示，以 Creaform 的 3D 扫描仪为例，跟踪式三维扫描仪是一种高精度、高效率的三维测量设备，它结合了光学、机械和电子技术，能够在各种环境下对物体进行快速、准确的三维扫描和数据采集。跟踪式三维扫描仪的工作原理主要基于结构光技术或激光扫描技术。在扫描过程中，设备会向被扫描物体投射光线，并通过高精度相机捕捉反射回来的光线。同时，扫描仪内部的跟踪系统会对相机的位置和姿态进行实时跟踪和校准，以确保扫描数据的准确性和完整性，最大优点是在有效的空间内扫描，不需要贴点。

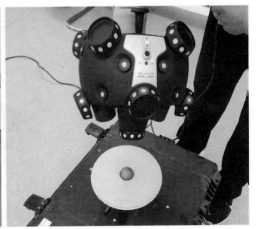

图 3-24　Creaform 的 3D 扫描仪

跟踪式三维扫描仪在多个领域有着广泛的应用，如工业设计、逆向工程、质量检测、文化遗产保护等。在汽车制造、航空航天、模具制造等行业，跟踪式三维扫描仪已成为不可或缺的工具，为企业提供了高效、准确的三维数据支持。

3）大空间扫描仪

大空间扫描通常指的是在大范围或大型空间内进行的扫描活动，主要用于获取该空间内的详细三维数据。这种技术广泛应用于建筑、规划、考古、制造业等众多领域，有助于实现精确的测量、分析和设计。大空间扫描可以用于建筑测量和规划，获取建筑物的详细结构和尺寸，为建筑设计和改造提供精确数据。在文化遗产保护领域，大空间扫描可以用于创建虚拟博物馆和展览，让观众在线上探索文化遗产。此外，该技术还可用于环境监测、交通事故处理、军事分析等领域。如图 3-25 所示为美国 FARO FOCUSS 350 大空间激光扫描仪扫描的街道三维模型。

真实场景　　　　　　大空间扫描　　　　　　场景模型

图 3-25　美国 FARO FOCUSS 350 大空间激光扫描仪

4）激光跟踪仪

激光跟踪仪主要用于百米大尺度空间三维坐标的精密测量，集激光干涉测距技术、光电检测技术、精密机械技术、计算机及控制技术、现代数值计算理论于一体，在大尺度空间测量工业科学仪器中具有极高的精度和重要性，是同时具有微米级别精度、百米工作空间的高性能光电仪器。激光跟踪仪可用于尺寸测量、安装、定位、校正和逆向工程等应用，是功能强大的计量检测工具，如图 3-26 所示为 Leica AT960 ATS600 激光跟踪仪。

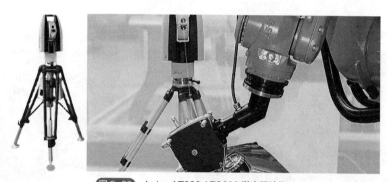

图 3-26　Leica AT960 ATS600 激光跟踪仪

## 3.3.3　逆向建模技术

逆向工程需要现代计算机软件技术来处理数据，以 Geomagic 扫描处理螃蟹模型来建模的过程为例，讲解数据处理流程及方法。如图 3-27 所示，首先通过手持式 creaform vxtrack c-track780 扫描仪扫描螃蟹模型，获得点云数据。

图 3-27　扫描数据

扫码获取相关资料

### （1）点云数据处理技术

在逆向工程中，对点云数据预处理是被测物体模型扫描完成后的第一步。由点数据拟合成曲线，由曲线再拟合成曲面，所以第一步点云数据的处理至关重要。在数据采集过程中，由于随机（环境因素等）或人为（工作人员经验等）因素的影响，会引起数据的误差，使点云数据包含噪音，造成被测物体模型重构曲面不理想，从光顺性和精度等方面影响建模质量，需在三维模型重建前去除多余的噪点；由于被测物体形状过于复杂，导致扫描时产生死角而使数据缺损，这时就要对扫描数据进行修补；为了提高扫描精度，扫描的点云数据可能会很大，且其中会包括大量的冗余数据，应对数据进行精简；如果不能一次将物体的数据信息全部扫描，就要从各个角度进行多次扫描，再对数据点进行拼接，以形成完整的物体表面点云数据。这些便是点阶段对点云数据的处理。

点阶段主要是对初始扫描数据进行一系列的预处理，包括去除非连接项、去除体外孤点、采样等处理，从而得到完整的点云数据，可进一步封装成可用的多边形数据模型。其主要思路是：首先导入点云数据进行着色处理以便更好地显示点云；然后通过去除非连接项和体外孤点、采样、封装等技术操作，得到高质量的点云或多边形对象。螃蟹模型点云数据处理流程如图 3-28 所示。

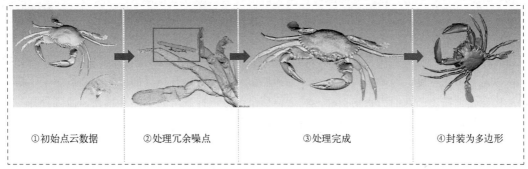

| ①初始点云数据 | ②处理冗余噪点 | ③处理完成 | ④封装为多边形 |

图 3-28　螃蟹模型点云数据处理流程

使用多边形功能里的转为点功能进行点云处理，选中体外孤点与扫描的其他物体的点进行删除；使用减少噪音功能使点的排列更为平滑；使用曲率功能可减少点云数量，提高运算量。处理完毕后点击封装，转为多边形图像，在封装完成后即进入多边形处理阶段。

### （2）多边形处理技术

多边形网格化是将预处理过的点云集，用多边形相互连接，形成多边形网格，其实质是数据点与其临近点间的拓扑连接关系以三角形网格的形式反映出来。点云数据集所蕴含的原始物体表面的形状和拓扑结构可以通过三角形网格的拓扑连接揭示出来。

然而，点云转换为多边形网格后，多边形网格模型的合法性和正确性存在很大的问题。由于点云数据的缺失、拓扑关系混乱、顶点数据误差、网格化算法缺陷等，转换后的网格会出现网格退化、自交、孤立、重叠以及孔洞等问题。这些缺陷严重影响网格模型后续处理，如曲面重构、快速原型制造、有限元分析等。因此多边形阶段的工作是修复由上述原因引起的错误网格，并且通过松弛、去噪、拟合等方式将多边形模型表面进一步优化。经过这一系列的技术处理，得到一个理想的多边形数据模型，为多边形高级阶段的处理以及曲面的拟合打下基础。

多边形阶段处理流程并没有严格的顺序，对于某个具体模型，需要针对该模型的具体问题选择某个操作。常见情况下的处理流程为修补错误网格、平滑光顺网格表面、填充孔。修复边界/面以及编辑网格命令，根据模型的具体要求选择操作命令执行。如图 3-29 所示为螃蟹模型多边形处理过程。

①填充孔处理　　②模型缺失部分处理　　③模型蟹钳粘连部分处理　　④对齐坐标系，处理完成

图 3-29　螃蟹模型多边形阶段处理流程处理

多边形图像模型是由许多大小不一的三角形面片组成的。使用松弛、删除钉状物、减少噪音、顺滑、砂纸等功能对模型上凸出、尖锐部分进行修改，提高模型表面质量。对于未扫描到、有缺损的孔洞，可使用填充单个孔功能进行填充。

扫码获取彩图

对于有变形或角度不合适的或模型缺失部分，如此处螃蟹腿部缺失一块，略微修整边界后利用边界孔填充缺失部分，再通过偏移栏-雕刻-区域变形功能对选中部分进行拉伸，以达到所需程度。螃蟹右钳未分开，为和左钳一致，将需开口处面片删除，然后使用搭桥功能构建出蟹钳上凸起的齿状物轮廓，然后将剩余部分进行平滑曲率的孔填充，得到分开的蟹钳效果，最后对齐坐标系，进入下一步曲面重构阶段。

### （3）精确曲面处理技术

曲面的重构类型有参数曲面和精确曲面两种。参数曲面适用于较为规则的结构，比如各种机械零部件。精确曲面是对于结构复杂、拥有不规则曲面的模型的重构。

精确曲面是一组四边曲面片的集合体。首先根据模型表面的曲率变化生成轮廓线，对轮廓线进行编辑，通过划分轮廓线将模型整个表面划分为多个独立的曲面区域，而后对多个区域铺设曲面片，使模型成为一个由较小的四边形曲面片组成的集合体；然后将每个四边形曲面片经格栅处理为指定分辨率的网格结构，最后将每个曲面片拟合成 NURBS 曲面并进行曲面合并，得到最终的精确曲面。相邻曲面片之间是满足全局 G1 连续的。

在创建合理的 NURBS 曲面对象时，最重要的是构建一个好的曲面片结构。理想的曲面片结构是规则的，每个曲面片可近似为矩形；在一个曲面片内部没有特别明显的或多出的曲率变化部分；模型包含了与前两个要求一致的最少量曲面片。精确曲面阶段的目的在于通过相切、连续的曲面片有效地表达模型形状，进而获规则的、合适形状的曲面。

精确曲面阶段包含自动曲面化和手动曲面化两种操作方式，手动曲面化操作过程中同时提供了手动和半自动编辑工具来修改曲面片的结构和边界位置。为了改善曲面片的布局结构，用曲面片移动来创建更加规则的曲面片局，可通过移动曲面片顶点修改曲面片边界线位置，也可使用移动曲面片操作来局部地修改曲面片结构，以保证有效的曲面片布局。

轮廓线是由多边形对象上的曲率变化较大区域决定的，将对象分成曲率变化较低的区域，各区域能够用一组光滑的四边曲面片呈现出来。生成轮廓线后，会出现橘黄色轮廓线和黑色轮廓线，进行轮廓线编辑时，务必使各橘黄色轮廓线相互连接，并尽可能使橘黄色轮廓线所围成区域为矩形。轮廓线是构建 NURBS 曲面的框架，生成准确、合理的轮廓线是创建精确 NURBS 曲面的基础。

通过轮廓线将区域划分完成后，即可将区域分解为一组四边形曲面片，每个曲面片由四条曲面片边界线围成。将区域分解为四边形曲面片是创建 NURBS 曲面过程中的关键一步。模型的所有特征均可由四边形曲面片表示出来，如果一个重要的特征没有被曲面片很好地定义，可通过增加曲面片数量的方法进行解决。

为了拟合 NURBS 曲面，要求一个有序的点集来呈现模型对象，因此需要将各曲面片进行格栅处理。创建格栅是将指定的分辨率网格结构放置在每个被定义的曲面片里。创建格栅时所形成的交点准确地位于多边形对象曲面上，并被用作计算 NURBS 曲面的样条线格栅越密，从多边形曲面捕获和呈现在最终 NURBS 曲面上的细节就越多。

经精确曲面阶段处理所得的 NURBS 曲面能以 igs 或 iges 等通用格式文件输出，并输入到 CAD/CAM 系统中进行进一步设计，或者输出到可视化系统中进行显示。如图 3-30 所示为螃蟹模型的参数曲面处理过程。

| ①编辑轮廓线 | ②构造曲面片 | ③调整曲面片 | ④构造格栅 | ⑤拟合曲面 |

**图 3-30**　螃蟹模型精确曲面绘制流程

### （4）参数曲面重构技术

参数曲面是一组具有尺寸大小、约束关系的曲面经裁剪、缝合后形成的曲面。首先根据模型表面的曲率变化生成分隔符，并对分隔符进行编辑，划分模型的主区域和连接区域，通过将主区域进行分类，识别出模型的不同特征（特征可分为规则特征和非规则特征，其中规则特征包括平面、圆柱等，非规则特征包括自由曲面等），然后将各特征进行拟合，生成参数化主曲面。通过参数化主曲面表达模型特征，同时将连接区域拟合，生成连接曲面。最后将所生成的主曲面和连接曲面进行裁剪、缝合，形成连续、封闭的参数化曲面模型。

扫码获取彩图

在逆向建模过程中，可以将一些特定区域识别为带有参数的特征，常见的参数化特征包含平面、拉伸面、圆柱面、球面、圆锥面等。为了将这些容易参数化的几何体从参照体中抽取出来，我们需要对多边形对象进行轮廓的探测以及划分。针对合适的曲面，便可以通过将区域用平面、拉伸、圆柱、球、圆锥、放样、自由曲面和扫掠等特征表达出来，体现初始设计意图；同时还可以得到定义这些特征的内在参数，如线段的长度、圆角的半径等。而余下的曲面则可以采用自由曲面进行拟合，当然还可以给定拟合曲面的精度和光顺度要求。之后，对提取出来的特征曲进行裁剪、缝合，便能得到一个闭合的曲面，从而生成实体模型。在此基础之上，还可以通过修改特征参数的方式进行模型更改，并添加新的细节特征来进行重新造型。

多边形模型对象首先通过探测区域生成分隔符，分隔符所围成的区域为主区域，分隔符区域为连接区域。通过区域分类，将各主区域定义为平面、圆锥、圆柱、球、放样、拉伸、自由曲面和扫掠等特征，体现设计意图，进而更好地表达模型。多边形模型对象区域分类后，即可根据区域特征进行曲面拟合，生成具有参数化功能的 NURBS 曲面，并且以圆角、尖角或自由曲面结合的形式拟合连接区域。经参数曲面阶段处理所得参数化 NURBS 曲面能以 igs 或 iges 等通用格式文件输出，也可以将参数化 NURBS 曲面通过参数转换器导入到正向软件进一步编辑，还可以将各曲面进行裁剪、缝合操作，作为 CAD 模型输入到正逆向混合建模软件。

### 3.3.4 逆向工程扫描建模实例

#### （1）医学逆向工程案例——股骨髁模型提取

在康复医疗逆向工程方面，常用到的除 Geomagic 软件，还有 Mimics 软件。Mimics 软件具有强大的三维重建能力和便捷的图像分割工具箱，在医学图像处理领域展现出了卓越的性能和广泛的应用前景。自 1992 年问世以来，Mimics 软件便以其卓越的性能和广泛的应用赢得了用户的青睐。它专注于实现基于断层数据的三维重建，如图 3-31 所示为 Mimics 医学逆向工程模型重构方法。

图 3-31　医学逆向工程模型重构方法（以股骨髁为例）

如图 3-32 所示为 Mimics 软件界面，为了获取真实的股骨髁模型，首先将 DICOM 格式的人体膝关节 CT 扫描数据导入 Mimics 进行模型处理。

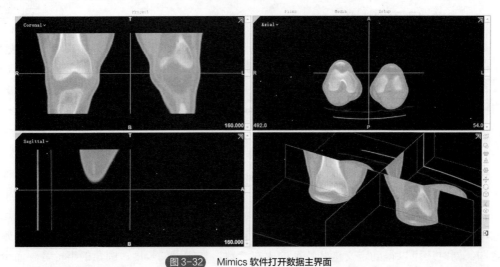

图 3-32　Mimics 软件打开数据主界面

如图 3-33 所示，根据不同组织的灰度阈值差异，利用三维阈值分割和三维增长分割等功能将股骨髁从膝关节中筛选，并利用区域增长功能除去不需要的部分，获得股骨髁的 STL 格式文件。

扫码获取相关资料

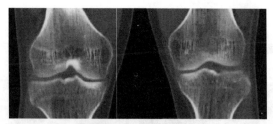

图 3-33 膝关节骨组织部分

为后续的三维重建，通常根据需要设定不同的阈值，如图 3-34 所示，将图像中的像素按照灰度级别或其他特征进行划分。例如，在骨骼分割中，通过设定合适的阈值，可以将骨骼组织与其他组织区分开来，从而实现精确的骨骼提取。

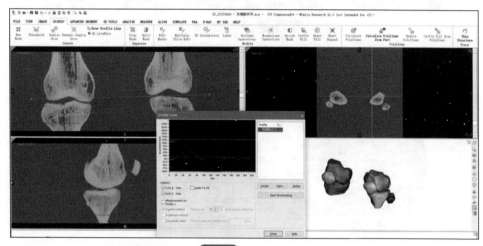

图 3-34 阈值分割

阈值选取过程中随着滚动条改变，左侧被覆盖的区域也会同步变化，可以通过观察图像效果初步检查结果是否合适。为尽可能避免数据丢失，阈值下限设定不可太大，以目标区域能够完整覆盖明亮骨骼结构并且没有凸出毛刺和冗余部分为宜。完成阈值设定后"apply"生成二维的蒙版数据，如图 3-35 所示即目标图像。

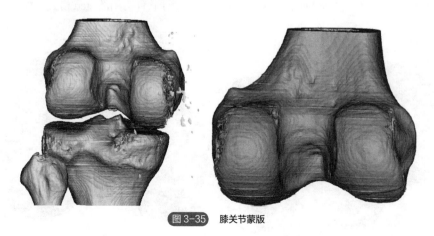

图 3-35 膝关节蒙版

如图 3-36、图 3-37 所示，使用 Mimics 中的编辑蒙版（edit masks）工具，将模板破碎的边缘补齐。

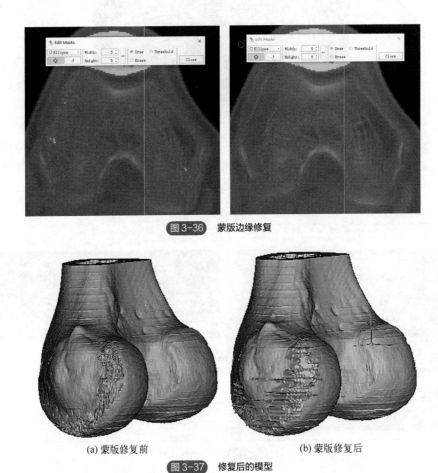

图 3-36  蒙版边缘修复

(a) 蒙版修复前          (b) 蒙版修复后

图 3-37  修复后的模型

如图 3-38（a）所示，此时股骨髁模型包括大量钉状物等缺陷，同时也不适合三维软件直接编辑，因此需要进行模型后处理。通过 Geomagic Wrap 逆向工程软件，将 STL 文件导入该软件进行缺陷修复，利用曲面识别和封装功能将股骨髁模型修复完善。在封装过程中需要进一步对三角面片重新计算，自动造面制造栅格，获得三维设计软件可用的 step 格式，如图 3-38（b）、（c）所示。

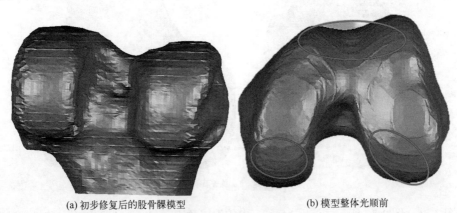

(a) 初步修复后的股骨髁模型          (b) 模型整体光顺前

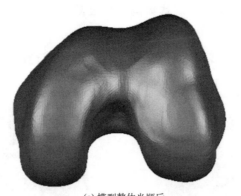

(c) 模型整体光顺后

图 3-38　初步修复的模型整体光顺

对光顺后的模型进行重画网格（remesh）操作，这个命令的主要目的是改进模型的网格质量，通过重新生成模型的网格，重画网格命令可以消除原始网格中的不良元素，如扭曲的三角形、尖锐的边角或过大的面片。重新生成的网格将具有更均匀的元素大小和更好的形状，从而进一步提高模型的几何精度和光顺性。重画网格前的三角面片为 45012 个，重画后为 51320 个，并对网格进行 3 倍细分优化，最终三角面片为 153960 个。

在上一步中，已经得到了光顺的股骨髁模型，但该模型仍为面片形式，没有实体特征。因此，需要对该模型进行精确曲面（exact surfacing）命令，使用该工具将多边形网格转换为三维零件的 CAD 表面。单击精确曲面，并进行自动曲面（autosurface）命令，如图 3-39 所示，其中几何类型分为：a.机械（mechanical），适用于使用 CAD 设计的对象；b.有机（organic），适合手工或自然雕刻的对象。本节使用有机几何类型生成自动曲面。

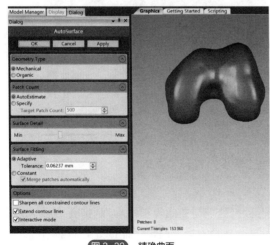

图 3-39　精确曲面

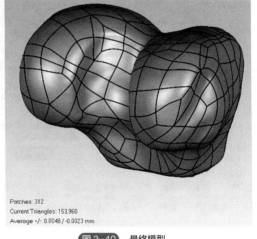

图 3-40　最终模型

自动曲面后使用拟合曲面（fit surface）命令，生成 NURBS 表面，由图 3-40 可见所有缺陷已经修复，模型表面光顺，特征突出，模型整体平均偏差为 $+0.0048\sim-0.0023$mm。将最终模型存储为 step 格式，方便后续用于三维 CAD 软件进行设计和分析。

**（2）文物逆向工程案例——辽代舞马衔杯壶复杂曲面逆向重构**

1）数据采集

如图 3-41、图 3-42 所示，采用红外激光扫描仪对文物进行数据采集，铜壶马身最小纹理尺寸为 0.5mm，使用 0.2mm 分辨率进行扫描，满足扫描精度要求。

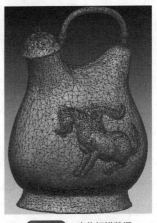

图 3-41　文物原始图　　　　　　　　　图 3-42　文物扫描数据

如图 3-43 所示，由于文物受到长时间的侵蚀和磨损，一些可见的细微纹理凹凸痕迹被填充，导致扫描仪无法获取此纹理信息。人为清理纹理沟壑会对文物造成很大破坏，因此需要在后续三维软件中重构细微纹理特征或者用 Zbrush 软件进行雕刻，还原纹理三维信息，而对于虚拟展示要求的数字化模型可以通过高清照片贴图处理。

图 3-43　马身纹理对比图

2）数据处理

采用主流逆向工程软件 Geomagic Studio 进行数据处理与曲面模型重构。装饰有马形状的壶身和装饰回文的壶盖处表面起伏变化大，应视为复杂高阶解析曲面，保证该处曲面的精度。光顺性处理会消除曲率比较大的轮廓，丧失马身细节特征，故不进行光顺性处理。壶身主体部分结构简单且平滑过渡，视为低阶解析曲面，应保证重构曲面的光顺性，进行数据的精简和光顺性处理，以利于拟合 A 级光顺性曲面。

3）模型重构

装饰有马形状壶身处如图 3-44 所示，探测其曲率云图为轮廓线的绘制位置。

扫码获取彩图

图 3-44　马身曲率云图

探测轮廓线时曲率敏感度调至最高，以尽可能探测曲率变化大的轮廓。由于局部纹理间距离 1mm 左右，故分隔符敏感度应调至较低水平，最小面积值采用默认尺寸，不探测延伸轮廓线以避免轮廓线相交。探测轮廓区域如图 3-45 所示。对于无细节特征的表面处将小区域合并，避免提取出不必要的轮廓线以降低对曲面片合理布局的影响。调整后的轮廓区域划分如图 3-46 所示。

扫码获取彩图

扫码获取彩图

图 3-45　探测轮廓区域　　　　　　　　　　图 3-46　调整后轮廓区域

提取划分轮廓区域后的轮廓线如图 3-47 左图所示。马身鬃毛 A 处轮廓线未能完全覆盖轮廓变化较大的凹凸区域，且围成的区域形状不规则，未能将各区域规则划分。B 处轮廓线杂乱相交，轮廓线数目不足。需重新编辑轮廓线，提高轮廓线的光顺性和增加轮廓线数目，并保持相邻边界控制点数目相同，以利于构造规则四边形曲面片布局，编辑后的轮廓线如图 3-47 右图所示。

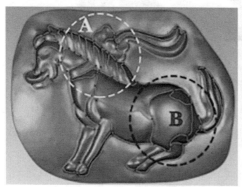

图 3-47　抽取轮廓线和编辑后轮廓线

构造曲面片后通过调整局部不规则的曲面片曲线，创建新的规则栅格或者条形四边形面片。对于相交路径和较小的曲面片角度，应调整相邻曲面片边界控制点数量，避免相接曲线出现拐点而降低曲面光顺性，然后对曲面片进行松弛。重新布局及拟合后的曲面片如图 3-48 所示。

4）模型质量评估

合理控制重构模型的精度才能精确反映文物细微的特征。将重构曲面模型与原始点云数据进行偏差分析，3D 偏差色谱图如图 3-49 所示。

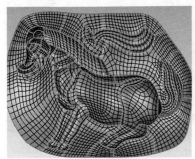

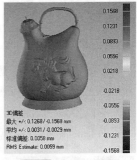

图 3-48　调整后曲面片布局及拟合后的整体曲面图　　图 3-49　重构曲面精度

色谱图中绿色部分表示偏差最小，越往上红色加深表示重构模型尺寸越偏大，越往下蓝色加深表示重构模型尺寸越偏小。分析色谱图可知，壶身整体呈现绿色，总体偏差为 0.02mm，最大上偏差为 0.1268mm，出现在壶底边缘处，且面积较小，最大下偏差为 -0.1568mm。

扫码获取彩图

## （3）Off Road 变速箱外壳逆向及精度检测

如图 3-50 所示，使用设备有关节臂三坐标测量仪、光学拍照式白光栅扫描仪、加拿大 Creaform Metra SCAN 红外激光扫描仪、激光测振仪、声发射仪、万能工具显微镜、圆度仪、粗糙度仪等，且检测软件和数据处理软件及工作场所已完备。

图 3-50　扫描设备部分展示

如图 3-51 所示，变速箱 11 个关键部件扫描逆向建模已完成，为期 1 个月。端盖扫描精度检测显示逆向设计精度达到 0.05mm，油底箱逆向设计达到 Pro/E 软件极限，解决 1000 个以上二阶连续曲线连接问题。

图 3-52 为内蒙古方圆铸造厂给瑞典车厂生产的变速箱铸件，要求对变速箱定位轴孔的位置精度和同轴度进行检测，误差在 ±0.05mm 为合格。

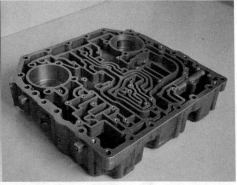

扫码获取彩图

图 3-51 最大下偏差区域

图 3-52 变速箱外壳三维扫描及位置度检测

## 3.4 模型文件格式转换

随着科技的不断发展，3D 打印技术逐渐走进了人们的生活。要实现 3D 打印，首先需要将设计好的模型转化为打印机能够识别的文件格式。本节将对一些常见的 3D 打印机文件格式及其转换方法进行解析，帮助读者更好地理解和应用 3D 打印技术。

首先介绍 STL（stereo lithography）文件格式，STL 是美国 3D Systems 公司提出的一种 CAD 与 3D 打印系统之间的数据交换格式。STL 文件格式有着通用性、简单性、兼容性、易于修改、支持复杂形状等优势，被增材制造行业广泛应用。STL 格式简单，对三维模型建模方法无特定要求，几乎所有的 CAD 系统都能把 CAD 模型由自己专有的文件格式导出为 STL 文件，各大 CAD 系统输出 STL 文件方法如表 3-3 所示。

表 3-3 CAD 系统输出 STL 文件方法

| Alibre | File（文件）→Export（输出）→Save As（另存为，选择 STL）→输入文件名→Save（保存） |
|---|---|
| AutoCAD | 输出模型必须为三维实体，且 $X$、$Y$、$Z$ 坐标都为正值。在命令行输入命令"Faceters"→设定 Facetres 为 1~10 之间的一个值（1 为低精度，10 为高精度）→然后在命令行输入命令"Stlout"→选择实体→选择"Y"，输出二进制文件→选择文件名 |
| CADKey | 从 Export（输出）中选择 Stereolithography（立体光刻） |
| I-DEAS | File（文件）→Export（输出）→Rapid Prototype File（快速成型文件）→选择输出的模型→Select Prototype Device（选择原型设备）> SLA500.dat→设定 absolute facet deviation（面片精度） 为 0.000395→选择 Binary（二进制） |

| Inventor | Save Copy As（另存复件为）→选择 STL 类型 →选择 Options（选项），设定为 High（高） |
|---|---|
| IronCAD | 右键单击要输出的模型→Part Properties（零件属性）→Rendering（渲染）→设定 Facet Surface Smoothing（三角面片平滑）为 150→File（文件）→Export（输出）→选择 .STL |
| Mechanical Desktop | 使用 AMSTLOUT 命令输出 STL 文件。下面的命令行选项影响 STL 文件的质量，应设定为适当的值，以输出需要的文件。<br>① Angular Tolerance（角度差）——设定相邻面片间的最大角度差值，默认 15°，减小可以提高 STL 文件的精度。<br>② Aspect Ratio（形状比例）——该参数控制三角面片的高宽比，1 代表三角面片的高度不超过宽度，默认值为 0，忽略。<br>③ Surface Tolerance（表面精度）——控制三角面片的边与实际模型的最大误差。设定为 0.0000 时，将忽略该参数。<br>④ Vertex Spacing（顶点间距）——控制三角面片边的长度。默认值为 0.0000，忽略 |
| Pro/E | ① File（文件）→Export（输出）→Model（模型），或者 File（文件）→Save a Copy（另存一个副本）→选择 .STL。<br>② 设定弦高为 0，然后该值会被系统自动设定为可接受的最小值。<br>③ 设定 Angle Control（角度控制）为 1 |
| Pro/E Wildfire | ① File（文件）→Save a Copy（另存一个副本）→Model（模型）→选择文件类型为 STL（*.STL）。<br>② 设定弦高为 0，然后该值会被系统自动设定为可接受的最小值。<br>③ 设定 Angle Control（角度控制）为 1 |
| Rhino | File（文件）→Save As（另存为 .STL） |
| SolidWorks | ① File（文件）→Save As（另存为）→选择文件类型为 STL。<br>② Options（选项）→Resolution（品质）→Fine（良好）→OK（确定） |
| Unigraphics | ① File（文件）→Export（输出）→Rapid Prototyping（快速原型）→设定类型为 Binary（二进制）。<br>② 设定 Triangle Tolerance（三角误差）为 0.0025，设定 Adjacency Tolerance（邻接误差）为 0.12，设定 Auto Normal Gen（自动法向生成）为 On（开启），设定 Normal Display（法向显示）为 Off（关闭），设定 Triangle Display（三角显示）为 On（开启） |

STL 文件作为 3D 打印领域中实施标准的数据输入格式，在逆向工程、有限元分析、医学成像系统、文物保护等方面有广泛的应用。STL 文件是若干空间小三角形面片的集合，每个三角形面片用三角形的三个顶点和指向模型外部的法向量表达。这种文件格式类似于有限元的网格划分，即将物体表面划分为很多个小三角形，用很多个三角形面片去逼近 CAD 实体模型。它所描述的是一种空间封闭的、有界的、正则的、唯一表达物体的模型，它包含点、线、面的几何信息，能够完整表达实体表面信息。STL 模型的精度直接取决于离散化时三角形的数目。一般而言，在 CAD 系统中输出 STL 文件时，设置的精度越高，STL 模型的三角形数目越多，文件体积越大。

STL 文件格式的特征如下：

① STL 存储的是一个个离散的三角形面片的三个顶点坐标和指向实体外方向的单位法向矢量，这些三角形面片由 CAD 模型表面三角化所得，并且其存储是无序的。

② STL 文件仅描述三维物体的表面几何形状，没有颜色、材质贴图和其他常见三维模型的属性。

③ STL 文件有两种类型：一种是 ASCII 文本格式，具有良好的可读性并且可以直接读取；另一种是二进制格式，它只占用很少的磁盘空间，大约是 ASCII 文本格式的 1/6，可读性差。无论是 ASCII 文本格式还是二进制格式，输出精度都可以轻松控制。

④ STL 文档描述原始非结构化三角分区时用三维三角形笛卡儿坐标系。STL 坐标没有尺度信息，即计量单位为任意的，现实中通常为毫米（mm）或英寸（in）。

在实际应用中避免 STL 模型数据错误，主要针对两方面的内容行进检验：一是 STL 模型数据的有效性检查，主要检查模型是否存在无效法矢、重叠、裂隙、孤立边、孔洞等几何缺陷；二是 STL 模型的封闭性检查，要求所有 STL 三角形围成一个内外封闭的几何体。一旦将错误 STL 模型用于 3D 打印，错误的二维轮廓层切信息和加工路径会导致系统崩溃。

有效避免 STL 文件数据错误的方法，按照 3D Systems 公司的 STL 文件格式规范，正确的数据模型必须满足以下一致性规则：

① 相邻两个三角形面片之间只有一条公共边，即相邻三角形必须共享两个顶点；

② 每一条组成三角形的边有且只有两个三角形面片与之相连；

③ 三角形面片的法向矢量要求指向实体的外部，其三个顶点排列顺序与外法矢之间的关系要符合右手法则。

除了上述使用最多的 STL 文件格式外，还有以下几种格式被广泛应用：

① OBJ 文件格式　OBJ（wavefront OBJ）是另一种常见的 3D 打印格式，也是一种通用的 3D 模型格式，广泛应用于 3D 建模和动画领域。它支持包含纹理、颜色等细节信息的多边形网格模型，并且可以保存物体表面和内部结构。相比于 STL 格式，OBJ 格式适用于更复杂的 3D 模型，可以用于打印包含空洞、内部结构和细节信息的模型。但是，OBJ 格式的文件较大，不适合在网络上传输或存储。

② AMF 文件格式　AMF（additive manufacturing file format）是美国材料与实验学会发布的一种新兴的 3D 打印格式，它在 STL 格式的基础上增加了颜色、纹理、材料属性等信息，并支持多种 3D 打印技术。AMF 格式还可以保存物体的内部结构和属性信息，以便进行后续的仿真和分析。相比于 STL 和 OBJ 格式，AMF 格式具有更高的灵活性和可扩展性，可以用于打印更复杂的模型和实现更多的功能。但是，AMF 格式的文件较大，不同的 3D 打印软件和设备可能会对其支持程度有所不同。

③ 3MF 文件格式　3MF（3D manufacturing format）是另一大阵营（由微软牵头的 3MF 联盟）推出的，3MF 格式是介于 STL（功能太少）、AMF（功能太多）之间的一种文件格式，是被 Microsoft、HP、Autodesk、3D Systems、Stratasys、Materialize 等推广的格式，可以更完整地描述 3D 模型。除了几何信息，它还可以维护内部信息、颜色、材料、纹理和其他特征。它也是基于 XML 的可扩展数据格式。对于使用 3D 打印的消费者和从业者，3MF 的最大优势在于大品牌支持这种格式。　在这些大品牌的支持下，性能与 AMF 文件格式相同的 3MF 文件格式逐渐取代了 AMF 文件格式，这也是 AMF 文件格式的重大危机。

在实际应用中，选择合适的文件格式和转换方法对于 3D 打印的成功至关重要。一般来说，如果模型比较简单且不需要保存太多的模型信息，可以选择 STL 文件格式进行转换。如果需要保存物体的表面和内部结构，并包含一些颜色、纹理等细节信息，可以选择 OBJ 格式。如果需要保存更多的属性信息、实现更复杂的功能，或者使用较新的 3D 打印技术，可以选择 AMF 或 3MF 格式。除了文件格式本身之外，还需要考虑其他因素，如所选 3D 打印设备和软件的支持程度、打印质量和效率等，以确定最适合的 3D 打印格式和参数设置。

 **本章小结**

- 软件建模流程包括确定建模的目的和范围、收集需求和分析问题、设计模型、建立模型、验证与修改模型以及交付和使用模型。

- 建模过程中，需要选择合适的建模方法和工具，确定模型的元素和结构，以及定义模型中的元素之间的关系。同时，还需要对建立的模型进行验证，检查其是否符合实际需求和预期目标。

- 在图片建模部分，阐述了如何利用图片信息快速生成 3D 模型的方法。通过图像分析、轮廓提取和三维重构等技术，读者能够利用现有的图片资源，轻松创建出具有真实感的 3D 模型。

- 照片建模技术是指利用照相机等设备对物体进行图片采集，随后通过计算机进行图形图像处理以及三维计算，最终自动生成被拍摄物体的三维模型。

- 单张图片浮雕建模是把照片转换成黑白的，然后根据不同点的灰度不同，生成不同点的深度值，这样就可以生成一个浮雕效果的模型。注意：打印图片时，要用 100% 的填充率。

- 扫描建模通过三维扫描设备获取实体物品的点云数据，通过点云对齐、三角化处理、光顺算法和稀化步骤，最终生成了零件外形的点云文件。

 **思考与练习**

### 一、简答题

1. 列举至少三种主流的 3D 建模软件，并简述它们各自的特点和优势。

2. 描述在软件建模过程中，创建基本几何体（如立方体、球体、圆柱体等）的常用方法和步骤。

3. 解释图片建模的基本原理和适用场景。

4. 描述从多张图片中提取轮廓并生成 3D 模型的一般流程。

5. 解释扫描建模与传统建模方式相比的优势和局限性。

6. 描述在使用三维扫描设备时，如何确保扫描数据的准确性和完整性。

7. 说明如何处理扫描数据中的噪点和冗余信息，以提高模型质量。

### 二、分析题

1. 建立一个圆柱体或球体模型，分析导出的 STL 文件，统计其包含的三角形面片数量，并讨论模型精度的影响。

2. 在进行复杂模型设计时，通常会采用哪些策略来提高建模效率？请举例说明。

3. 分享一个使用图片建模技术成功创建 3D 模型的案例，并描述其中的挑战和解决方案。

4. 分析不同 3D 打印文件格式（如 STL、OBJ、AMF、3MF）的优缺点，并讨论它们在哪些打印场景中最为适用。

5. 讨论在逆向工程中，扫描建模如何帮助改进和优化现有产品设计。

### 三、思考题

如题图 3-1 所示，A、B 两种不同数量的采集点拟合曲线的方式，是采集点的数量越多，拟合的曲线越光顺，还是采集点的数量越少，拟合的曲线越光顺？

题图 3-1

## 拓展阅读

### 一、书籍拓展阅读

1. 推荐书籍：《3D 打印与数字建模》

作者：陈涛

简介：本书从数字建模的角度出发，探讨了 3D 打印与数字建模的紧密联系。书中不仅介绍了建模软件的使用技巧，还分析了如何将数字模型转化为可打印的实体。对于想要深入了解两者关系的读者来说，是一本很好的参考书。

2. 推荐书籍：《中文版 Creo 2.0 完全自学教程》

作者：韩炬、曹利杰、王宝中

简介：这本书是全面学习 Creo Parametric 2.0 的教程，涵盖了从草图绘制到模型渲染、模具设计装配与工程图设计等多个方面。结合了大量实例对抽象概念进行讲解，帮助读者快速掌握软件功能。

3. 推荐书籍：《SolidWorks 2020 项目教程》

作者：姜海军

简介：该书以 SolidWorks 2020 为平台，详细介绍了参数化草图、实体建模、钣金设计等功能在产品设计中的应用。图例丰富，步骤详细，适合职业院校学生和工程技术人员使用。

4. 推荐书籍：《Geomagic Studio 逆向建模技术及应用》

作者：成思源、杨雪荣

简介：该书系统介绍了 Geomagic Studio 在逆向建模技术方面的应用，涵盖了从数据采集到模型重建的整个过程。对于希望深入了解 Geomagic Studio 应用的读者来说，这是一本很有价值的参考书籍。

5. 推荐书籍：《3D 打印——Geomagic Wrap 逆向建模设计实用教程》

作者：刘然慧、袁建军

简介：本书详细介绍了 Geomagic Wrap 软件的基本操作及其在逆向建模设计中的应用。通过实际案例，帮助读者掌握点云数据处理、曲线编辑等技能，适合初学者和有一定基础的读者使用。

6. 推荐书籍：《Geomagic Design X 三维建模案例教程》

作者：杨晓雪、闫学文

简介：该书通过丰富的案例，详细讲解了 Geomagic Design X 在三维建模方面的应用技巧。适合想要深入学习该软件功能的设计师和工程师使用。

7. 推荐书籍：《骨肌系统生物力学建模与仿真》

作者：樊瑜波、王丽珍

简介：关于 Mimics 软件的学习书籍可能相对较少，建议读这本书学习 Mimics 软件的操作和参数设置方法。

**二、三维扫描设备功能及制造企业拓展**

1．模型检测（工业应用），装配检测，实时检测，批量检测，自动检测。

2．三维扫描，渲染，仿真，展示，虚拟现实，保存数据模型，元宇宙模型。

扫码获取本书资源

# 第4章

## 增材制造前处理及工艺规划

**思维导图**

扫码获取本书资源

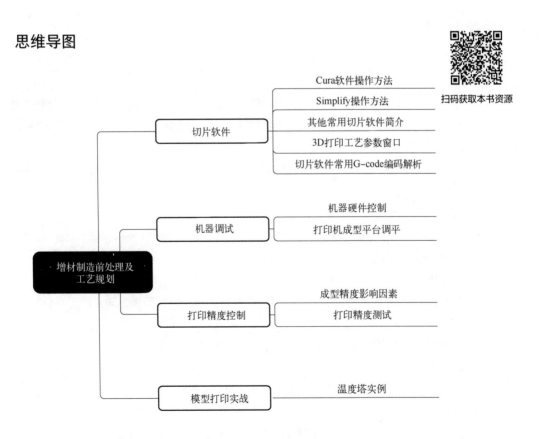

**案例导入**

第2章学习了建模技术，接下来到了打印环节，打印时给模型分层切片需要使用哪些软件？打印机（如 FDM 打印机，见图4-0）是由什么关键零部件组成的？需要注意哪些参数以确保打印模型质量和稳定性？

图4-0　FDM 打印机结构示意图

 **学习目标**

**认知目标**

● 熟悉 Cura、Simplify 等切片软件使用界面和功能特点，掌握切片软件的基本操作方法，包括导入 3D 模型、调整切片参数、导出打印文件等，能够熟练运用该软件进行切片操作，以满足不同的打印需求。

● 理解切片软件在 3D 打印过程中的作用，能够分析切片参数对打印质量和效率的影响，并做出合理的参数调整。

● 了解各种 G-code（G 代码）释义。

● 熟悉 3D 打印机的基本结构和工作原理，认识 FDM 机器硬件控制的基本装置，包括喷头装置、温控装置、运动装置、送丝装置等。

**能力目标**

● 掌握打印模型的精度测试方法，理解成型精度的各种影响因素，学会成型平台调平的能力。

● 掌握整个 3D 打印流程，培养使用软件和操作 3D 打印机的能力。

**素养目标**

● 培养学生的实践和动手操作能力和科学严谨的治学态度。

　　增材制造的设备主要包括软件和硬件两部分，两部分合作运行组成 3D 打印的制造机器。软件部分主要负责处理和转换设计数据，将其转化为 3D 打印设备可以理解的指令，同时监控和控制打印过程。硬件部分则包括各种精密的机械系统和电子控制系统，以及打印材料，它们共同协作将设计转化为实际的物体。3D 打印软件的种类繁多，每一种都有其特定的用途和优势。

有些软件专门用于创建复杂的 3D 模型，有些则更适合将现有设计进行优化以适应打印。在选择软件时，需要根据具体的应用场景和需求进行选择。

# 4.1　切片软件（软件）

Cura 和 Simplify 都是 3D 打印切片软件领域的佼佼者，它们各自具备独特的功能和优势，为用户提供了高效、高质量的 3D 打印体验。无论是初学者还是专业人士，都可以根据自己的需求选择适合的切片软件来完成 3D 打印任务，其软件简介如表 4-1 所示。

表 4-1　切片软件

| 软件名称 | 制造公司 | 软件特色 |
| --- | --- | --- |
| Cura | Ultimaker 公司 | 切片速度快，自动修复模型中的不足，支持准备动态性模型，通用性和开放性好 |
| Simplify | German RepRap 公司 | 广泛的兼容性，支持多种类型文件导入，可以对 3D 模型进行缩放，修复和创建 G 代码，多模型打印和双色打印，且每个模型都可以有独立的打印参数 |

## 4.1.1　Cura 软件操作方法

Cura 是一款功能强大且易于使用的 3D 打印软件，它以强大的功能和用户友好的界面设计，受到全球数百万用户的信任，其操作流程如图 4-1 所示。

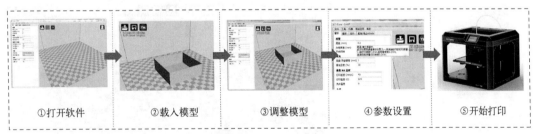

①打开软件　　②载入模型　　③调整模型　　④参数设置　　⑤开始打印

图 4-1　Cura 操作流程图

### （1）打开 Cura 切片软件

图片展示了两个窗口，左侧包含一组面板，主要用于配置切片器。在右侧，可以看到 3D 浏览窗口，该窗口支持加载、修改和保存模型，并提供多种观察模型的方式。

### （2）载入模型

主要介绍如何载入、查看 3D 模型。首先，按下右侧 3D 浏览窗口左上角的 Load 按钮，载入一个模型 。Cura 兼容多种 3D 模型文件格式，其中最为常见的是 .STL 格式。这种基于文本的格式非常简单，可以使用文本编辑工具直接打开、查看和编辑。此处以一个名为"9mm×9mm×3cm 盒子"的 3D 模型为例。选择模型保存的路径后，可以用 Cura 打开它。一旦模型加载完成，在主窗口中可立即看到 3D 形象。同时，窗口左上角的标有红圈的位置显示一个进度条在不断前进。当进度条迅速达到 100% 时，将显示打印所需的时间、长度和重量信息，并且"保存工具路径"按钮变为可操作状态。Cura 软件以其高效的切片器为特点，表现为迅速推进的进度条。一旦切片器完成任务，可以在左上角查看有关该模型的打印信息，包括打印时间、所需塑料丝长度和重量。同时，点击"save toolpath"按钮可将切片结果保存为 G-code 文件。右侧的"YM"按钮用于分享打印模型至 YouMagine 网站，但对中文用户可能不太相关，因此不再深入介绍。

在 3D 观察界面中，通过按下鼠标右键拖曳，可以轻松实现观察视点的旋转。同样，通过滚动鼠标滚轮，可以方便地实现观察视点的缩放。这些操作并不会影响模型本身，只是对观察角度进行调整，用户可以自由使用，而无需担心执行不可逆的动作。除了旋转缩放的观察方式之外，Cura 还提供了多种高级观察方法。这些方法都藏在右上角的按钮中。按下这个按钮，可以看到一个观察模式（view mode）菜单。

### （3）调整模型

如图 4-2 所示，使用鼠标左键点击模型，视图左下角出现了一些图标。首先，观察第一个按钮，即旋转功能按钮，按下此按钮后，3D 模型周围会显示红、黄、蓝三个圆圈，分别代表沿 $X$、$Y$、$Z$ 轴的旋转。如图中的示例，正在沿着红色圆圈旋转30°。在直接使用鼠标进行操作时，旋转以 5° 的单位进行。如果需要更精细的控制，可以按下键盘上的 Shift 键，这时就可以按照 1° 的单位进行更细致的操作。除了手动旋转 3D 模型，旋转按钮还展示了两个功能按钮：一个是"躺平"（lay flat），其目的是通过计算找出最适合 3D 打印的角度；另一个按钮是"复位"（reset），按下该按钮可撤销刚才的所有修改，将模型恢复到原始状态。

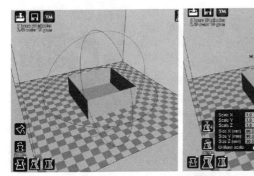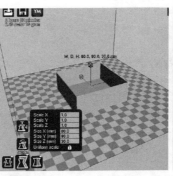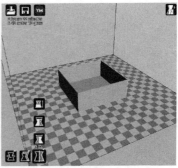

图 4-2　旋转功能、缩放功能、镜像功能

现在，简要介绍非常简便的缩放功能，即在 $X$、$Y$、$Z$ 三个方向上对模型进行调整。在 3D 视图中，可以拖动红绿蓝小方块（需按住 Shift 键以实现平滑缩放），也可以在弹出的输入框中直接输入数字。这两种调整方式的效果相同，用户可以根据个人喜好进行选择。需要注意的是，两个弹出的功能按钮中，有一个被称为"放至最大"（to max），点击此按钮后，模型将自动调整至符合您打印机所允许的最大尺寸。另一个是"复位"（reset）按钮，按下该按钮，将使对象回到初始状态。

值得强调的是，黑白格平面在视图中代表着打印机的平台，而透明的蓝色立方体实际上展示了 3D 打印机可用的打印空间。在一些特殊情况下，尤其是在打印大型模型时十分直观。

最后的按钮则是"镜像"（mirror）功能，共有三个镜像操作按钮，用于在 $X$ 轴、$Y$ 轴和 $Z$ 轴上进行镜像操作。

### （4）参数设置

参数设置中各参数已经进行了中文汉化，很容易理解和掌握，不再详细介绍。接下来，主要介绍参数设置、切片并保存 G-code 文件。

如图 4-3 所示，当鼠标悬停在左侧的参数设置区域的任意参数名称上时，可以看到该参数的功能以及相关介绍会自动弹出显示。

用户需要了解的是，并不存在适用于所有情况的一套最佳参数设置。影响打印效果的因素非常多样，包括模型的结构外观、环境温度、所需的精度以及能够接受的打印时间等。不同因素可能需要采用不同的参数配置。刚开始使用打印机时，可以参考这些参数进行设置。待到熟悉操作后，可以尝试调整参数，并观察这些调整对打印效果的影响。逐渐找到适合个人喜好、打印环境和模型的参数配置。

图 4-3 基本参数设置、高级参数设置、起始、停止 G-code

关于启动和停止的 G-code，如果熟练使用 G-code，可以灵活添加一些自定义功能，例如在打印完成后将平台下降到最低点等。图中显示的是默认设置。

### （5）开始打印

在完成上述参数设置后，软件将根据当前配置自动重新对模型进行切片。当切片进度条完成时，可以通过点击"文件"→"保存 G 代码"将 G-code 文件保存到电脑指定的位置，或者直接存储到 SD 卡中，以备插入打印机进行脱机模型打印。需要注意的是，目前 Smartmaker 打印机对中文文件名的支持可能有限，因此建议使用英文、拼音或数字对 G-code 文件进行命名。

## 4.1.2 Simplify 操作方法

Simplify 切片软件是一款在 3D 打印领域中备受赞誉的专业软件，它以强大的功能、灵活的定制选项以及出色的兼容性，赢得了众多 3D 打印爱好者和专业人士的青睐。Simplify 切片软件的一个显著特点是强大的多模型打印功能。它支持在同一个打印床上打印多个模型，且每个模型都可以拥有独立的打印参数设置，具体介绍可去官网查看，其大致操作流程跟 Cura 软件类似，如图 4-4 所示。

① 打开切片软件。

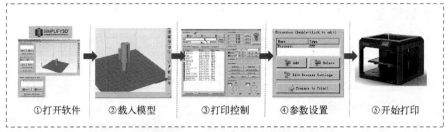

① 打开软件　　② 载入模型　　③ 打印控制　　④ 参数设置　　⑤ 开始打印

**图 4-4**　Simplify 切片软件操作流程

② 载入模型　可以通过 Import 导入 STL 或 obj 格式文件，也可以将 STL 或 obj 文件直接拖动到右侧的模拟窗口中。如果需要移除文件，可以选择使用"Remove"选项。Center and Arrange 为居中自动摆放。

③ 打印控制　Simplify 软件打印控制即模型的位置、方向、尺寸编辑，Absolute Positioning 为偏移尺寸；Object Scaling 为缩放，可选均匀或非均匀缩放；Rotational offsets 为相对 *X*、*Y*、*Z* 坐标轴旋转角度，虽不如 Cura 直观，但有精确输入角度功能；Calculated Properties 为当前物体尺寸。

④ 参数设置　切片参数设置位于"process"栏中，允许调整层厚度。通过添加多个 process 设置（例如 process1、process2 等），可以指定不同的层高范围。使用"Edit process Settings"选项可编辑具体的切片参数。执行切片操作可在"Prepare to Print"中完成，完成后右侧的模拟窗口将显示生成的路径。

⑤ 开始打印　完成参数设置和模型调整后，可以点击 Simplify 软件界面上的"切片"按钮，开始将模型切片并生成 G 代码，发送给打印机可以开始打印过程，在打印过程中，使用 Simplify 软件的实时监控功能，查看打印进度和状态，并根据需要进行调整或干预。

通过以上五个步骤，可以使用 Simplify 切片软件完成 3D 模型的切片和打印工作。注意，具体的操作步骤可能因软件版本和打印机型号而有所不同，因此在实际操作中，建议参考 Simplify 切片软件的官方文档或用户手册，以获取更详细和准确的操作指导。

## 4.1.3　其他常用切片软件简介

除了上述的 Cura 和 Simplify 软件外，常用的其他软件如图 4-5 所示。

(a) ChituBox　　(b) IdeaMaker　　(c) Prusa Slicer　　(d) Slic3r　　(e) LycheeSlicer

(f) Z-Suite　　(g) PreForm　　(h) NanoDLP　　(i) Formware 3D　　(j) Materialise Magics

**图 4-5**　国外常用切片软件

### （1）ChituBox

ChituBox 被认为是广泛用于树脂打印的最佳免费 3D 打印软件。这归功于其高度直观的用户界面，只需单击四次即可对模型进行切片。该软件还提供了多种编辑工具，可用于旋转、缩放、镜像、修复、复制等。ChituBox 支持广泛的 SLA、DLP 和 LCD3D 打印机，也是流行的 ElegooMars 系列打印机的官方切片软件。除了免费版本，ChituBox 还提供 1080 元/年的 Pro 许可证；此版本提供更多高级功能，并被各行各业的专业人士使用。

### （2）IdeaMaker

IdeaMaker 会自动将纹理应用于 3D 模型，然后通过调整切片器设置对其进行微调。因此，它可以为用户节省大量原本用于 CAD 处理的时间。这款软件的另一个好处是能够使用内部布尔工具通过雕刻、拆分和组合来自由调整模型，而不必在单独的程序中执行此操作，非常适合个性化模型或减小过大的零件尺寸。这些只是 IdeaMaker 众多丰富功能中的一小部分，使其成为最强大、最灵活的 3D 打印机软件之一。IdeaMaker 主要设计用于 Raise 3D 打印机，但它也与很多其他机器型号兼容，并为各种不同的材料和打印机提供免费切片模板。

### （3）Prusa Slicer

Prusa Slicer 是一款主要为 Prusa 3D 打印机设计的软件，但同时支持市面上大多数其他主要品牌，例如 Anycubic 和 Creality。它提供了一个清晰简单的用户界面，同时功能强大，深受 3D 打印玩家欢迎。支撑的创建是其一大亮点，用户可以快速轻松地将自定义支撑直接绘制到模型上，同时使用自定义网格作为支撑阻挡器和执行器。它还允许用户使用智能填充和笔刷工具为多材料打印模型上色。Prusa 为其 FDM 打印机提供多材料升级（MMU），可一次 3D 打印多达 5 种颜色的灯丝，而 Prusa Slicer 可实现无缝连接。其他优势包括大量的分析工具，还有分别为模型的每个部分选择层高的能力。同时，Prusa 声称 Prusa Slicer 是目前唯一支持树脂 3D 打印机的开源切片软件。

### （4）Slic3r

Slic3r 是另一款流行的免费开源 3D 打印软件。它是最快的切片器之一，并拥有用于并行计算的多线程，使其比原始的 Skeinforge 等其他软件快约 100 倍。该程序有几个强大的功能，例如，微分层功能允许用户从较厚的填充物中进行选择，因此受益于较低的层高，同时仍然保持快速打印时间（在合理范围内）。Slic3r 的其他优势有：确保最佳打印性能的智能冷却策略，以及同时管理多台打印机和耗材，同时将配置保存为预设的能力。对于大多数人来说，Cura 是两者中更受欢迎的选择，但 Slic3r 确实有其自身的一些优势。不过，Slic3r 已经不再更新，最新版本为 1.3.0，但用户仍然可以在 Slic3r Github 上交流讨论。

### （5）LycheeSlicer

LycheeSlicer（荔枝切片）软件有三个版本：免费版本（功能有限）；包含所有高级功能的专业版；增加技术支持的高级版本。荔枝切片软件支持大约 120 种不同的打印机。打印机设置快速，布局简单，提供适合初学者的用户友好环境。独特的功能包括"魔术菜单"，一个自动工具，优化模型的方向，支持分配和定位，最新版本 5.4.3 拥有更多的功能。

### （6）Z–Suite

Z-Suite 是 Zortrax 针对其专有 3D 打印机开发的 3D 切片软件。Z-Suite 软件是通过 Wi-Fi 切割和控制打印机的一站式解决方案。Z-Suite 也可以与其他树脂打印机一起工作，尽管设置是手动完成的。它带来了先进的切片功能，如网格修复、薄壁检测和多种填充选项。Z-Suite 3 的测试版目前正在测试中，它承诺提供新的填充模式和其他功能。

### （7）PreForm

PreForm 是 Formlabs 公司的切片软件，支持其所有树脂机器、新的 SLS 系统 Fuse1 及其最新版本 Fuse1+30W。这是一款特殊的软件，它专注于快速切片，严重依赖方向和支撑分配等自动功能。此外，它还带来了自适应切片功能，可以在同一部件上应用不同的层高度，以减少打印时间，同时保证高质量地完成。

### （8）NanoDLP

NanoDLP 是树脂 3D 打印软件，超越了普通切片软件。它是一个完整的 Web 界面，可以远程监控和控制 3D 打印机，类似于 OctoPrint 的 FDM。NanoDLP 是一体化解决方案，可以通过 RaspberryPi 或 Windows、Linux 或 Mac 操作系统的计算机运行。切片功能包括中空、屏蔽、填充模式和抗混叠支持。然而，对于自定义支持分配，需要 NanoSupport，它也是免费且跨平台的。NanoDLP 可以配置到市场上大多数树脂打印机上，为 Phrozen、Microlay 和 MUVe3D 打印机提供官方支持。

### （9）Formware 3D

Formware 3D 是树脂和喷墨 3D 打印机的高级切片机软件。这款高级软件既不免费也不便宜：个人许可证大约 145 美元，这是目前为止较昂贵的软件。它确实通过提供优质功能来证明价格是合理的，例如网格错误检查、自动定向和地板结构，以利用您的 3D 打印机的整个体积。

### （10）Materialise Magics

Materialise Magics 软件在模型修复、支撑结构生成、布局优化以及仿真功能等方面表现出色，它不仅可以检测和修复 3D 模型中的几何缺陷和错误，如非连通曲面、孔洞和壁厚问题等，它还可以根据用户定义的参数自动生成支撑结构，以支持 3D 打印过程中的复杂几何形状和悬空部分。值得一提的是，Materialise Magics 还集成了 Simufact 的仿真功能。这使得金属 3D 打印操作人员无需在数据准备软件和仿真软件之间来回切换，即可利用仿真结果来修改部件的摆放角度和支撑。这些特点使它在同类软件中脱颖而出，成为一款功能全面、用户友好的 3D 打印和数据准备软件。

这些切片软件各有特色，用户可以根据自己的需求和使用的 3D 打印机类型选择适合的切片软件。同时，随着 3D 打印技术的不断发展，新的切片软件也在不断涌现，因此建议保持关注以获取最新的软件信息。

### 4.1.4 3D 打印工艺参数窗口

相比传统工艺，3D 打印技术拥有更好的灵活性和更高的效率，但是 3D 打印的实物制品有时存在质量欠佳的情况。3D 打印工作过程需要根据不同的材料，设置不同的工艺参数，如分层厚度、喷嘴直径，扫描速度、挤出速度、填充速度、喷嘴温度、理想轮廓线的补偿量、延迟时间、填充结构和填充百分比、边界层数等。特别是熔融沉积成型 3D 打印技术，对于相关工艺参数的设置更为严格，工艺参数的设置将直接影响成品的质量、精度和力学性能。3D 打印技术在面对不同要求的情况下，改变工艺参数来达到更高的成型精度以符合打印需求的灵活性。以 Simplify 软件参数调整界面为例，如图 4-6 所示，①为设置材料和打印质量的窗口；②为设置填充率的窗口；③为设置喷嘴直径的窗口，其余参数设置这里就不过多展示了，下面对需主要调整的工艺参数特点做详细介绍。

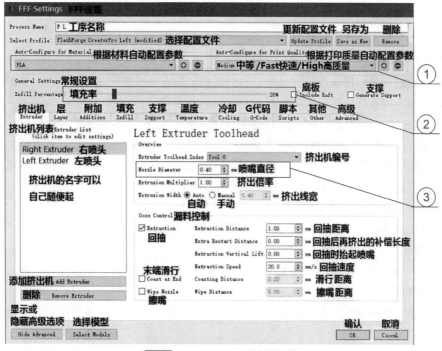

图 4-6　Simplify 软件参数调整界面

①　分层厚度　分层厚度是指将三维数据模型进行切片时层与层之间的高度，也是 FDM 系统在堆积填充实体时每层的厚度。设置时必须尽可能与实际情况相符。通常情况下，它略小于喷头口的直径，并且具有多样化的设置选项。分层厚度较大时，原型表面会有明显的"台阶"，影响原型的表面质量和精度；分层厚度较小时，原型精度会较高，但需要加工的层数增多，成型时间也就较长。例如，可以设定第一层和其他层的高度不同。这是因为第一层具有特殊性，直接在工作平台上铺设可能会引发问题，而其他层则是在已有材料上进行铺设。

②　喷嘴直径　喷嘴直径直接影响喷丝的粗细，一般喷丝越细，原型精度越高，但每层的加工路径会更密更长，成型时间也就越长。工艺过程中为了保证上下两层能够牢固地黏结，一般分层厚度需要小于喷嘴直径，例如喷嘴直径为 0.15mm，分层厚度取 0.1mm。

③　扫描速度　扫描速度指打印喷头在底板上水平移动的速度。喷头的运动速度实际上是个

比较复杂的参数，喷头的运动方式有多种，包括喷材料时的速度、仅移动喷嘴而不喷材料时的移动速度，以及在进行飞线操作时的运动速度（即在打印空心区域，例如制作空心盒子顶部）。可以进行调整以确保在打印首层时采用与其他层不同的速度（考虑首层打印的重要性）。设定过高的速度可能导致电机的响应性不足，使打印的层间黏结不牢固。相反，若速度设定太低，则可能会浪费时间。通常，3D打印机制造商提供了在同时喷材料和移动时的建议速度值。如果使用此值进行打印时发现层间黏结问题，且喷头高度适当，可能需要适度降低建议速度。至于其他速度参数，软件内部会生成相应的算法。在需要调整其他速度时，需在软件中进行相应修改。

④ 挤出速度　挤出速度是指喷丝在送丝机构的作用下，从喷嘴中挤出时的速度。挤出速度及扫描速度共同决定挤出丝线在底板上的沉积宽度及表面质量。如果挤出速度相对扫描速度过小，挤出的丝材不足以形成足够宽的沉积丝线，沉积丝线会被拉长甚至断裂，导致与底板或已堆积层的黏结强度不够，成型件容易出现翘曲状态，且强度较低。同时较低的挤出速度会导致熔腔压力过低，并伴随熔体内部出现气孔等缺陷；如果挤出速度较扫描速度过大，会导致喷嘴挤出的材料不能及时铺开，堆积多余的材料在沉积丝线上，影响成型精度，甚至造成喷头的堵塞，同时过高的挤出速度会造成熔池内的材料得不到充分的加热熔化就被挤出，使挤出困难。因此需要确保挤出速度与扫描速度在一个合适的比例区间内。一般来说，打印机选择合适的挤出速度后，通过调整扫描速度来获得合格的单丝精度及成型质量，因此，材料的挤出速度与扫描速度之间存在相互耦合的关系。

⑤ 填充速度　填充速度是指打印头在运动机构的作用下，按轮廓路径和填充路径运动时的速度。在保证运动机构运行平稳的前提下，填充速度越快，成型时间越短，效率越高。另外，为了保证连续平稳地出丝，需要将挤出速度和填充速度进行合理匹配，使喷丝从喷嘴挤出时的体积等于黏结时的体积（此时还需要考虑材料的收缩率）。如果填充速度与挤出速度匹配后出丝太慢，则材料填充不足，出现断丝现象，难以成型；相反，填充速度与挤出速度匹配后出丝太快，熔丝堆积在喷头上，使成型面材料分布不均匀，影响造型质量。

⑥ 喷嘴温度　喷嘴温度是指系统工作时将喷嘴加热到的一定温度。环境温度是指系统工作时原型周围环境的温度，通常是指工作室的温度。喷嘴温度应在一定的范围内选择，使挤出的丝呈黏强性流体状态，即保持材料黏性系数在一个适用的范围内。环境温度则会影响成型零件的热应力大小，影响原型的表面质量。不同材料有不同的熔点温度，所以需要根据材料的特性来调整喷嘴温度。

⑦ 理想轮廓线的补偿量　在增材制造成型过程中，由于喷丝具有一定的宽度，造成填充轮廓路径时的实际轮线超出理想轮廓线一些区域，因此，需要在生成轮廓路径时对理想轮线进行补偿。该补偿值称为理想轮廓线的补偿量，它应当是挤出丝宽度的一半。而工艺过程中挤出丝的形状、尺寸受到喷嘴孔直径、分层厚度、挤出速度、填充速度、喷嘴温度、成型室温度、材料黏性系数及材料收缩率等诸多因素的影响，因此，挤出丝的宽度并不是一个固定值，从而，理想轮廓线的补偿量需要根据实际情况进行设置调节，其补偿量设置正确与否，直接影响原型制件尺寸精度和几何精度。

⑧ 延迟时间　延迟时间包括出丝延迟时间和断丝延迟时间。当送丝机构开始送丝时，不会立即出丝，而有一定的滞后，把这段滞后时间称为出丝延迟时间。同样当送丝机构停止送丝时，喷嘴也不会立即断丝，把这段滞后时间称为断丝延迟时间。在工艺过程中，需要合理地设置延迟时间参数，否则会出现拉丝太细、黏结不牢或未能黏结，甚至断丝、缺丝的现象；或者出现

堆丝、积瘤等现象，严重影响原型的质量和精度。

⑨ 填充结构和填充百分比　填充结构和填充百分比是影响 3D 打印材料力学性能、生产效率和产品质量的重要因素，所以填充结构的设计是工艺参数调整的重要部分，应根据模型的形状和结构合理确定支撑点的密度和位置，以提供足够的支撑力和稳定性。如图 4-7 所示是增材制造部分填充结构的示意图。在选择合适的填充结构时，需要考虑模型结构的复杂性、应用场景的具体要求、成型速度以及材料消耗等因素。

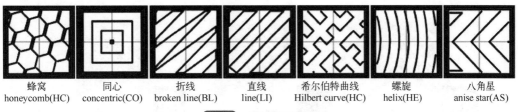

蜂窝　　　同心　　　折线　　　直线　　希尔伯特曲线　　螺旋　　　八角星
honeycomb(HC)　concentric(CO)　broken line(BL)　line(LI)　Hilbert curve(HC)　helix(HE)　anise star(AS)

图 4-7　填充结构示意图

这些不同的填充结构在 3D 打印制品中表现出不同的层特性。例如，蜂窝型填充的每一层图案形成正六边形结构，使其在垂直方向上具有优秀的抗拉压强度。同心和螺旋结构类似于树木的年轮，展现出正交各向异性的特性，直线和折线结构具有横观各向同性的取向特征。此外，还有许多优秀的创新填充方式，如图 4-8 所示，在填充晶格结构元素内部进行内核扩展，赋予模型新的数据特征，即在"细胞里添加细胞"，是一种基于晶格的二次几何扩展方法。

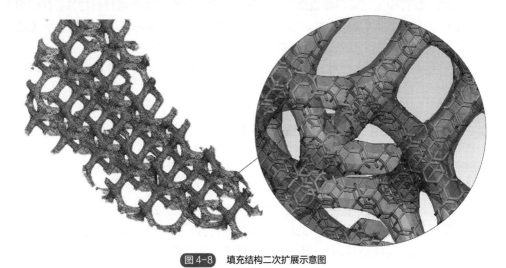

图 4-8　填充结构二次扩展示意图

这种填充结构优化能更好地体现模型的受力传递路径，改善了晶格模型的力学性能，减少打印件的填充体积与重量。

如图 4-9 所示，填充百分比指的是在创建实心物体时，内部填充的形状和材料占据整体体积的百分比。

随着填充度的增加，3D 打印制品的力学性能逐渐增强，但性能增强的幅度逐渐减小，在高填充度下，打印制品的力学性能受支撑结构的影响较小。因此，在满足使用条件和安全要求的前提下，可以根据设计需求和强度校核数据，选择合适的支撑结构和填充度，优化工艺参数，以确定合适的支撑结构和填充比例，从而打印出具有良好力学性能且质量最小的制品模型。

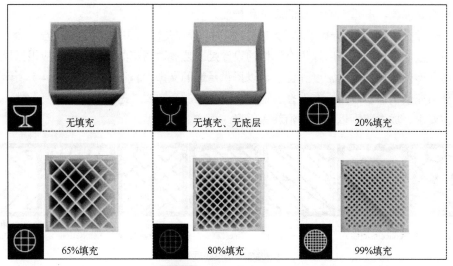

图 4-9　填充百分比示意图

⑩ 边界层数　设定填充百分比参数后，确定边界层数。这些边界层被用来包裹填充结构，类似于包裹蜂窝外壳一样，以环绕实心物体形成填充。透过增加外壳层数，可以增强打印零件的强度。另外，还可以调整其他参数，以精确控制 3D 打印机生成 G 代码的方式，甚至在生成 G 代码后添加自定义的 G 代码，例如在打印完成后维持加热板的温度以便进行后续工作。

总的来说，3D 打印工艺窗口参数众多，调整这些参数需要综合考虑材料特性、打印需求以及打印设备的性能，以达到最佳的打印效果，特定材料的调优需要考虑其熔融温度、流动性以及层间附着力等特性。例如，对于热塑性材料，可以适当调高打印温度以提高层间黏结强度；对于复合材料，可以适当加大喷嘴直径以保证流动性。一般市面上的机器都有针对不同材料的打印工艺包和必要参数设置。

## 4.1.5　切片软件常用 G-code 编码解析

### （1）G 代码是什么

G 代码是一种计算机数字控制（CNC）语言，通常用于控制 3D 打印机，是 3D 打印过程中不可或缺的重要参数之一，作为控制 3D 打印设备的语言，其编译过程决定了产品质量和打印速度等方面的表现。在实际应用中，用户通常需要根据自己的需求，调整 G 代码参数，以达到最优效果。

G 代码在 3D 打印中使用的两种命令为"通用"和"杂项"命令。一般通用命令行负责 3D 打印机中的运动类型，用字母"G"来标识，就像在 G 命令中一样。除了控制打印头的三轴运动外，它们还负责挤出长丝。杂项命令指示机器执行非几何任务。在 3D 打印中，这些任务包括喷嘴和床的加热命令、风扇控制，以及许多其他任务，用字母"M"标识。

### （2）G 代码语法

每个 G 代码命令行都遵循特定的语法。任何给定行的第一个参数是命令代码本身。正如我们所看到的，它可以是"G"或"M"代码类型，后面跟着标识命令的数字。例如，"G0"对应线性移动命令。接下来是更准确地定义命令的参数。对于 G0 线性移动，这些参数包括最终位置和移动速度，也由大写字母标识，每个命令都有自己的一组参数。

### （3）G 代码释义

① G0 & G1：线性运动　G0 和 G1 命令都执行线性移动。按照惯例，G0 用于初始和移动等非挤压运动，而 G1 包含所有挤压线性运动。不过，这两个命令的功能是相同的。G0 或 G1 的参数包括所有 X、Y 和 Z 轴的最终位置，移动过程中要执行的挤压量，以及由设定单位中的进给速率指定的速度。

例 4-1：G1 X90 Y50 Z0.5 F3000 E1 告诉打印机以 3000mm/min 的进料速度（F）向最终坐标 X=90mm，Y=50mm，Z=0.5mm 直线移动（G1），同时在挤出机中挤出（E）1mm 的材料。大多数线性移动都是在单个图层中执行的，这意味着 Z 坐标通常从命令行中省略。

② G90 & G91：绝对和相对定位　G90 和 G91 命令告诉机器如何解释用于运动的坐标。G90 建立的是"绝对定位"，这通常是默认的，而 G91 建立的是"相对定位"。这两个命令都不需要任何参数，设置一个会自动取消另一个。定位的工作方式非常简单。

例 4-2：假设将打印头移动到一行中的 X=30 处。在绝对定位模式下，它看起来像这样：

G90；设置绝对定位

G0 x30；移动到 X=30 坐标

这行代码是：*G90 g0 x30*

这个简单的移动将告诉打印机移动打印头，使其位于 X=30 的位置。现在，对于相对定位移动，我们需要知道打印头当前的位置。假设 X=10：

G91；设置相对定位

G0 x20；沿 x 轴移动+20mm

这行代码是：*G91 g0 x20*

G91 首先告诉机器将坐标解释为相对于当前位置（X=10），知道了这一点，机器只需要在 X 轴正方向上移动 20mm，从而达到我们想要的 X=30。

③ M104，M109，M140，& M190：设定温度　这些是基本的杂项命令，同样不涉及任何动作。首先，M104 命令设置热端达到的目标温度，并保持该温度，直到另有指示。其中一些参数包括实际温度值（S）和需要加热的打印头（T）（用于多个挤出设置）。

例 4-3：M104 s210；将热端目标温度设置为 210℃。这个命令行指示机器将热端加热到 210℃，并假设在这个挤出设置中只有一个热端。设定目标温度后，打印机将在加热热端时继续执行下一个命令行。或者，如果我们想等到目标到达后再移动到下一行，我们可以使用 M109 命令。

M109 s210；将热端目标温度设置为 210℃。

在达到目标温度之前不做任何事情，设置床床温度与热端非常相似，但使用的是 M140 和 M190 命令：

M140 s110；将床的目标温度设置为 110℃。

M190 s110；将床上的目标温度设定为 110℉，在达到目标温度之前不要做任何事情。

### （4）3D 打印常见的 G-code 参数

下面再介绍一些常用的 G-code 编码解析：

① 温度参数（M104 和 M109）：控制打印头和热床的温度。

② 层高参数（M907 和 G1 Z）：控制每一层的高度和将打印头移动到新层的位置。

③ 打印速度参数（G0 和 G1）：控制打印头的移动速度。

④ 坐标参数（G0 和 G1）：控制打印头的移动位置。

⑤ 挤出量参数（M83 和 G1 E）：控制材料的挤出量。

⑥ 自动挤出参数（M107 和 M106）：控制打印头周围的风扇的自动开关。

⑦ 文件选择参数（M23 和 M632）：选择要打印的文件。

⑧ 软件限位参数（M208 和 G1 X/Y）：限制打印头的移动范围。

⑨ 自动级调参数（G29 和 M420）：自动调整打印底座的高度。

⑩ 复位参数（M502 和 M501）：将 3D 打印机的设置恢复到默认值。

### （5）校徽打印 G 代码案例展示

如图 4-10 所示，校徽模型和部分打印 G 代码展示，每个 G-code 语句都具有一定的含义，同时为了保证正常运行，这些语句需要按照预定顺序进行编译。在进行编译时，需要注意以下几个方面：

```
; EXECUTABLE_BLOCK_START
M73 P0 R37
M201 X20000 Y20000 Z500 E5000
M203 X500 Y500 Z20 E30
M204 P20000 R5000 T20000
M205 X9.00 Y9.00 Z3.00 E2.50
M106 S0
M106 P2 S0
; FEATURE: Custom
;===== machine: P1S =====================
;===== date: 20231107 ====================
;===== turn on the HB fan & MC board fan =======
M104 S75 ;set extruder temp to turn on the HB fan and prevent filament oozing from nozzle
M710 A1 S255 ;turn on MC fan by default(P1S)
;===== reset machine status ================
M290 X40 Y40 Z2.6666666
G91
M17 Z0.4 ; lower the z-motor current
G380 S2 Z30 F300 ; G380 is same as G38; lower the hotbed , to prevent the nozzle is below the hotbed
G380 S2 Z-25 F300 ;
G1 Z5 F300;
G90
M17 X1.2 Y1.2 Z0.75 ; reset motor current to default
M960 S5 P1 ; turn on logo lamp
G90
M220 S100 ;Reset Feedrate
M221 S100 ;Reset Flowrate
M73.2  R1.0 ;Reset left time magnitude
M1002 set_gcode_claim_speed_level : 5
M221 X0 Y0 Z0 ; turn off soft endstop to prevent protential logic problem
G29.1 Z0 ; clear z-trim value first
M204 S10000 ; init ACC set to 10m/s^2
```

扫码获得完整校徽
G 代码

**图 4-10** 校徽模型和部分打印 G 代码展示

① G-code 语句先后顺序　在编译过程中，G-code 语句的先后顺序决定了打印机的操作顺序，如果某些语句的顺序出现错误，就可能导致打印质量低下或者完全无法正常运行。

② 参数设置　在预设参数和实际打印中，可能需要进行调整和修改，以适应不同的材料和打印要求。

③ 实际运行　对于实际的 3D 打印，用户需要在电脑端通过软件来完成 G-code 编译，将编译后的 G-code 传输到打印机上，并通过机器的 LCD 面板来确认是否一切正常，才能进行打印操作。

G-code 编译是 3D 打印必备的技术之一，同时也是 3D 打印用户必须掌握的技能之一。合理地调整 G-code 参数，不仅能够提高打印效率，还能够提升打印质量。因此，用户在编写 G-code 的过程中，要了解这些参数的含义和作用，并根据实际情况进行调整和修改，以达到最好的效果。

## 4.2　机器调试（硬件）

任何一台机器都有自己的"脾气"。一台机器对于一个工人，就如一杆枪对于一个士兵一样。一个优秀的狙击手能做到枪人合一的前提是充分地了解手中这把枪。枪也是机器，虽然这些枪有着同样的型号，但是细节不会一模一样。对于追求精度的狙击手而言，这些小细节都特别重要。同样，对于 3D 打印机这样追求精度至少应该在零点几毫米以下的机器而言，也需要操作它的人注意各种细节问题。

### 4.2.1　机器硬件控制

3D 打印机其硬件组成复杂，如图 4-11 所示，主要包括如喷头装置、温控装置、XYZ 平台以及上料装置等关键部分。下面将详细介绍这些硬件组件。

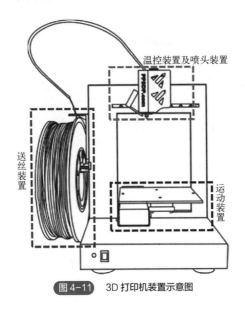

温控装置及喷头装置

送丝装置

运动装置

图 4-11　3D 打印机装置示意图

### （1）喷头装置

喷头装置一般由一个步进电机、一个加热器、一个喷嘴和一个风扇组成。加热器加热喷嘴，步进电机的轴转动，把耗材丝挤出到喷嘴，然后喷嘴把材料粘在热床或上一层材料上，风扇给步进电机散热。

喷头是 3D 打印机中的核心部件之一，负责将熔融的材料（如塑料、金属等）以极细的丝状喷射出来。喷嘴的设计和材料对打印质量有重要影响，喷嘴的直径决定了打印层的厚度和精度。一些高级的 3D 打印机还配备了多个喷嘴，以实现多材料打印或支持不同的打印技术。喷嘴的维护和更换也是 3D 打印机使用过程中需要考虑的重要因素。

### （2）温控装置

温控装置通常包括温度传感器、加热元件和温度控制算法，以确保温度的准确性和稳定性。温控装置用于精确控制打印过程中喷嘴和打印平台的温度，给整个成型过程提供一个恒温的环境，喷嘴需要加热到材料的熔点以上，以确保材料能够顺利挤出。同时，打印平台也需要保持一定的温度，熔融状态的丝挤出成型后如果立即冷却，容易造成翘曲和开裂，适当的环境温度可最大限度地减小这种造型缺陷，提高成型质量和精度。

### （3）运动装置

运动装置通常由高精度的步进电机、导轨和滑块组成，以确保打印头的定位精度和稳定性。

运动装置是 3D 打印机中用于支撑和移动打印头的机构，它能够在 $X$、$Y$、$Z$ 三个方向上精确移动。增材制造不再要求机床进行三轴及三轴以上的联动，大大简化了机床的运动控制，只要能完成二轴联动就可以了。$XY$ 轴的联动扫描完成喷头对截面轮廓的平面扫描，$Z$ 轴则带动工作台实现高度方向的进给。运动装置的移动速度和加速度对打印效率、打印质量都有影响，因此需要进行优化和调整。一些高级的 3D 打印机还采用了闭环控制系统，以进一步提高运动装置的定位精度和动态性能。

### （4）送丝装置

送丝装置通常包括一个丝料卷轴和一个进给机构，丝料卷轴用于存储打印材料，进给机构则负责将材料送入喷嘴。

送丝要求平稳可靠，以确保打印过程的连续进行。原料丝直径一般为 1～2mm，喷嘴直径只有 0.2～0.3mm，这个差别保证了喷头内一定的压力和熔融后的原料能以一定的速度（必须与喷头扫描速度相匹配）被挤出成型。送丝机构和喷头采用推-拉相结合的方式，以保证送丝稳定可靠，避免断丝或积瘤。

送丝机装置的设计需要考虑材料的兼容性和输送效率，以确保打印过程的稳定性和可靠性。一些 3D 打印机还配备了自动换料系统，可以在打印过程中自动更换材料，提高打印的灵活性和效率。

## 4.2.2　打印机成型平台调平

上节提到的 3D 打印机的几大硬件中，需要特别注意的是运动装置里的成型平台，长时间喷头的冲击以及取出打印模型时对平台的碰撞，都会使成型平台发生偏移、倾斜等，若成型平台不平整，模型的打印可能会面临严重问题，导致底部无法顺利成型，进而打印失败。此外，如果成型平台未经调整，打印时模型底部可能变得不平均，平台较低一侧的层面可能相对较薄，导致底面倾斜或底部支撑形成不良，底部或底筏可能会呈现明显的倾斜，对成品的精度产生显著影响。目前大部分机型都带有自动调平的功能，这也导致手动调平技术恰恰成为容易忽略的问题。

在自动调平失效或者调平效果仍不理想的情况下，掌握手动调平技术就尤为重要，本节就详细介绍如何进行手动调平。平台平整度测试步骤如图 4-12 所示。

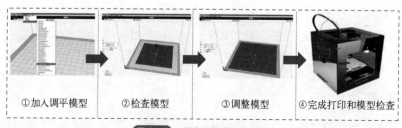

①加入调平模型　　②检查模型　　③调整模型　　④完成打印和模型检查

图 4-12　平台平整度测试步骤

　　① 加入调平模型：本模型使用单层互相连接的 9 个方块，以 Cura 切片软件为例，加入调平模型步骤：扩展→Part for calibration→Add a Bed level Calibration。

　　② 检查模型：检查调入的模型是否正确，方便下一步调整。

　　③ 调整模型：因为每一个打印平台的大小是不一样的，所以要调整这个模型在 XY 轴上的大小，单击"等比例缩放"，拖动 X 轴或者 Y 轴即可调整模型大小，把模型调整到适合打印平台的大小。

　　④ 完成打印和模型检查：调整完毕后关闭"等比例缩放"，把 Z 轴设置回 100%，这个模型实际上只有一层，打印完成之后，观察这 9 个方块与打印平台的粘连及厚度均匀情况，即可判断出打印平台的调平情况。

　　经模型测试后，若打印平台存在不平整的情况，需手动或者打印机自带的自动调平功能进行调平。以太尔时代桌面级打印机为例，进行手动调平。打印平台调平步骤如图 4-13 所示。

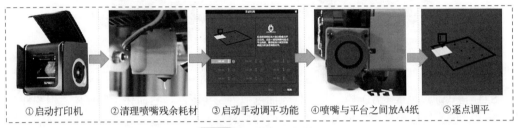

①启动打印机　②清理喷嘴残余耗材　③启动手动调平功能　④喷嘴与平台之间放 A4 纸　⑤逐点调平

图 4-13　打印平台调平步骤

　　① 启动要调平的打印机。

　　② 清理打印平台和喷嘴尖端的残留耗材，否则会影响调平准确性。因为会热胀冷缩，所以打印前先将热床和喷头加热到打印需要的温度，调平时也要预热到打印温度。

　　③ 达到适合预热温度后，点击平台校准→手动校准操作。

　　④ 调第一个角时，用一张 A4 纸，按提示操作，将纸张夹于喷嘴与热床之间。点击升高或降低平台，每次点击平台 Z 轴移动 0.1mm，一边点击一边抽拉纸张，感受 A4 纸摩擦力，有一点点摩擦力即可。

　　⑤ 如图 4-12 所示，共有 9 个调平校准点，从左上角的点开始依次按上述要求校准后，点击确认，即完成校准。

　　一般情况下，上述方法能较好地调平打印平台，不同软件或者不同品牌的打印机调平方法也大同小异，一次完美调平后在很长一段时间都是不需要再次调平的。

# 4.3　3D 打印成型精度控制

## 4.3.1　成型精度影响因素

　　3D 打印成型精度的影响因素有很多，除了 4.1.3 节提到的工艺参数对打印精度的影响外，还有以下一些主要的方面。

### （1）模型数据误差

STL 文件格式由美国 Systems 公司为增材制造技术专门开发，是增材制造行业数据文件的主流文件格式。STL 文件通过将原始的 CAD 三维模型表面进行转换而得到，其特点是由许多三角形面片拼接而成。这就造成了对于一些有弧度的模型的转换，STL 文件模型只是近似于原始 CAD 模型，造成了打印模型与原始模型之间的误差，原始 CAD 模型与 STL 模型对比如图 4-14 所示。

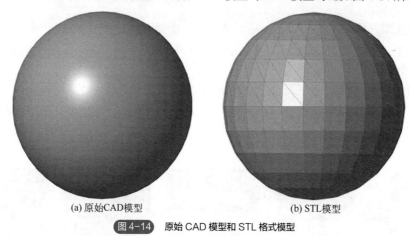

(a) 原始CAD模型　　　　　　　　　　(b) STL模型

图 4-14　原始 CAD 模型和 STL 格式模型

STL 格式通过镶嵌 CAD 模型将零件表面近似为三角形网，它简化了几何体，但零件会失去分辨率，因为镶嵌后只有三角形（而不是曲线）表示其轮廓，这会导致弦误差或缺陷，是原始 CAD 表面和镶嵌模型的相应三角形之间的差异。弦效应引起的主要缺陷是 FDM 零件的尺寸变化。与原始 CAD 模型相比，实际尺寸在不同的位置上变化不均匀，具体取决于零件几何形状，如图 4-15 所示的楼梯形状的切片。一般来说，小尺寸零件和复杂的形状会出现尺寸过大，尺寸精度较低，而大型零件会出现收缩。这个问题的简单解决方案是对外表面进行正偏移。

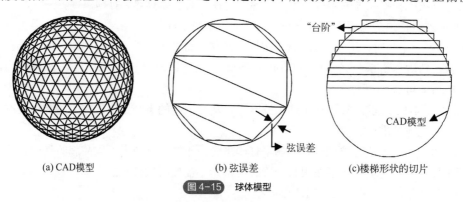

(a) CAD模型　　　　　　　　(b) 弦误差　　　　　　　　(c)楼梯形状的切片

图 4-15　球体模型

在生成 STL 格式文件时，为了平衡模型精度及打印时间，需要对 STL 文件参数进行设置。以 Cero 软件为例，STL 文件设置精度参数有弦高、角度公差及步长三种。弦高指从原始设计的 CAD 模型表面距转化后的 STL 格式文件后表面的最大距离，弦高越小，三角面片越小；角度公差即相邻三角面片的连接角度，角度公差越小，表面越平滑；步长控制三角面片尺寸大小。理论上来说，弦高、角度公差及步长数值越小，模型精度越高。但是实际生产过程中，模型并非精度越高越好，精度越高模型文件越大，过大的模型文件切片、传输时间较多，甚至超出切片软件工作极限而无法切片。当模型精度超过打印机能实现的打印精度极限时，进一步提高模型精度就失去意义，会造成大量数据冗余，徒增切片、传输时间。因此，需要在满足打印需求的前提下，合理设置 STL 文件模型精度。

### （2）切片及模型摆放位置误差

生成 STL 格式的模型文件后，需要对模型进行切片处理，生成每一层打印切片的 G-code 数据。在进行切片的过程中，因为切片层厚的存在，在对有倾斜面或曲面的结构进行切片时，会使用竖直截面为矩形的切片层层堆叠，边缘处使用直角形状来近似模拟真实的曲线形状，这样会造成边缘处细节的丢失，形成"台阶效应"，如图 4-16 所示。

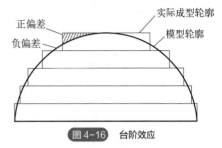

图 4-16 台阶效应

台阶效应中，切片边缘在模型轮廓之外的部分称为正偏差，切片边缘在模型轮廓内的部分称为负偏差。打印过程中可能出现其中一种偏差或两种同时存在。这两种偏差都会造成打印件表面粗糙度的增大及成型精度的下降。

为了提高成型尺寸精度及减小表面粗糙度，可以通过减小层厚的方式使台阶边缘阶梯线逼近模型轮廓。但是过小的层厚会极大地影响打印效率，当层厚超过机器所能达到的最小精度时，进一步减小层厚就失去意义，造成过大的切片文件及数据冗余。因此需要在满足机器的加工精度及打印时间需求的前提下，设置合适的层厚进行打印。

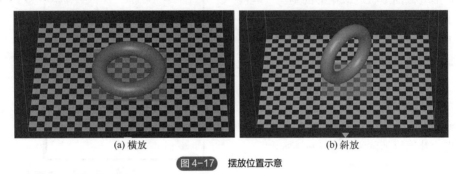

(a) 横放      (b) 斜放

图 4-17 摆放位置示意

在切片过程中，另一个影响成型精度的因素就是沉积成型方向引起的误差，这一误差主要与模型在切片过程中的摆放有关。对于模型轮廓来说，该轮廓成型时的打印路径所涉及的设备移动方向越少，精度越高。一般情况下，XY 平面的移动精度高于 Z 轴方向，打印单丝路径只沿 X 轴方向或只沿 Y 轴方向比同时涉及 X、Y 两个方向的移动路径精度更高。同时模型的摆放需要考虑尽可能减少支撑的存在，模型支撑越多，该面的成型精度越低。如图 4-17 所示，图（a）中模型摆放方式有着与底板最大的接触面积，比图（b）中摆放方式的成型精度更高。

### （3）硬件设备误差

打印机的综合打印精度由移动机构的移动精度、零件的尺寸精度及装配精度综合决定，其中移动机构的移动精度影响最大。对于常规 FDM 打印设备，打印机喷头及底板的移动由驱动电机提供动力，喷头组件及打印平台安装在滑轨或光轴上，由同步带或丝杠传动，这些部件的精度直接影响移动精度。

一般来说，驱动电机使用步进电机，但是步进电机一般为开环控制，且在转速过高、负载过大、频繁启动时容易产生丢步现象。对于较高的运动精度需求，可以选择高细分数的步进电机或采取闭环控制的伺服电机。除移动机构的运动误差之外，成型平台的平整度、水平度也会影响成型精度。成型平台平整度较低时，底层丝材会出现与底板黏结程度不均匀的情况，造成底层受力不均的情况；而底板水平度不足出现倾斜时，打印件会出现底板较高挤出量不足、喷头刮擦底板或已沉积层的现象，而较低一侧则会出现空隙过大，丝材与底板或已沉积层黏结程度不足的问题。这两种情况都会造成 Z 轴方向成型精度的降低，容易出现底层的翘曲现象。所以需要选择平整且与材料黏着性较好的底板，打印前对平台进行校高，确保底板保持光滑平整的水平状态。

### （4）材料收缩误差

对于 PEEK、ABS、PLA 等一系列 FDM 设备常使用的热塑性材料来说，材料在高温熔化后冷却的过程中会发生收缩现象。材料的收缩会同时发生在 X、Y 水平方向及打印层高 Z 方向。材料的收缩会导致成型精度的降低。为减小材料的收缩误差，可以通过以下方式进行改善：在模型生成阶段，对三维模型进行一定的补偿，将设计尺寸按线材收缩量进行补偿；通过分区扫描法对打印区域进行划分，将长的扫描路线分割为几段短的扫描路线，降低成型时的收缩量。

### （5）实际丝材挤出宽度误差

丝材经过熔腔熔化后，由打印机喷嘴挤出，挤出的材料是经喷嘴与打印底板或已堆积层的挤压后，形成截面形状近似矩形的扁丝，丝线的宽度受到层高、挤出速度及扫描速度的综合影响。但是对于切片后的打印模型来说，其走线路径是一维的，路径宽度默认为零。这就造成了在打印模型边界时，实际挤出的丝材边界会超出设计边界半个丝宽，其效果如图 4-18 所示。丝材挤出宽度带来的误差可以通过在 CAD 模型中进行补偿以消除误差。

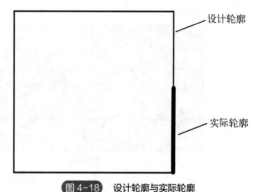

图 4-18　设计轮廓与实际轮廓

## 4.3.2　打印精度测试

打印精度测试是评估打印设备性能的有效手段。通过测试，可以了解设备在不同参数设置下的表现，从而找到最佳的打印条件，提高打印效率和质量。

具体来说，如果 3D 打印模型的精度不够，可能会导致产品尺寸偏差、装配困难等问题，具体打印测试的步骤如图 4-19 所示。

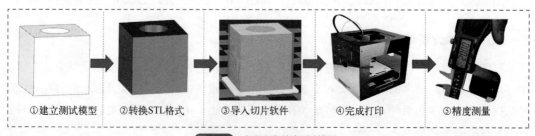

①建立测试模型　②转换STL格式　③导入切片软件　④完成打印　⑤精度测量

图 4-19　初级打印精度测试模型

① 建立测试模型　模型使用标准的 20mm×20mm 中间有掏空圆柱的立方体模型，掏空圆柱的直径为 10mm。

② 输出为可供打印的 STL 或其他格式。

③ 此处以 Cura 切片软件为例，设置打印参数。

④ 完成打印并取出模型。

⑤ 利用卡尺等高精度测量设备确认是否达到预期的尺寸，例如测量后尺寸显示 19.9mm，则表示该打印机的打印精度可以控制在 0.1mm 之内。

更进阶的精度测试模型，可以更直观地测试打印精度，精度测试模型如图 4-20 所示。

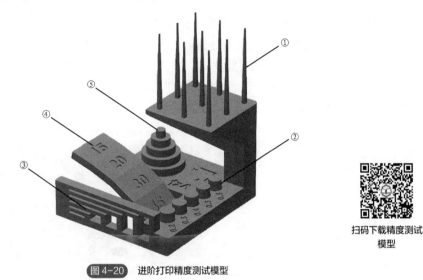

扫码下载精度测试
模型

图 4-20　进阶打印精度测试模型

图 4-19 中，①测试打印微小模型的细节情况；②测试打印缝隙情况，模型里面的圆柱体跟模型实际上是分开的，它们之间是有缝隙的，从 0.2mm 到 0.5mm，打印完成之后，如果圆柱体能够轻松地进出，那就代表打印机的打印缝隙精度还不错，它的切片也不需要额外的脚本，只需要使用默认的打印参数去打印即可；③测试廊桥的打印精度；④测试不同倾斜角度下的打印精度；⑤测试不同直径的圆柱打印精度。

## 4.4　模型打印实战

本节以温度塔模型打印为例详细介绍打印流程,温度塔模型打印实例不仅能使读者熟悉 3D 打印的流程，还能深入了解打印温度对模型质量的影响。对于 FDM 设备，其使用的热塑性丝材都有一个最佳打印温度。因为不同品牌丝材及打印设备的差异性，无法直接按照一个固定的最佳打印温度进行设置，丝材厂家一般只会给出该丝材的打印温度范围。因此当打印设备初次使用某品牌的打印耗材时，需要确定该设备使用这款耗材时的最佳打印温度。常规方法是使用多个打印温度重复打印同一个模型，对比不同温度下的打印效果得出最佳打印温度。本应用实例使用温度塔模型，根据厂家提供的温度范围，通过编辑 G-code 在模型中设置多个打印温度，在一次打印中完成所有温度对比模块的打印。

① 打印模块：本模型使用多个温度模块，单个温度模块如图 4-21 所示。左侧数字表示该

模块对应的打印温度，中间悬桥及右侧 45°倾角结构用于考察过桥及悬空打印效果。模型高 5mm。打印模型由 Creo/SolidWorks 等三维建模软件进行绘制。

图 4-21　温度塔模型

② 切片软件：Ultimaker Cura 软件（5.3.1 版本）。

③ 切片步骤：载入需要测试的对应温度模块。本实例以 180℃、185℃、190℃三个温度为例。载入三个温度模块后，通过移动功能中 X、Y、Z 三个坐标值栏进行设置，通过旋转功能将不同朝向的打印模块进行旋转，将三个温度模块由低到高依次堆叠。此步骤需要确保如下设置：偏好设置 →配置 Cura→基本→取消勾选自动下降模型到打印平台。偏好设置及操作过程如图 4-22 所示。

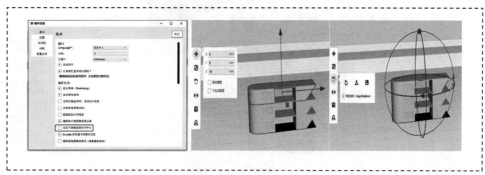

图 4-22　偏好设置与操作过程

④ 设置打印件基础参数：层厚 0.2mm，挤出温度 180℃，平台温度 70℃，填充率 100%，打印速度 50mm/s。

⑤ 设置不同模块的打印温度。

方法一：如图 4-23 所示，点击扩展→后期处理→修改 G-code 选项。

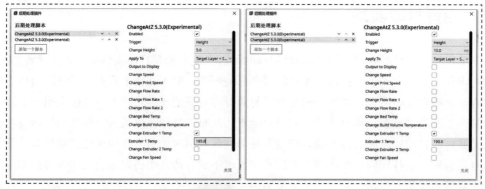

图 4-23　温度设置

点击添加一个脚本——ChangeAtZ 脚本，Trigger 选择 Height（高度），Change Height 设置

为第二个温度模块的起始打印高度即 5mm，Apply to 选择 Target Layer+Subsequent Layers（从起始层到后续指定层），勾选 Change Extruder 1 Temp，在 Extruder 1 Temp 中设置第二个温度模块指定温度 185℃。重复此步骤，添加第二个脚本，设定第三个温度模块的温度，Change Height 起始高度为 10mm，Extruder 1 Temp 温度为 190℃。设置完毕后点击保存至磁盘选项。

　　方法二：如图 4-24 所示，点击保存至磁盘选项，存为 G-code 格式，使用记事本软件打开代码文件，找到第一个温度模块的结束层，即;LAYER：23，在;MESH：NONMESH 行后添加"M104 S185"命令，此命令意为从第 23 层打印结束后，将喷头温度升为 185℃；找到第二个温度模块的结束层，即;LAYER：48，在;MESH：NONMESH 行后添加"M104 S190"命令，将第三个温度模块的打印温度设为 190℃。设置完毕后保存 G-code 文件。

```
G1 F1500 E460.7587              G1 F1500 E918.25852
;MESH:NONMESH                   ;MESH:NONMESH
M104 S185                       M104 S190
G0 F600 X219.799 Y221.6 Z5      G0 F600 X219.799 Y221.6 Z10
G0 F7200 X216.027 Y220.62       G0 F7200 X216.027 Y220.62
G0 X216.027 Y219                G0 X216.027 Y219
;TIME_ELAPSED:614.803541        ;TIME_ELAPSED:1242.389527
;LAYER:24                       ;LAYER:49
```

图 4-24　G-code

⑥ 选择保存的文件进行打印即可。

每次完成打印工作后还需进行分析与总结，根据分析数据结果，调整切片软件中的打印参数，以便在未来的打印任务中获得更好的打印效果。同时汲取这次打印过程中的经验教训，以便在以后的打印中避免犯同样的错误。

## 本章小结

- 3D 打印设备包括软件和硬件两个部分。软件部分主要负责处理和转换设计数据，将其转化为 3D 打印设备可以理解的指令，同时监控和控制打印过程。硬件部分则包括各种精密的机械系统和电子控制系统，以及打印材料，它们共同协作将设计转化为实际的物体。
- 可使用的软件有多种，包括 Printrun、OctoPrint、Slic3r、Prusa Slicer 以及 Replicatorg 等。
- 如果成型平台未经调整，打印时模型底部可能变得不平均，平台较低一侧的层面可能相对较薄，导致底面倾斜或底部支撑形成不良，增加了打印失败的可能性。
- 3D 打印机需要测试打印精度的原因有确保产品质量；确定适用领域；优化参数设置；验证 3D 模型的准确性。
- 成型精度受模型数据误差、切片及模型摆放位置误差、硬件设备误差、材料收缩误差、实际丝材挤出宽度误差等因素的影响。

## 思考与练习

### 一、简答题

1. 简述 Cura 切片软件的主要功能及其特点，并说明它在 3D 打印流程中的作用。

2．使用切片软件时，哪些参数对打印质量和效率具有重要影响？请举例说明如何调整这些参数以优化打印效果。

3．描述 3D 打印机硬件控制的基本步骤，包括电源管理、温度控制等。

4．说明打印机成型平台调平的重要性，并介绍一种有效的调平方法。

5．描述打印精度测试的具体步骤，并解释如何通过测试结果来评估打印机的性能。

6．简述增材制造过程中常见的几个关键工艺参数，并说明它们对打印过程的影响。

二、分析题

1．比较 Cura 和 Simplify 两款切片软件，分析它们的异同点，并讨论在不同应用场景下如何选择合适的切片软件。

2．假设 3D 打印机出现打印模型倾斜问题，请从机器调试的角度分析可能的原因，并提出相应的解决方案。

3．分析影响打印模型质量的因素，并提出提高打印模型质量的措施。

4．在 3D 打印中，层厚对打印质量和时间的影响是什么？请解释如何在保证打印质量的前提下，优化层高设置以缩短打印时间。

5．填充率是如何影响 3D 打印物体的强度和材料使用的？如果需要在保证强度的同时减少材料消耗，该如何调整填充率参数？

6．在打印过程中，支撑结构的作用是什么？请分析哪些情况下需要添加支撑结构，并讨论如何优化支撑结构的设置以减少打印时间和材料消耗。

7．打印速度如何影响 3D 打印的效率和质量？请讨论在何种情况下需要调整打印速度，并说明调整打印速度可能带来的利弊。

8．温度是 3D 打印过程中的一个重要参数，说明不同材料对打印温度的要求，并讨论如何根据材料的特性合理设置打印温度，以确保打印质量。

弹簧在加工后具有一定的拉伸强度，应选择何种成型方向（题图 4-1）？

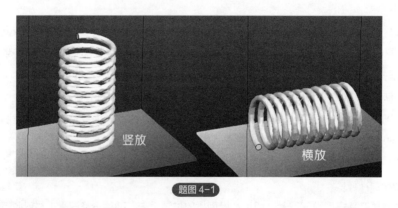

题图 4-1

## 拓展阅读

**书籍拓展阅读**

1．推荐书籍：《精通 3D 打印：从设计到制造》

作者：斯科特·霍瓦特（Scott Hovat）

描述：本书详细讲解了 3D 打印的完整流程，包括切片软件的使用、机器调试、模型打印和后处理。书中还介绍了如何选择合适的打印材料和设备，以及如何优化打印设置以获得最佳打印效果。

2．推荐书籍：《Cura 3D 打印切片软件实用指南》

简介：本书详细介绍了 Cura 软件的功能和操作，包括模型导入、切片设置、打印参数调整等。通过实例演示，帮助读者快速掌握 Cura 软件的使用技巧，提高 3D 打印效率。

3．推荐书籍：《Simplify 3D 打印软件入门与进阶》

简介：本书从 Simplify 软件的基本操作开始，逐步深入讲解高级功能和应用技巧。内容涵盖了切片设置、支撑结构添加、打印参数优化等方面，旨在帮助读者全面掌握 Simplify 软件的使用方法。

4．推荐书籍：《金属 3D 打印技术及应用》

简介：本书详细介绍了金属 3D 打印技术的原理、工艺参数控制以及实际应用案例。通过对不同金属材料的打印特性进行分析，提供了针对不同应用场景的工艺参数优化建议。

5．3Dsystems projet 5000 软件操作技巧：建议直接参考官方文档、用户手册或在线教程来学习该软件的使用方法和技巧。

扫码获取本书资源

# 第 5 章

## 增材制造后处理及经验总结

 思维导图

扫码获取本书资源

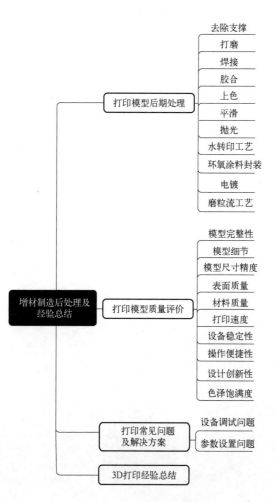

## 案例导入

打印完成不代表打印工作结束，一件完美的打印件，必须经过后处理工艺，如图 5-0 所示。后处理都有哪些方法？如何评价打印模型的质量？增材制造领域的先驱者们给我们留下了哪些宝贵的经验呢？

图 5-0　3D 打印地理模型上色处理

## 学习目标

**认知目标**
- 掌握增材制造后处理的基本技巧，学习如何妥善保存和处理 3D 打印产品，包括防潮、防晒、避免杂质污染等，以确保打印过程的顺利进行。
- 掌握模型打印效果的评估方法，理解不同材料对打印精度、表面质量、后处理等的影响，以便在设计阶段就考虑材料的限制和优势。
- 识别并理解常见的 3D 打印问题，了解层间粘连、模型翘曲、表面粗糙等常见问题及其成因，以便在打印过程中及时发现并处理。
- 掌握问题诊断与解决的基本方法，学会通过调整打印参数、优化模型设计、改进材料处理等方式解决常见问题，提高打印成功率。

**能力目标**
- 培养解决复杂打印问题的能力，通过案例分析和实践经验积累，提升解决复杂打印问题的能力和水平，为应对未来可能出现的挑战做好准备。

**素养目标**
- 培养学生团队合作精神和自主学习能力，学会将所学知识应用于实际工作中，不断总结经验教训，提高解决问题的能力。

## 5.1　打印模型后期处理

后期处理是 3D 打印过程中非常重要的工艺，有时甚至比打印机性能还重要。相对于优化提升 3D 打印机质量，后期处理更为实惠、高效、靠谱。

## 5.1.1 去除支撑

如图 5-1 所示的塑料模型，支撑去除是后处理的
最基本形式。通常移除支撑不需要太多工作量，除非
在狭窄的角落或其他难以到达的地方有支撑。根据它
们的构成，支撑物可以是不溶性或可溶性的。不溶性
支撑物与打印件的材料相同。带有单个挤出机的 FDM
3D 打印机只能使用这种类型的支撑件，因为零件及其
支撑件将使用同一个线轴进行打印。去除不溶性支撑
物的方法通常是用手指折断它们或用钳子剪断它们。

图 5-1　模型支撑（灰色部分）

如果使用双挤出机 3D 打印机，可使用可溶性支撑。虽然在难以触及的地方去除不溶性支
撑物可能非常棘手，但可溶性支撑物只需将部件浸泡在水或其他液体中即可溶解，几乎不会留
下痕迹或残留物。

两种常见的可溶性支撑材料是 HIPS 和 PVA。HIPS 与 ABS 一起使用，可溶于 D-柠檬烯，
而 PVA 非常适合与 PLA 一起使用，可溶于水。

去除支撑存在优缺点。优点：比较容易上手；不需要太多设备；可溶性支撑提供更大的设
计灵活性。缺点：即使小心移除，也会留下痕迹；虽然有时在结构上是必要的，但支撑并不能
改善零件的外观或特性。

## 5.1.2 打磨

除了去除支撑外，打磨也是常见的后处理
形式。如图 5-2 所示，通常 FDM 3D 打印的表
面可能会有些粗糙，打磨是最简单的平滑方法。

打印后，零件表面可能会留下一些斑点，
或者在移除支撑后可能会留下一些痕迹。去除
这些瑕疵的理想方法是使用砂纸。最好从低粒
度砂纸（150～400 目❶）开始，然后在几个打
磨阶段转向更高粒度的砂纸（最高 2000 目）。

图 5-2　打磨处理

打磨的关键技巧是湿打磨和圆周运动。当打磨零件时，砂纸和表面之间的摩擦会产生热量，
这可能会对打印的精细特征产生负面影响，尤其是热敏细丝。为避免这种情况，可在打磨前弄
湿零件以吸收多余的热量。

对于 FDM 零件，台阶现象很容易看到，以圆周运动打磨零件很重要。如果将零件平行或
垂直于图层打磨，可能会破坏零件的视觉外观。

对于金属打印件的打磨要根据打印件的材质和所需的表面光洁度要选择合适的打磨工具，
如砂纸、砂轮、打磨笔等。

打磨存在优缺点。优点：适合接下来的抛光或喷漆工作；很好地抚平表面；所有 FDM 材
料都可以打磨。缺点：比较耗时；很难在小特征和细节上执行；会影响尺寸精度。

---

❶ 目，砂纸粒度单位，通常指一组砂粒所占的单位长度内磨料颗粒的个数。

### 5.1.3　焊接

如图 5-3 所示，使用 ABS 材料 3D 打印大型物体，
但 3D 打印机的构建体积太小，焊接是完美解决方案。
在这种情况下，焊接与金属没有任何关系。在 FDM 3D
打印中，焊接是指使用丙酮连接 ABS 零件。丙酮具有
溶解 ABS 的能力，因此可以使用丙酮或氯甲烷等有机
溶剂来连接 ABS 零件。

图 5-3　焊接模型

这个过程相当简单，在要"黏合"的部分上涂抹
一点丙酮，稍微溶解塑料，然后将另一部分连接到溶解的边缘以将它们焊接在一起。

焊接存在优缺点。优点：比其他连接方法更强；便宜；所需技能水平低。缺点：使用丙酮
过多会损坏整个零件；焊缝的强度不如零件的其余部分；只有 ABS 可以用丙酮焊接。

### 5.1.4　胶合

如图 5-4 所示，虽然焊接是合并多个 3D 打
印部件的好方法，但只有用 ABS 打印的部件才
适用，用其他材料制成的 3D 打印件仍然可以通
过胶合来连接。与焊接类似，胶合通常用于由于
打印机的尺寸限制而无法单件打印的情况。例如
PLA 和 PETG 是可以使用强力胶等黏合剂或
3DGloop 等定制产品轻松黏合在一起的材料。

图 5-4　黏结模型

胶合存在优缺点。优点：适用于普通耗材
（PLA、PETG）；便宜；不费时间。缺点：不如焊接强；零件在黏合点较弱；可能很乱。

### 5.1.5　上色

如图 5-5 所示，底漆（上色）是一种后处理技术，
用于准备绘画的表面。它只是意味着用底漆或底漆喷
涂零件，作为稍后将要应用油漆的基础层。

在涂抹底漆之前，最好先用低粒度砂纸打磨零件，
然后再用中等粒度砂纸打磨，这会去除层线并平滑表
面。打磨零件后，涂上两层底漆，让它在两者之间尝试。

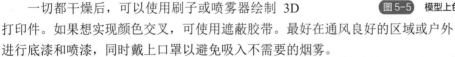

图 5-5　模型上色

一切都干燥后，可以使用刷子或喷雾器绘制 3D
打印件。如果想实现颜色交叉，可使用遮蔽胶带。最好在通风良好的区域或户外
进行底漆和喷漆，同时戴上口罩以避免吸入不需要的烟雾。

扫码获取彩图

上色具有优缺点。优点：增强零件的外观和感觉；提供光滑的表面光洁度；
适用于所有 FDM 材料。缺点：比较耗时；由于需要的设备（油漆、喷雾剂、砂
纸、面具和刷子），成本可能很高；需要一些技巧取得更好的效果。

## 5.1.6　平滑

如图 5-6 所示，平滑是一种流行的后处理技术，尤其是对于 ABS 3D 打印。丙酮具有溶解 ABS 的能力，因此可以抚平零件表面上可见的层线。

最简单的方法是将丙酮倒入一个大容器（可以是塑料的，但建议使用玻璃容器），然后将打印件放在丙酮上方的平台上。关闭容器盖 10～20min，使蒸汽可以溶解部件的外层。若希望蒸汽能够从容器中逸出而不是积聚，如果盖子是密封的，可事先钻几个孔。

图 5-6　平滑处理

如果没有合适的容器，可以用刷子将少量丙酮涂抹在 3D 打印件的表面。但需要注意的是，丙酮高度易燃并可能爆炸，因此在这些操作环节中都应采取适当的防范措施。即使只是吸入烟雾，也可能引起刺激和其他负面影响，所以要始终在通风良好的地方工作，并确保戴好手套和口罩。

至于 PLA，不能用丙酮进行平滑处理，因为它不会溶解 PLA，甚至会使其"黏稠"而破坏整个印刷品。PLA 可以使用 THF 或 MEK 等化学品进行平滑处理，但效果不如丙酮平滑处理 ABS 的好。如果是由 PVB 灯丝制成的 3D 打印件，则可以使用异丙醇进行平滑处理。

平滑处理存在优缺点。优点：表面处理效果好，光滑有光泽；丙酮相对便宜；快速实现表面处理。缺点：丙酮平滑仅适用于 ABS 打印；尺寸精度可能会受到影响；较大的打印件平滑时有翘曲风险。

## 5.1.7　抛光

如图 5-7 所示为抛光处理，这种 3D 打印后处理技术用于实现尽可能光滑的表面。可以使用塑料抛光机和工具来抛光 3D 打印件。

在对零件进行抛光之前，需要对其进行适当的打磨，可用砂纸进行打磨。打磨后，冲洗零件并确保没有残留颗粒。如果使用的是布，将抛光剂涂在打磨过的部分上，然后以圆周运动移动布，直到对结果满意为止。

图 5-7　抛光处理

抛光存在优缺点。优点：产生光滑和镜面般的表面；便宜。缺点：尺寸精度可能会受到影响；需要中等技能水平。

## 5.1.8　水转印工艺

如图 5-8 所示为水转印工艺，水转印工艺可以很容易地应用于塑料或者金属 3D 打印部件，以获得漂亮的外观。水转印也称为水转印成像或水力浸渍，是一种使用特殊水转印纸将印刷图形应用于固体物体的过程。这张纸的一面由 PVA 制成，上面用喷墨打印机打印图形。打印完成后，找一个足够大的容器来容纳零件，然后装满热水，取下纸张的背面，只剩下带有

图 5-8　水转印工艺处理

印刷图形的透明 PVA，小心地将其放入水中并等待 PVA 溶解，以便图形自行漂浮。然后，将零件以 45°角慢慢浸入图形中。可以用一只手握住它，也可以连接一根棍子以便远距离工作。零件完全浸没后，摇晃几次，就可以将完成的零件从容器中拉出。

水力浸渍仅用于增加物体的美感，不会改变手感或任何尺寸特性，但是，可以添加到零件中的图形的可能性是无限的，因此这也是给 3D 打印件上色的最佳方法之一。

水力浸渍存在优缺点。优点：保持尺寸精度；完全的设计自由；适用于所有材料。缺点：纸质可能很昂贵；需要一些尝试来获得执行此技术的感觉；不耐刮擦或其他表面损坏。

## 5.1.9　环氧涂料封装

如图 5-9 所示，环氧树脂涂层可以提高 3D 打印件的强度，也可以密封打印件的多孔部分，并形成一个很好的保护层。环氧树脂涂层需要两种不同的化学物质：环氧树脂本身和硬化剂。

当使用环氧涂料时，需要注意选择硬化剂和树脂的比例必须正确，以便获得良好的效果，否则最终可能会得到永不干燥的涂层。准备好混合物后，就可以将其应用于 3D 打印部件了。

图 5-9　环氧涂料

建议使用泡沫涂抹器或海绵涂抹涂层。完成第一层涂层后，让部件干燥，然后用 1000 目或 2000 目的砂纸打磨。完成后，就可以涂抹第二层（即最后一层）环氧树脂了。

环氧涂层存在优缺点。优点：提高零件强度；添加耐用的保护层。缺点：涂层线不会完全消失。

## 5.1.10　电镀

如图 5-10 所示，电镀是将金属涂层添加到其他金属或具有导电表面的零件的过程。这种后处理技术可以显著提高强度和视觉外观。这个过程可能看起来很复杂，但它并不像看起来那样难操作。

电镀原理是将金属涂层从一种金属转移到另一种金属（或具有导电表面的零件）。化学上称为电解的过程，电解的

图 5-10　电镀处理

两个主要工具是电源（电池或整流器）和电解质。电解质是一种金属盐、酸和水的混合物，正极连接用作涂层的金属，需要电镀的打印件部分连接负极，然后将正负极连接件都浸入电解质中，电解质中的盐含有阳离子和阴离子，它们需要移动到负极和正极以实现金属转移。

由于 3D 打印部件是塑料且不导电的，因此在尝试电镀之前，需要对它们进行适当打磨并涂上导电涂料。

电镀具有优缺点。优点：零件变得更坚固并具有导电性；如果处理得当，尺寸精度不会受到影响；视觉外观得到改善。缺点：需要高技能水平；需佩戴安全设备（手套和眼镜），否则可能会很危险。

## 5.1.11　磨粒流工艺

磨粒流加工（AFM）是一项用于内表面精密加工的工艺，它通过磨粒和磁场的协同作用，

使携带磨料的流体在磁力线上流动，从而实现对零件表面的磨削和抛光。该工艺的独特之处在于引导携带磨料的高黏度流体穿过工件，这种流体的浓稠度类似于油灰或面团。AFM 可用于平滑和抛光表面，特别适用于去除毛刺、表面抛光、形成半径，甚至去除材料。由于其特殊性质，AFM 成为内表面、槽、孔、腔等其他抛光或研磨工艺难以触及区域的理想选择。例如，以磨粒流后处理方法解决 3D 打印人工关节表面粗糙度高的问题，通过设计特制的磨粒流仿形工装，仿形工装的流道间隙为 5 倍 SiC 颗粒直径时，磨粒流抛光效果最优，实现了对人工关节复杂曲面的高精度抛光，如图 5-11 所示。

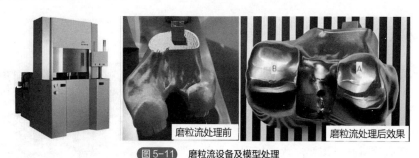

图 5-11　磨粒流设备及模型处理

磨粒流具有优缺点。优点：抛光速度快；磨料可以重复使用；可处理复杂内壁。缺点：成本较高；不适合平面抛光；不适合尺寸较大的工件。

## 5.2　打印模型质量评价

3D 打印模型的质量评价是对模型的整体表现进行评估，包括模型的完整性、细节清晰度、尺寸精度、表面质量、材料质量、打印速度、设备稳定性以及操作便捷性、设计创新性和色泽饱满度等。通过对这些方面的评价，可以得出模型的质量水平，并针对不同方面的不足之处进行改进和优化。一个高质量的 3D 打印模型应该具备完整性高、细节清晰度高、尺寸精度高、表面光滑无瑕疵、材料色泽均匀、打印速度快、设备稳定性强、操作便捷、设计创新性强以及色泽饱满度好等特点。而一个低质量的模型则可能存在模型缺损、细节模糊、尺寸误差大、表面粗糙、材料质量差、打印速度慢、设备故障多、操作烦琐、设计缺乏创新以及色泽暗淡等问题。因此，在进行 3D 打印模型质量评价时，需要综合考虑各个方面的因素，以便得出准确的评价结果，并为后续的模型改进和优化提供参考。

### 5.2.1　评价方法

一般情况下，打印模型的质量都是从以下方面判断：是否出现拉丝、淤积，打印是否均匀，所有细节是否都呈现出来（即打印出的模型是否完整），是否能塑造尖端形状（即能否形成光滑的尖顶且无变形），连接处较小而形状复杂的结构是否打印规整，薄壁是否出现毛刺，封顶是否有漏洞，打印出的裂缝能否恰好契合形状等。打印质量没有具体的评分标准，本书提供一个评分标准，如表 5-1 所示，总分为 100 分。根据不同的评分标准，可以将其分为不同的等级，最后综合一下各部分平均分，最终得分为模型的质量评分，优秀（90～100 分）、良好（80～90 分）、一般（70～80 分）和较差（70 分以下）。

表 5-1　模型打印质量评分

| 序号 | 评价项目 | 评分标准 | 得分 | | | |
|---|---|---|---|---|---|---|
| | | | 较差 | 一般 | 良好 | 优秀 |
| | | | 70 分以下 | 70~80 分 | 80~90 分 | 90~100 分 |
| 1 | 模型完整性 | 无缺损、无断裂、整体完好 | | | | |
| 2 | 模型细节 | 细节清晰、精细度高、无模糊 | | | | |
| 3 | 尺寸精度 | 尺寸符合设计要求、误差小 | | | | |
| 4 | 表面质量 | 无粗糙、无瑕疵、表面光滑 | | | | |
| 5 | 材料质量 | 色泽均匀、无气泡、无变形 | | | | |
| 6 | 打印速度 | 打印速度快、节省时间成本 | | | | |
| 7 | 设备稳定性 | 运行稳定、无故障、耐用性强 | | | | |
| 8 | 操作便捷性 | 操作简单、无需专业技能要求 | | | | |
| 9 | 设计创新性 | 设计新颖、有创意、与众不同 | | | | |
| 10 | 色泽饱满度 | 色泽鲜艳、饱满、具有吸引力 | | | | |

## 5.2.2　评价实例应用

如图 5-12 所示，以打印恐龙头骨为例，对恐龙头骨的模型质量进行评分，见表 5-2。

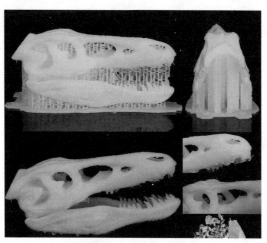

图 5-12　恐龙头骨打印件

表 5-2　恐龙头骨模型打印质量评分

| 序号 | 评价项目 | 评分标准 | 得分 | | | |
|---|---|---|---|---|---|---|
| | | | 较差 | 一般 | 良好 | 优秀 |
| | | | 70 分以下 | 70~80 分 | 80~90 分 | 90~100 分 |
| 1 | 模型完整性 | 无缺损、无断裂、整体完好 | | | 90 | |
| 2 | 模型细节 | 细节清晰、精细度高、无模糊 | | 78 | | |
| 3 | 尺寸精度 | 尺寸符合设计要求、误差小 | | | 80 | |
| 4 | 表面质量 | 无粗糙、无瑕疵、表面光滑 | | 70 | | |

| 序号 | 评价项目 | 评分标准 | 得分 | | | |
|---|---|---|---|---|---|---|
| | | | 较差 | 一般 | 良好 | 优秀 |
| | | | 70分以下 | 70~80分 | 80~90分 | 90~100分 |
| 5 | 材料质量 | 色泽均匀、无气泡、无变形 | | | 85 | |
| 6 | 打印速度 | 打印速度快、节省时间成本 | | | 90 | |
| 7 | 设备稳定性 | 运行稳定、无故障、耐用性强 | | | 85 | |
| 8 | 操作便捷性 | 操作简单、无需专业技能要求 | | | 80 | |
| 9 | 设计创新性 | 设计新颖、有创意、与众不同 | | | 86 | |
| 10 | 色泽饱满度 | 色泽鲜艳、饱满、具有吸引力 | | | 83 | |

恐龙头骨模型打印质量平均得分 82.7 分，打印质量良好。

## 5.3　打印常见问题及解决方案

随着 3D 打印技术的广泛应用，一些常见问题逐渐浮现出来，如喷头不加热、打印质量不佳、耗材堵塞等。这些问题不仅影响了打印效率，还可能对最终产品的质量造成严重影响。因此，了解并掌握 3D 打印常见问题及其解决方案，对于确保打印过程的顺利进行和提高产品质量至关重要。

本节将针对 3D 打印过程中常见的问题进行梳理，并提供相应的解决方案。通过深入了解这些问题及其成因，可以更好地预防和应对可能出现的问题，提高 3D 打印的可靠性和稳定性。

### 5.3.1　设备调试问题

#### （1）打印开始时不出丝（如图 5-13 所示）

潜在问题及解决方案：①在启动打印前，喷头内可能存在空气。设置打印 skirt，可以有效地排除其中的空气。②喷嘴与平台的距离太近时会导致无法正常挤压胶丝。调整平台底部的螺母，能够创造足够的挤压空间。③进料齿轮未能顺利带动胶丝出丝，需要仔细检查该机械部分的结构。④喷嘴可能发生堵塞，需要进行清理。

#### （2）胶丝无法粘在平台上（如图 5-14 所示）

潜在问题及解决方案：①打印平台不是水平的，需要重新调节平台和喷头之间的距离。②喷嘴距离平台太远，没有挤压力，需要重新调节平台和喷头之间的距离。③第一层的打印速度太快。④调整平台的温度和风扇冷却的设置参数是很重要的。⑤平台涂层或介质可能受损，需检查并更换。⑥在模型底层添加裙边或垫层可辅助提高附着性。

#### （3）层与层之间错位（如图 5-15 所示）

潜在问题及解决方案：①打印速度过快，可以适当地降低速度；②机械或者电子方面的问题，机械方面，皮带或者顶丝松动，需要定期对机器做保养检查；电子方面，可能电机或者电机线出问题。

图 5-13 打印不出丝

图 5-14 胶丝无法粘在平台上

### （4）打印过程中出现空打现象（如图 5-16 所示）

潜在问题及解决方案：①耗材用完了，重新安装耗材；②喷头堵塞，需要先疏通喷头；③胶丝没有被进料齿轮带动，需检查解决；④挤出电机过热，应检查风扇是否正常工作。

### （5）外表面有很多线条（如图 5-17 所示）

潜在问题及解决方案：①审查耗材质量，确保直径均匀，以保持挤出量的一致性，避免溢胶现象；②稳定喷头温度控制，防止温度波动过大，也影响出丝量的一致性；③检查机器是否晃动或 $Z$ 轴丝杆是否存在问题，确保机器稳定运行。

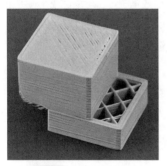

图 5-15 层与层之间错位

图 5-16 空打现象

图 5-17 外表面有线条

## 5.3.2 参数设置问题

### （1）胶丝之间有明显的缝隙（如图 5-18 所示）

潜在问题及解决方案：①核查软件中有关耗材直径的设置，使其参数与实际耗材直径参数保持一致。②尽可能提高挤出倍数，即出胶量，以提高材料的挤出效果。

### （2）胶量过多地挤出（如图 5-19 所示）

潜在问题及解决方案：出胶量设置太大，造成胶量溢出，需适当调远平台和喷头的距离。

### （3）顶层有缝隙或者小孔（如图 5-20 所示）

潜在问题及解决方案：①检查软件中顶部的层数设置，确保层数设置足够。②调整填充率，增加填充量，以提供足够的支撑。③增加顶层的出胶量，确保顶层能够充分黏附并保持稳定。

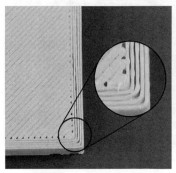

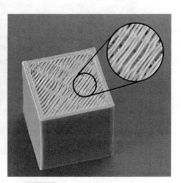

图 5-18　胶丝之间的缝隙　　　图 5-19　胶量过多地挤出　　　图 5-20　顶层有缝隙或者小孔

### （4）拉丝现象（如图 5-21 所示）

潜在问题及解决方案：①适当地增加回抽长度和回抽速度参数；②打印桥接特征时，喷头来回移动的过程中，因为喷头处于加热状态，胶丝仍然会继续熔融流出，可适当地降低喷头的设置温度，或减缓耗材熔融后的流动速度；③可以加快打印和喷头移动的速度。

### （5）打印温度过高（如图 5-22 所示）

潜在问题及解决方案：①增加风扇速度，加速冷却，确保有效散热。②适度减小喷头的设定温度，以避免高温对打印质量的影响。③降低打印速度，确保充分冷却。④当同时打印多个模型时，提升喷头与模型之间的冷却时间，有助于提高打印质量。

### （6）层开裂（如图 5-23 所示）

潜在问题及解决方案：①调整层厚，确保层厚设置不宜过大，一般建议将层厚设置为至少比喷嘴直径小 20%。②可以尝试调整喷头温度，适当提高温度，确保在适宜的温度范围内，以促进 PLA 材料的正常熔融和出胶。

图 5-21　拉丝现象　　　图 5-22　打印温度过高　　　图 5-23　层开裂

### （7）胶料被研磨（如图 5-24 所示）

潜在问题及解决方案：①回抽参数设置不合适，可能回抽速度太快或者回抽长度太大；②适当增加喷头的设置温度，增加耗材的流动性；③打印速度太快；④检查是否喷头堵塞。

### （8）填充薄弱（如图 5-25 所示）

潜在问题及解决方案：①考虑采用不同的填充图案，以提高模型的结实度；②适度减缓打印速度，有助于提高打印质量；③增加填充时的出胶量，确保填充充分。

### （9）模型表面有颗粒、堆胶等痕迹（如图 5-26 所示）

颗粒、堆胶等痕迹，潜在问题及解决方案：①需要调整回抽设置参数；②可以更改打印每层时的初始位置。

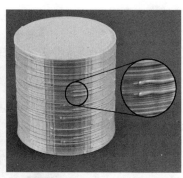

图 5-24　胶料被研磨　　　　图 5-25　填充薄弱　　　　图 5-26　表面颗粒、堆胶等痕迹

### （10）填充和外壁之间存在空隙（如图 5-27 所示）

潜在问题及解决方案：①提高填充和外壁之间的重叠参数；②适度减缓打印速度，提高打印质量。

### （11）翘角（如图 5-28 所示）

潜在问题及解决方案：可能温度过高，塑料在没有快速冷却的情况下发生的翘曲变形。如果发生在打印第一层时，也要留意平台和喷头的距离是否已经调节合适。

### （12）顶层不平整，堆料（如图 5-29 所示）

堆料，潜在问题及解决方案：①调整出胶量，适度减少以防止过多的胶料流出；②检查平台在 $Z$ 轴方向下降的距离，适度调大以确保合适的间距。

### （13）地板的角落处有孔和缝隙（如图 5-30 所示）

潜在问题及解决方案：①检查软件中轮廓周长的设置，适当增加以确保足够的轮廓；②增加顶部实体填充层的层数；③调整填充密度。

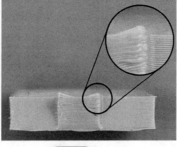
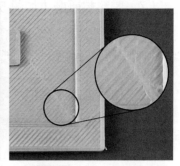

图 5-27　填充和外壁之间存在空隙　　　图 5-28　翘角　　　图 5-29　顶层不平整，堆料

### （14）薄壁上的缝隙（如图 5-31 所示）

潜在问题及解决方案：①优化薄壁打印参数，提高填充和外轮廓的重叠参数；②设置更合适的挤出宽度。

### （15）过小的特征无法打印（如图 5-32 所示）

潜在问题及解决方案：①重新设计模型，特征宽度至少要大于喷嘴的直径；②如果模型无法修改，可能需要更换喷嘴直径更小的喷头；③更改切片软件中的喷嘴直径，让打印机打印比自身喷嘴直径小的特征。

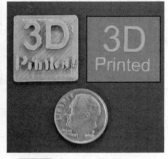

图 5-30　地板的角落处有孔和缝隙　　　图 5-31　薄壁上的缝隙　　　图 5-32　过小的特征无法打印

### （16）翘边（如图 5-33 所示）

潜在问题及解决方案：①确保打印平台温度适当，不同材料需要不同的设置温度；②外部环境冷却可能导致胶丝提前脱离平台，例如打印 ABS 时避免室温过低；③使用加热的密闭容器，保持打印机在恒温环境下工作；④模型的初始层提高垫层或裙边，有利于防止模型出现翘边的问题。

### （17）悬空部分打印质量太差（如图 5-34 所示）

潜在问题及解决方案：①逐渐减少打印层厚；②逐步提高支撑密度；③确保在支撑与模型之间的竖直方向有间隙，过大或过小都可能对表面质量产生影响；④合理调整支撑与模型之间的水平方向的偏移；⑤对于多喷头机器，考虑使用不同材料分别打印模型和支撑。

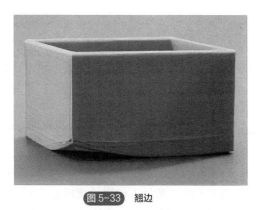

图 5-33 翘边

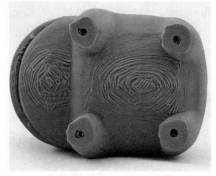

图 5-34 悬空部分打印质量太差

## 5.4 3D 打印经验总结

前面分析了常见打印问题以及解决方法，下面做出几点 3D 打印模型的经验总结，主要包括：

① 在切片前，要确保模型没有问题，并使用 STL 格式进行切片。切片时请注意模型的尺寸是否符合要求。

② 若模型底部未添加支撑，务必确保其足以支撑整个结构。如果底部存在不平整，仅有少数接触点的底座，可以通过修复软件将其调平，或者借助切片软件进行下沉处理。

③ 在添加支撑时，有三个关键方面需要仔细检查。首先，确保支撑不会妨碍模型本身，以免在移除支撑时引发不必要的问题。其次，请确认悬空位置的支撑是否足够，以防止悬空部分缺乏支撑而影响模型的完整打印。最后，请确保模型底部的支撑充足，以防止模型边缘打印不完整或由于支撑不足而导致无法顺利完成打印。

④ 在 3D 打印中，模型的细节程度和复杂性会直接影响打印质量和时间。因此，在设计和切片时需要仔细考虑模型的细节和复杂性。

⑤ 不同的 3D 打印材料具有不同的属性和适用范围。在选择材料时，需要考虑模型的用途、结构和外观要求，以确保打印出的模型符合要求。

⑥ 打印速度过快可能会导致模型表面粗糙或出现气孔，而速度过慢则会增加打印时间和成本。因此，需要根据打印机和材料选择合适的打印速度。

⑦ 填充密度是指打印时材料的致密度。填充密度过高会导致材料浪费和成本增加，而填充密度过低则可能导致模型支撑不足或强度不够。因此，需要根据模型的结构和使用要求选择合适的填充密度。

⑧ 在 3D 打印中，支撑结构是必不可少的。但是，支撑结构的设计和添加需要谨慎，以避免对模型造成损害或影响外观。

⑨ 在切片时，需要考虑模型的打印方向。正确的打印方向可以提高打印质量和效率，而错误的打印方向可能导致模型支撑不足或出现其他问题。

⑩ 在打印过程中，冷却时间是影响模型质量和强度的重要因素。如果冷却时间不足，可能会导致模型变形或强度不足；而冷却时间过长则会导致材料浪费和成本增加。因此，需要根据打印机和材料选择合适的冷却时间。

⑪ 采用激光分区扫描方式，3D 打印模型能有效减少孔隙量，通过调整光斑形状可降低粉

末飞溅。此外，通过添加支撑结构以降低残余应力，或在打印前对基板和材料进行加热处理，也是可行的方法。在恰当的位置添加适量的支撑能有效防止翘曲现象。

⑫ ABS、PLA 材料打印模型要求最小壁厚 0.6mm，SLA 材料打印模型要求最小壁厚 0.25～0.30mm，将模型的壁厚修改为超过要求的最小壁厚即可打印。注意建模时，一定保证是有壁厚的实体模型即 solid，而不是面片即 surface。

⑬ 只有物体是闭合水密性的模型才能进行 3D 打印。注意：只有封闭的曲线拉伸的曲面才会闭合，3D 打印机一般都是闭合路径打印的。

⑭ 如果模型出现破面现象，打印会默认打印不出来，即使打印出模型，也会坏掉。注意：一般 STL 文件是以三角面片拟合成的实体，在某些曲率变化大的地方就会出现拟合不上、露面，这样打印就容易出错，还有就是曲面法向问题，有些建模软件如 Rhino 软件转换成 STL 文件，就容易出现法向错误，使 3D 打印机不知道哪面打印是正确的，切片的时候就会出现错误。所以，一般的 3D 打印软件在导入模型时都会显示模型状态，以特殊颜色标定破面或有法向问题的曲面。

⑮ 模型面数太多文件太大，打印软件打开慢、运行慢、切片慢。注意：一般三维扫描后的点云生成的 STL 文件，其三角面是由点云数量控制的，其实就是精简点云数即可，也可以通过合并三角面片实现精简曲面数量，不过可能会丢失必要的特征，所以精简模型时应兼顾质量。

通过实战学习 3D 打印的经验技巧，对读者在这方面的创新设计有着事半功倍的效果，本章带领大家学习 3D 打印的经验技巧并加以应用，学会识别各种材料和不同使用场景，跳过摸索阶段，会处理打印过程中遇到的各种问题，培养创新思维，3D 打印技术使我们拥有了众多的自由和创新空间。要利用学习的经验知识，敢于尝试新的设计理念和思路，通过不同的组合和改进来创造出独特的、个性化的产品。

##  本章小结

- 后期处理是 3D 打印过程中一个非常重要的工艺，有时甚至比打印机性能还重要。相对于优化提升 3D 打印机质量，后期处理更为实惠、高效、靠谱。

- 3D 打印模型的质量评价是对模型的整体表现进行评估，包括模型的完整性、细节清晰度、尺寸精度、表面质量、材料质量、打印速度、设备稳定性以及操作便捷性、设计创新性和色泽饱满度等。

- 随着 3D 打印技术的广泛应用，一些常见问题不仅会影响打印效率，还会影响最终产品的质量。

- 可通过调整参数、替换材料、更换硬件来解决大多数打印问题。

##  思考与练习

1．为什么要对 3D 打印出的模型进行打磨和抛光？请说明其意义。

2．对于 3D 打印出的金属部件，通常需要进行哪些后期处理以确保其性能和耐用性？

3．在模型打印过程中，后期处理通常包括哪些步骤？请举例说明如何通过后期处理提升打印模型的外观质量和实用性。

4．在 3D 打印后处理中，如何保证模型的尺寸精度和表面质量？请给出至少两种策略。

5．设计一个小实验，测试不同 3D 打印材料在相同打印参数下的打印效果，并分析结果。

6．请简述评价 3D 打印模型质量时需要考虑的主要方面有哪些？

7．针对一个具体的 3D 打印问题（如层间粘连或模型翘曲），提出至少两种解决方案，并解释每种方案的优缺点。

8．讨论 3D 打印过程中的安全问题，并提出保障操作安全的建议和措施。

## 拓展阅读

### 一、书籍拓展阅读

1.《3D 打印产品成型与后处理工艺》

作者：姚继蔚

2.《3D 打印后处理技术》

作者：蔡启茂、王东

### 二、3D 打印企业知识拓展

1．苏州文物科技有限公司。

2．东莞捷通三维有限公司。

扫码获取本书资源

# 第 6 章

# 3D 打印产品创新结构设计

➡️ 思维导图

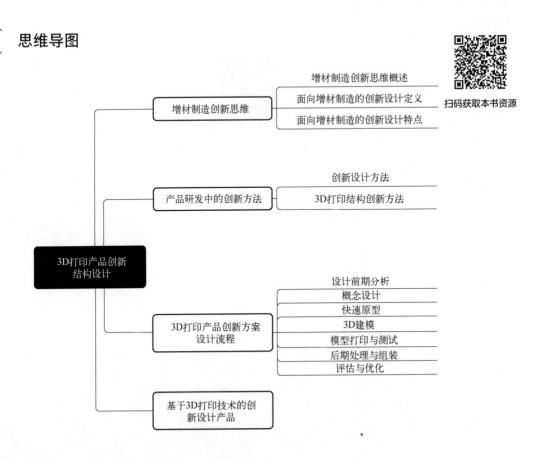

扫码获取本书资源

## 案例导入

在科幻电影中，经常能看到一些造型奇特、功能强大的未来设备和产品（图6-0），令人叹为观止，这些创新结构需要怎样的方法去设计？哪些创新思维方式是值得我们学习的？

图6-0 流浪地球掠夺者号无人机

## 学习目标

**认知目标**

● 理解增材思维、设计思维、增材制造创新思维，并理解其与传统设计思维的区别。

● 掌握3D打印创新设计的定义、主要特点以及产品研发中使用的创新方法等。

● 掌握3D打印产品创新方案设计流程，包括需求分析、设计构思、建模优化、打印制作以及测试评估等环节。

**能力目标**

● 根据增材制造设计自由度提升和材料多样性的选择培养快速原型制作的能力。

● 通过实际操作，提升在3D打印产品创新设计中的方案规划与实施能力。

● 能够将产品研发中的创新方法，包括但不限于头脑风暴、单点探索流、用户角色模型、AI探索流等，应用到3D打印产品创新设计的实践中。

● 根据3D打印结构创新方法，学会深入理解3D打印技术在结构创新方面的独特优势，如内部结构的优化、轻量化设计、一体成型等。通过实践案例分析，掌握利用3D打印技术实现复杂结构和功能性设计的方法与技巧。

**素养目标**

● 结合3D打印技术与其他学科（如机械工程、材料科学、艺术设计等）的知识，培养跨学科的设计思维。

● 了解并欣赏基于3D打印技术的创新设计产品，分析其设计特点和市场价值。同时，应能够欣赏这些产品的设计美学和实用性，激发自身的创新设计灵感。

# 6.1 增材制造创新思维

## 6.1.1 增材制造创新思维概述

增材思维（thinking for AM），常被称为加法思维或累加思维，是一种生成式创新，它强调通过不断地添加、组合新的元素或想法来解决问题或创造新事物。增材制造代表了效法自然生长法则的制造思想，是一种自由制造的理念和方法论。它启发我们，设计的终极模式是效法自然，不需过多地向工艺妥协，回归需求本源，是由产品性能驱动的正向设计。增材制造技术带来的全新设计可能性，将颠覆传统设计模式，催生制造业的设计革命。

设计思维（design thinking）：是一种以人为本的解决问题的创新方法，它利用设计者的理解和方法，将技术可行性、商业策略与用户需求相匹配，从而转化为客户价值和市场机会。作为一种思维方式，设计思维被普遍认为具有综合处理能力的性质，能够理解问题产生的背景、催生洞察力及解决方法，并能够理性地分析和找出最合适的解决方案。设计思维以人们生活品质的持续提高为目标，依据文化的方式与方法开展创意设计与实践。设计思维存在逻辑的必然性，即在一定前提下必然导出的结果，并不是"用设计师的思维去设计"，它是一种创新方法论，更是解决问题的路径。所以，当我们面对增材制造技术，用设计思维的逻辑去指导商业实践，就能产生出最具颠覆性的创新。

增材制造创新思维实际是面对复杂问题提出一种全新的方法论，通过增材制造技术和设计思维解决更高维度的工程问题的一种创新思考的模式。这种思维模式强调设计自由度的提升、个性化定制、材料效率以及与数字化技术的深度融合。能解决结构功能一体化、拓扑优化、仿生结构、晶格结构和多材料制造等问题，对人类的多维度和复杂工程提出有效的解决方案。

增材制造创新思维体现在多个层面，它不仅仅是一种技术实现，更是一种全新的设计哲学和方法论。以下是关于3D打印创新设计思维的核心要点。

① 无约束的创意思维。3D打印技术以其逐层堆积的原理，突破了传统制造方法的物理限制，使设计师能够摆脱材料、形状和结构等方面的束缚，更加自由地发挥创意。设计师可以不再受限于传统的加工手段和模具，从而创造出更为独特、复杂且富有创意的设计作品。

② 以用户为中心的设计思维。3D打印技术能够快速、精确地制作出原型，这使设计师可以更加便捷地获取用户的反馈，并根据反馈进行迭代和优化。这种以用户为中心的设计思维，强调设计师需要深入理解用户的需求和痛点，通过3D打印技术将设计转化为实际产品，以满足用户的期望。

③ 跨领域的整合思维。3D打印技术涉及材料科学、机械工程、计算机科学等多个领域的知识，因此，在进行3D打印创新设计时，设计师需要具备跨领域的整合思维，能够将不同领域的知识和技术进行有机融合，以创造出更具创新性和实用性的设计作品。

④ 可持续性和环保的设计思维。随着人们环保意识的日益增强，可持续性和环保的设计思维逐渐成为3D打印创新设计的重要方向。设计师在利用3D打印技术进行设计时，需要充分考虑材料的可回收性、能源消耗以及生产过程中的环境影响等因素，力求在实现创意的同时，达到环保和可持续的目标。

⑤ 迭代与优化的设计思维。由于3D打印技术能够快速实现原型制作，设计师可以在短时

间内进行多次迭代和优化，以不断完善设计作品。这种迭代与优化的设计思维，有助于设计师在探索新的设计理念和方法的过程中，不断提高设计水平，推动3D打印创新设计的发展。

在实际应用中，增材制造创新思维有着广泛的应用场景。在灵活性、节约性、高效性、复杂性和可持续性等方面突出，例如，在医疗领域，增材制造技术可以根据病人的具体情况制造出合适的医疗器械，如人工关节、义肢等，同时还可以制造出具有特殊功能的医疗材料，如支持组织生长的生物材料、药物缓释系统等，这些都能提高医疗治疗效果和患者的生活质量。在建筑业中，增材制造技术可以直接制造出所需的建筑材料，提高建筑效率，同时制造出具有特殊功能的建筑材料，如自洁玻璃、光伏材料等，从而提高建筑的节能性能。

## 6.1.2 面向增材制造的创新设计定义

面向增材制造的创新设计是指在设计过程中，充分利用3D打印技术的独特优势和特性，进行具有创新性、突破性的产品设计。这种设计方式不仅关注产品的外观和功能，更强调产品的结构、材料选择以及制造过程的优化，以实现更高效、更灵活、更个性化的产品制造，如图6-1所示为3D打印产品创新优势。

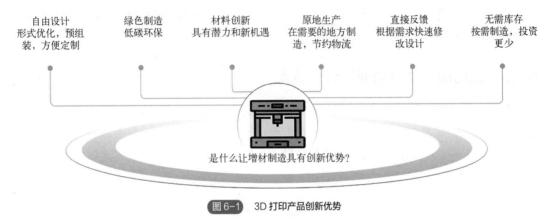

图6-1 3D打印产品创新优势

面向增材制造的创新设计方法主要强调功能性，以实现产品主要目的为首要考虑因素，并充分利用3D打印技术的优势，如制造复杂形状、实现材料的最优利用等。与传统的设计方法相比，面向3D打印的设计更加注重创新和灵活性，以适应不断变化的市场需求和用户偏好，如图6-2所示为宝马汽车内饰的个性化创新3D打印设计。

面向3D打印的创新设计，是一种深度结合3D打印技术特性与现代设计理念的全新设计模式。这种设计方式不仅突破了传统制造方法的限制，而且极大地拓宽了设计师的创作空间，使产品形态、结构、功能以及材料选择等方面都得以革新，设计师能够充分利用3D打印技术的优势，创造出更加独特、富有创意的产品。同时，这种设计模式也强调对于材料、工艺和成本的优化，以确保产品不仅具有出色的外观和功能，还具备优良的性能和合理的成本。

此外，面向增材制造的创新设计还注重与用户的互动和反馈。设计师通过深入了解用户的需求和喜好，以及产品在使用过程中的实际表现，不断优化设计方案，提升产品的用户体验和满意度。在实践中，面向增材制造的创新设计已经应用于多个领域，如航空航天、医疗器械、家居用品等。这些案例不仅展示了3D打印技术在不同领域的应用潜力，也体现了设计师们对于创新设计的探索和追求。

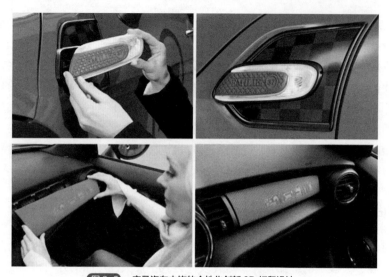

图 6-2　宝马汽车内饰的个性化创新 3D 打印设计

综上所述，面向增材制造的创新设计是一种集设计、制造、优化和互动于一体的全新设计模式。它充分利用了 3D 打印技术的优势，为设计师提供了更加广阔的创作空间，同时也为用户带来了更加独特、优质的产品体验。

## 6.1.3　面向增材制造的创新设计特点

基于增材制造的创新设计（design for additive manufacturing，DFAM）是一种全新的设计理念，它充分利用了 3D 打印技术的优势，以实现设计的最优化和创新。如图 6-3 所示，总结出面向增材制造的创新设计的特点，主要包括以下 6 个方面。

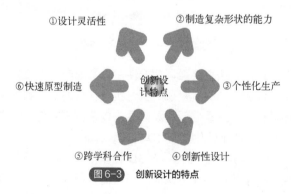

图 6-3　创新设计的特点

① 设计灵活性：利用 3D 打印的自由制造特点，设计师可以更自由地发挥创造力，尝试各种独特和新颖的设计方案。这种设计灵活性有助于快速迭代和优化设计方案，以满足不断变化的市场需求。

② 制造复杂形状的能力：3D 打印技术能够制造出传统生产技术无法达到的复杂形状，这为设计师提供了更多的可能性。这种能力使设计师可以更专注于产品的功能性和美观性，而不需要过多考虑制造的限制。

③ 个性化生产：面向 3D 打印的设计可以轻松实现产品的个性化生产。设计师可以根据用户的需求和偏好，定制化设计产品的外观、功能和性能，以满足市场的多样化需求。

④ 创新性设计：面向 3D 打印的设计鼓励创新性的设计理念和方法。设计师可以利用 3D 打印技术的优势，挑战传统的制造限制和设计思维模式，创造出更具创意和颠覆性的产品。

⑤ 跨学科合作：面向 3D 打印的设计需要跨学科的合作，包括设计、工程、材料科学等多个领域。这种跨学科的合作有助于整合不同领域的专业知识，实现更具创新性和实用性的产品设计。

⑥ 快速原型制造：通过 3D 打印技术，设计师可以快速制造出产品原型，进行测试和验证。这种快速原型制造能力有助于缩短产品开发周期，提高设计效率，并及时发现和修正设计中的问题。

综上所述，面向增材制造的创新设计具有设计灵活性、制造复杂形状的能力、个性化生产、创新性设计、跨学科合作和快速原型制造等特点。基于增材制造的创新设计正在不断推动制造业的边界，为设计师提供前所未有的自由度和可能性。随着技术的进步和成本的降低，这些特点有助于推动产品设计领域的创新和发展，满足不断变化的市场需求和用户期望。

## 6.2　产品研发中的创新方法

### 6.2.1　创新设计方法

工业设计中创新设计的方法有很多种，下面介绍一些常用的方法。

#### （1）头脑风暴法

头脑风暴法是一种常用的创新设计方法，其核心思想是通过激发和整合团队成员的创意和想法，产生新的创新思路和解决方案。头脑风暴法的原则是在会议中，团队成员不受任何限制地自由发表意见，畅所欲言，充分表达自己的看法和想法。在这个过程中，不允许对其他人的观点进行批评或评价，以确保创造一个自由、宽松的氛围，让每个成员都能够充分发挥自己的创造力。头脑风暴法的优点是可以激发团队的创造力，产生大量的创意和想法；缺点是会议时间较长，需要充分准备和组织。

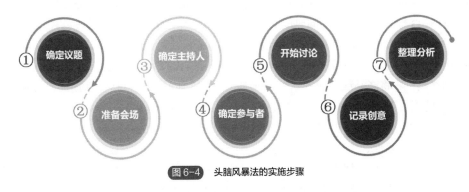

图6-4　头脑风暴法的实施步骤

如图 6-4 所示的头脑风暴法的实施步骤包括：

① 确定议题：明确讨论的主题或问题，确保所有参与者都清楚了解讨论的目标和内容。

② 准备会场：选择一个宽敞、明亮的会议室，安排足够的座椅，确保所有参与者能够舒适

地参与讨论。

③ 确定主持人：选择一位经验丰富的主持人，负责引导讨论、掌控会议进程和调节气氛。

④ 确定参与者：邀请与议题相关的人员参加讨论，确保参与者具有不同的专业背景和经验，以便从多个角度提出创意。

⑤ 开始讨论：主持人简要介绍议题和原则，然后开始自由发言，让参与者发表自己的看法和想法。

⑥ 记录创意：安排一位记录员，将所有参与者的创意和想法记录下来，以便后续整理和分析。

⑦ 整理分析：会议结束后，对记录下来的创意进行整理和分析，提炼出具有可行性和创新性的解决方案。

如图 6-5 所示，头脑风暴聚焦时，可以通过单点探索流方法找到客户和用户潜在的设计需求和最大价值点。

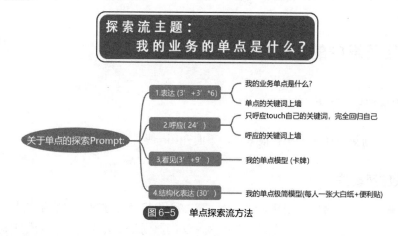

图 6-5　单点探索流方法

### （2）属性列举法

属性列举法是一种创新的设计方法，特别适用于对现有产品进行改进或开发新产品。这种方法的特点是将产品的属性一一列出，然后针对每个属性提出改进或改变的构想，以达到创新的目的。优点是可以对产品的属性和性能进行全面深入的分析和研究，从而发现潜在的改进空间和机会；缺点是需要花费较多的时间和精力进行属性和方案的分析和整理。

属性列举法的实施步骤如下：

① 确定对象：需要确定需要列举属性的产品或系统，以便有针对性地进行属性列举。

② 列举属性：将产品或系统的属性一一列出，这些属性可以包括物理属性、功能属性、外观属性、性能属性等。列举时要尽可能全面，不要遗漏重要的属性。

③ 属性分类：将列举出的属性进行分类整理，以便于后续的分析和处理。分类方式可以按照属性的性质、重要性、关联性等进行划分。

④ 属性分析：对每个属性进行分析，研究其优缺点和潜在的改进空间。分析时要结合市场需求、技术发展趋势等因素，以便提出更具创新性的改进方案。

⑤ 提出改进方案：针对每个属性，提出具体的改进方案或改变构想。方案可以是技术上的创新、功能上的优化、外观上的改进等。提出的方案要具有可行性和实用性，并能够满足用户需求和市场定位。

⑥ 方案评估与选择：对提出的改进方案进行评估和选择，选择出最优的方案进行实施。评估时要综合考虑方案的可行性、效益性、创新性等因素，以便最终确定具有竞争力的创新产品或系统。

### （3）联想法

联想法通过观察和思考不同事物的共同点或相似点，激发灵感，产生新的设计思路。例如，在工业设计中，将自然界中的生物形态或行为方式应用到产品设计中，可以创造出更加自然、生动的设计。

联想法是一种常用的创新设计方法，它通过将不同领域的知识、技术、材料等元素相互关联，激发创新思维，产生新的设计理念和方案。联想法可以通过以下步骤进行：

① 确定设计主题和目标：明确设计的目的和要求，确定设计主题和目标。

② 收集信息与知识：收集与设计主题相关的信息、知识、技术、材料等，了解现有技术和市场状况，为创新设计提供基础。

③ 头脑风暴与联想：在收集了足够的信息后，进行头脑风暴，激发创新思维。通过联想，将不同领域的知识、技术、材料等元素相互关联，寻找新的设计思路和方案。

④ 筛选与整合：对头脑风暴和联想中产生的想法进行筛选和整合，选择具有可行性和商业价值的方案进行深入研究和开发。

⑤ 实现与优化：将选定的设计方案付诸实践，进行原型制作、试验验证等。根据实际效果和反馈，不断优化设计方案，提高设计的可行性和可靠性。

联想法的应用范围广泛，适用于各个领域的设计工作。通过联想法，可以将不同领域的知识和技术相互融合，创造出具有独特性和新颖性的设计方案，满足市场需求和推动创新发展。

### （4）仿生设计

仿生设计法是通过模仿自然界中的生物形态、结构、功能等特征，将这些特征应用到产品设计中，从而创造出更加符合人体工学、美观和实用的产品。例如，模仿蜂巢结构的六边形柱体可用于制造更加稳定和抗震的建筑材料。

仿生设计是一种以自然界生物为灵感来源的创新设计方法。通过模仿自然界中的生物的形态、结构、功能、材料等，将这些生物的优秀特征应用到产品设计中，提高设计的可行性和可靠性，满足市场需求和推动创新发展。仿生设计创新可以通过以下步骤进行：

① 确定设计目标：明确设计的目的和要求，确定设计主题和目标。

② 研究生物原型：选择自然界中具有优良特征和性能的生物原型，如动物、植物、微生物等。收集与生物原型相关的生物学、生态学、解剖学等方面的知识，深入了解其形态、结构、功能、材料等方面的特征。

③ 分析生物原型特征：对生物原型的特征进行详细的分析和研究，提取其优良特征和性能。这些特征可以包括形态、结构、功能、材料等。

④ 创新设计：将提取的生物优良特征应用到设计中，进行创新设计。可以采用模拟、提炼、重构等方法，将生物原型特征与设计目标相结合，形成具有独特性和新颖性的设计方案。

⑤ 实现与优化：将设计方案付诸实践，进行原型制作、试验验证等。根据实际效果和反馈，不断优化设计方案，提高设计的可行性和可靠性。

以建筑设计为例，形态仿生设计可以通过模仿生物的形态来创造具有独特美感和功能的建筑。例如，蜂巢是一种六边形结构的天然建筑，具有很高的稳定性。人们通过模仿蜂巢的六边形结构，设计出了许多现代建筑，如巴塞罗那的著名建筑"巴特罗之家"，其外观采用了类似蜂巢的六边形结构，使建筑不仅具有独特的美感，而且具有很高的稳定性。

除了建筑设计，形态仿生设计在产品设计、包装设计等领域也有广泛的应用。例如，在产品设计方面，人们可以通过模仿生物的形态来创造更加符合人体工程学的产品，如仿生学鼠标、仿生学座椅等。在机械设计中，可以利用仿生设计创新方法，模仿生物的运动方式和动力系统，设计出高效、节能、环保的机械设备。

在包装设计方面，人们可以通过模仿生物的形态来创造出更加吸引人的包装，如模仿花形的香水瓶、模仿动物形状的巧克力包装等。

总的来说，形态仿生设计通过模仿自然生物的形态来创造新的设计，不仅提高了设计的可行性和可靠性，而且满足了人们对于美感和功能的需求，推动了创新发展。

### （5）用户参与设计（用户角色模型）

如图 6-6 所示为用户角色模型，这种方法是通过让用户参与到产品设计中，了解用户的需求和痛点，从而创造出更加符合用户需求的产品。例如，通过让用户参与家居设计，可以更好地满足用户的个性化需求和审美偏好。

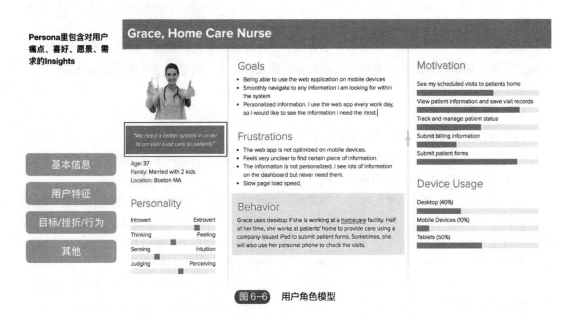

图6-6　用户角色模型

用户参与设计是指在设计的整个过程中，让用户积极参与其中，了解用户的需求、期望和痛点，通过与用户互动，共同创造更好的产品或服务。用户参与设计强调的是用户的主动性和参与性，以用户为中心，注重用户的需求和体验。

### （6）模块化设计

模块化设计是将产品分解为多个模块或组件，每个模块或组件都具有独立的功能和可替换性。通过组合不同的模块或组件，可以创造出多样化的产品，满足不同用户的需求。例如，乐高玩具的设计就采用了模块化设计方法，用户可以通过自由组合不同形状和颜色的模块来创造出个性化的玩具。

如图6-7所示为模块化创新书架设计，模块化创新书架设计是一种灵活运用增材制造技术进行创新设计的体现，对人偶模型拆分进行模块化组件设计，模块化设计允许用户根据个人爱好替换喜欢的人偶模型，增加其实用性和美观性。

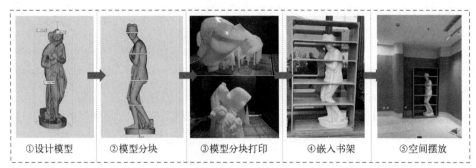

①设计模型　　②模型分块　　③模型分块打印　　④嵌入书架　　⑤空间摆放

图6-7　模块化创新书架设计

模块化设计创新是一种将产品或系统分解为独立模块的设计方法。每个模块具有独立的功能和接口，可以单独进行设计、生产和替换，从而实现产品的快速开发和迭代。模块化设计创新具有以下优点。

① 灵活性：模块化设计允许根据需要进行模块的增减和替换，从而快速调整产品配置，满足不同需求。

② 降低成本：模块化设计可以降低生产成本和维修成本，因为每个模块可以独立制造和测试，减少了整体的生产难度和成本。

③ 提高设计效率：模块化设计可以加快设计速度，因为设计师可以同时设计多个模块，并行进行开发和测试，缩短了产品开发周期。

④ 促进创新：模块化设计鼓励创新，因为每个模块都可以独立进行改进和优化，从而不断推动产品整体的创新和发展。

⑤ 模块化设计创新的具体应用方式因领域而异。例如，在软件开发中，模块化设计可以将软件系统划分为独立的模块，便于代码的维护和扩展；在硬件设计中，模块化设计可以将设备划分为不同的模块，便于生产和维修；在产品设计中，模块化设计可以将产品划分为不同的组件，便于生产和组装。

### （7）交互设计

交互设计通过考虑产品与用户之间的交互方式和行为模式，创造出更加人性化的产品。例如，智能家居系统可以通过与用户之间的交互来自动调节室内温度、照明等，提高居住的舒适度和便捷性。

交互设计创新是指在设计交互产品或服务时，通过创新的方式满足用户需求，提高用户体验的过程。交互设计创新可以通过以下几个方面实现。

① 理解用户需求：深入了解用户的需求和行为习惯，通过用户调研、数据分析等方式获取用户反馈，从而设计出更符合用户需求的产品或服务。

② 打破常规：敢于打破常规，尝试新的交互方式和设计思路，例如采用自然语言处理、智能语音交互等新技术，提高产品或服务的智能化和便捷性。

③ 引入情感化设计：将情感化设计理念融入到交互设计中，注重用户的情感体验和心理需求，例如通过色彩、动画、音效等方式营造愉悦的使用氛围。

④ 跨领域合作：与不同领域的专业人士合作，借鉴其他领域的优秀设计理念和技术成果，例如将工业设计的优秀理念应用到交互设计中，提高产品的品质和用户体验。

⑤ 持续迭代优化：不断收集用户反馈和使用数据，持续优化和改进产品或服务的设计，提高用户体验和满意度。

交互设计创新在各个领域都有广泛的应用，例如在智能家居领域，通过引入语音交互、智能推荐等功能，提高家居生活的智能化和便捷性；在移动应用领域，通过优化操作流程、引入个性化推荐等功能，提高应用的易用性和用户体验。

总的来说，交互设计创新是提升产品或服务质量、满足用户需求的重要手段。通过深入理解用户需求、打破常规、引入情感化设计、跨领域合作以及持续迭代优化等方式，可以创造出更具竞争力的产品或服务。

### （8）智能设计方法（AI 探索流）

基于大模型的智能设计方法是一种结合了机器学习和人工智能技术的设计方法。它利用大规模数据和强大的计算能力，通过训练和优化模型，实现自动化和智能化的设计，更多海星椅智能设计案例可扫码获取。基于大模型的智能设计方法可以帮助设计师提高设计效率、优化设计方案、降低设计成本，并推动创新。如图 6-8 所示为 AI 探索流海星椅设计。

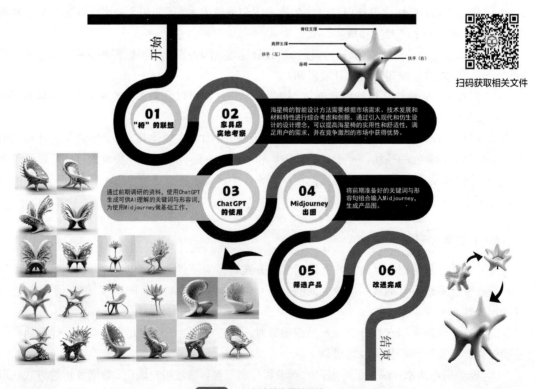

图 6-8　AI 探索流海星椅设计

基于大模型的智能设计方法的一般步骤包括：

① 数据收集和处理：收集大量与设计相关的数据，包括历史数据、用户数据、市场数据等。对数据进行清洗、去重、分类等处理，以准备用于训练模型。

② 模型训练：利用处理后的数据训练模型。可以选择不同的机器学习算法和模型结构，如深度神经网络、支持向量机、决策树等。在训练过程中，调整模型参数，优化模型性能。

③ 模型评估和优化：对训练好的模型进行评估和优化。评估指标包括准确率、召回率、F1值等。根据评估结果，对模型进行调参、改进或重新训练，以提高模型性能。

④ 设计应用：将训练好的模型应用到实际设计中。根据具体任务和需求，设计合适的输入和输出格式，制定相应的设计流程。利用模型进行自动化设计或辅助设计师进行智能设计。

⑤ 反馈和迭代：在应用过程中，收集用户反馈和实际效果数据，对模型进行持续改进和迭代更新。不断优化模型性能，提高设计的智能化水平和应用价值。

基于大模型的智能设计方法的应用广泛，包括但不限于建筑、机械、电子、服装、家居等领域。它可以帮助设计师快速生成多种设计方案，提高设计的可行性和可靠性，降低设计成本和风险。同时，基于大模型的智能设计方法还可以帮助企业实现智能化生产和管理，提高生产效率和竞争力。

总的来说，创新设计的方法非常多，不同的方法适用于不同的设计领域和需求。对于3D打印技术而言，仿生设计方法和智能设计方法更具性价比。3D打印技术可以实现模仿自然界生物的形态、结构和功能来进行设计与制造，因为自然界经过数亿年的进化，已经产生了大量高效、稳定、适应性强的生物结构。通过模仿这些结构，可以极大地提高产品的性能，减少材料浪费，降低制造成本。以大模型为代表的智能设计，通过数据分析和机器学习，可以预测产品的性能，优化打印参数，提高打印成功率，降低生产成本，实现个性化定制和自动化生产，满足市场的多样化需求。

## 6.2.2 3D打印结构创新方法

运用3D打印技术的创新结构设计方法，在智能设计时代非常重要，因为3D打印技术使设计更加灵活和自由。以下是几种创新结构设计方法。

### （1）拓扑优化设计

拓扑优化设计通过优化物体的内部结构，在保持功能性能的同时，减少材料的使用量。这种方法可以在设计阶段就考虑制造过程，从而实现轻量化和高效制造。拓扑优化设计是一种结构优化技术，其基本思想是在给定设计区域内，寻找最优的材料分布，使结构的某种性能达到最优。在3D打印中，拓扑优化设计可用于减少材料的使用量、减轻重量、提高结构的强度和刚度等。

拓扑优化设计方法可以分为连续体拓扑优化和离散结构拓扑优化。连续体拓扑优化是指在连续的实体区域内寻求最优的材料分布，而离散结构拓扑优化是指对离散的、有限数量的单元进行优化。在连续体拓扑优化中，常用的方法包括均匀化方法、变密度方法、变厚度法等。这些方法通过引入虚拟材料或改变现有材料的密度和厚度来优化结构。其中，均匀化方法是一种经典的拓扑优化方法，它将结构视为由连续的材料组成，并应用数学和力学理论进行优化。这种方法可以应用于各种不同的材料和约束条件，但是计算量较大。离散结构拓扑优化的方法主要包括基结构法、堆积法等。基结构法是一种将结构分解为基本的、简单的子结构，并对子结构进行优化的方法。堆积法则是将各种形状和尺寸的单元堆积在一起，形成最终的结构。离散结构拓扑优化的优点是计算量较小，但是其应用范围相对较窄，主要适用于具有离散特点的结构。

在 3D 打印中，拓扑优化设计可以应用于各种不同的领域，例如航空航天、汽车、医疗等。例如，在航空航天领域中，利用拓扑优化设计可以制造出轻量化的零件，从而提高飞行器的性能和效率。在医疗领域中，拓扑优化设计可以用于制造个性化的医疗器械和植入物，例如定制的假肢和骨骼。

以图 6-9 所示的 Renishaw AMPD 公司的拓扑优化液压歧管为例，液压歧管用于引导液压系统连接阀、泵和传动机构内的液体流动。它使设计工程师可以将对液压回路的控制集成在一个紧凑的单元内。

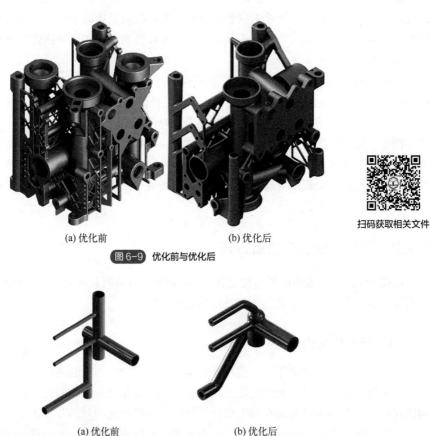

(a) 优化前　　　　　　　　　　(b) 优化后

扫码获取相关文件

图 6-9　优化前与优化后

(a) 优化前　　　　　　　　　　(b) 优化后

图 6-10　对内部流动通道进行优化

如图 6-10 所示，原始液压歧管，对流动通道进行交叉钻孔并插入堵塞头，以引导液体的流动路线，提取的流动通道截面有明显突兀的拐角，优化后降低拐角突兀程度，以优化流动性。由于全新的几何结构，模块上额外的取出接口已经不需要了，所以更多的材料可以被节省下来。优化后体积减小 79%，质量减少 37%，采用 CFD&FEA 来辅助设计内部的流动性提升了 60%，采用了更强的材料（316L）模块化设计，产生缺陷的概率更低。

### （2）异形结构设计

异形结构设计利用 3D 打印技术的自由成型能力，制造出传统加工方法难以实现的复杂形状。这种设计可以大大提高物体的独特性、美观性及实用性，如图 6-11 所示为布加迪凯龙钛合金 3D 打印新型八活塞整体式制动钳。

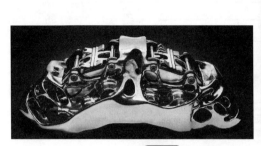

图6-11 布加迪凯龙钛合金 3D 打印新型八活塞整体式制动钳

### （3）参数化设计

参数化设计通过参数的调整和优化，实现结构的自适应设计和个性化定制。这种方法可以帮助设计师更好地理解结构与性能之间的关系，提高设计的灵活性和可定制性。鉴于目前的 3D 打印外固定支具设计方法，以如图 6-12 所示的 3D 打印外固定支具参数化设计为例，对支具形态设计部分进行优化，主要分为以下 5 个步骤。

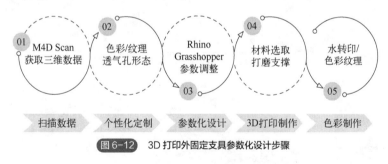

图6-12 3D 打印外固定支具参数化设计步骤

① 扫描数据。对患者骨折部位使用扫描仪 M4D Scan 采集数据。

② 选用外固定支具的设计风格，以及对患者有寓意的图形、个性化的色彩应用于支具。

③ 运用参数化设计的方法得到支具的个性化形态。对模型进行基本处理，便于导入 Grasshopper 进行操作。根据患者选取的设计风格，调整参数控制外固定支具的个性化形态，生成个性化 3D 打印外固定支具方案。

④ 3D 打印制作。调节最优打印参数，选取支具材料，进行 3D 打印制作，并进行打磨处理。

⑤ 通过对打印材料的色彩调制以及水贴纸等技术，快速实现患者个性化定制色彩纹理，将模型装配。

通过以上一系列步骤，最终参数化设计的外固定支具成品如图 6-13 所示。

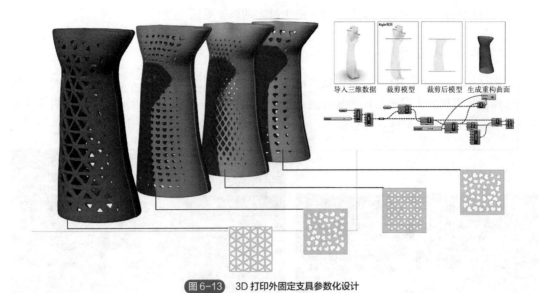

图 6-13　3D 打印外固定支具参数化设计

### （4）材料-结构-功能一体化设计

材料-结构-功能一体化设计的设计概念性创新在于：在复杂整体构件内部同步实现多材料设计与布局、多层级结构创新与打印，以主动实现构件的高性能和多功能。

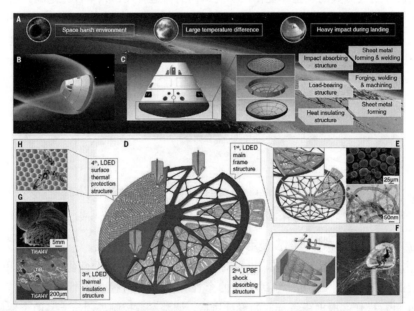

图 6-14　多功能整体构件的材料-结构-性能一体化激光增材制造（以下一代空间探测着陆器"大底"构件为例）

如图 6-14～图 6-16 所示，该设计方法有两大特征及其内涵，其一是适宜材料打印至适宜位置，从合金和复合材料内部多相布局、二维和三维梯度多材料布局、材料与器件空间布局 3 个复杂度层级，揭示了多材料构件激光增材制造的科学内涵、成型机制与实现途径；其二是独特结构打印创成独特功能，揭示了拓扑优化结构、点阵结构、仿生结构增材制造的本质是分别将优化设计的材料及孔隙、最少的材料、天然优化的结构打印至构件内最合适的位置，提出了基于上述三类典型结构创新设计及增材制造实现轻量化、承载、减震吸能、隔热防热等多功能化的原理、方法、挑战及对策。

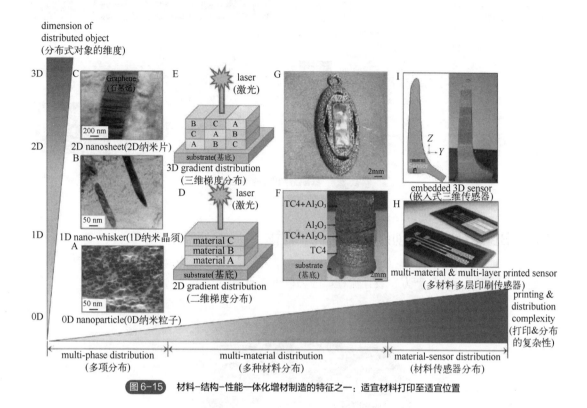

图 6-15 材料-结构-性能一体化增材制造的特征之一：适宜材料打印至适宜位置

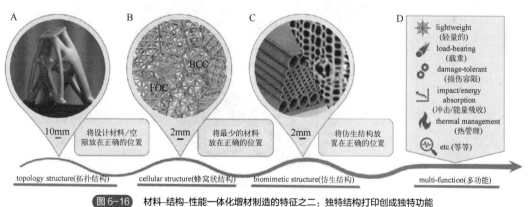

图 6-16 材料-结构-性能一体化增材制造的特征之二：独特结构打印创成独特功能

## （5）智能结构设计

智能结构设计利用 3D 打印技术制造出具有智能功能的结构，如图 6-17 所示的具有各种功能的智能结构。能够自适应调整结构以适应外部环境的变化。这种设计可以实现高度的自动化和智能化，大大提高产品的使用效率和安全性。将传感器、执行器等智能元件集成到结构中，实现产品的智能化和自主化。这种设计方法可以提高产品的自适应性和可靠性，满足复杂和严苛的工作环境要求。

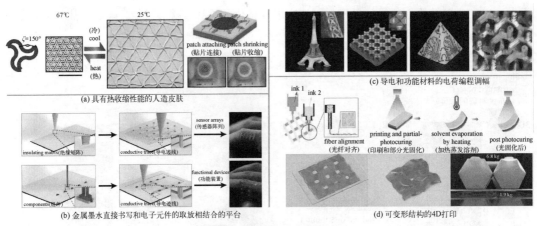

图 6-17　具有各种功能的智能结构

# 6.3　3D 打印产品创新方案设计流程

如图 6-18 所示为创新方案设计流程，分为以下 7 点。

图 6-18　创新方案设计流程

① 设计前期分析：发现真问题，寻找痛点，找到价值点。在开始设计之前，需要对产品需求、功能、目标市场和用户群体进行深入剖析，确定产品的核心功能和设计特点，以及制造过程中需要考虑的工艺限制和材料要求，要与用户、经营者和生产者共情，分析出典型用户画像。

② 概念设计：基于前期分析的结果，进行疯狂概念设计。这一阶段主要是尽可能多地提出设计方案和有创意的点子，并评估和选择最有潜力的方案。通过绘制草图、制作模型或使用设计软件来探索不同的设计方案。

③ 快速原型：在确定了概念设计后，进行低保真模型设计。这一阶段不要专注于细节，快

速地搭建粗糙的模型，保证能表达核心内容即可，立即测试并反复迭代修改。低保真模型存在的意义就是修改它直到接近要表达的概念产品原型。

④ 3D 建模：基于草图和原型，对产品的具体细节进行设计，如尺寸、比例、形状等。同时需要考虑产品的可制造性、可维护性、可重复使用性等因素。使用 3D 设计软件创建产品的三维模型，这一过程需要精确地表达产品的几何形状和尺寸，并确保模型满足打印要求。对模型进行优化，以提高打印效率和质量。

⑤ 模型打印与测试：将 3D 模型导入 3D 打印软件中，进行打印设置和加工。打印出产品模型后，进行测试和验证，以确保其性能满足设计要求。根据测试结果对设计进行调整和改进。

⑥ 后期处理与组装：根据产品的需要，进行必要的后期处理，如表面处理、涂装、组装等。确保产品符合生产要求，并进行质量控制和验收。

⑦ 评估与优化：在整个设计过程中，不断收集用户反馈和市场信息，对产品进行持续优化和改进。保持与利益相关方的沟通，以确保产品设计满足不断变化的市场需求。

在 3D 打印产品创新设计的每个阶段，都需要综合考虑工程、美学、人机交互、市场趋势等多方面因素。同时，借助先进的技术工具和设计软件，能够提高设计效率，缩短产品上市时间，并实现更具有创新性的设计方案。

# 6.4　基于 3D 打印技术的创新设计产品

## （1）智能变体飞机

美国国家航空航天局提出一种未来的智能变体飞机的设计构想（图 6-19）。该智能变形飞机的外形可随外界环境而产生自适应变化，能保持整个过程中性能最优，舒适性高同时成本降低。飞机在巡航、起飞、降落和盘旋的时候，可以自动响应环境的变化并变形至最佳形状，以获得各种状态下最优异的性能。比如，适当改变展长可以使升阻比提高，从而增大航程和航时；改变弦长可以优化升阻比，提高飞行速度和机动性；改变机翼的弯度可以增强飞机的机动性。这是 4D 打印在航空领域典型的、极具前景的应用。

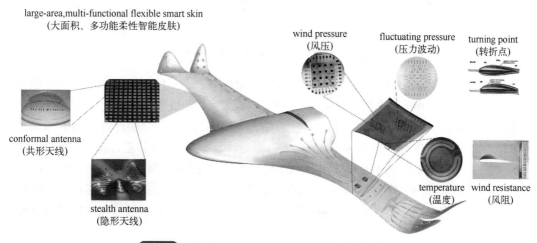

图 6-19　美国国家航空航天局提出的智能变体飞机的概念设计

### （2）布朗大学的仿生蝙蝠翅膀

为了研究蝙蝠飞行时的气动力状态与飞行机理，布朗大学的研究人员以小狗脸果蝠（cynopterus）作为仿生对象，于 2012 年研发了一款翅膀具有 7 关节，并由 3 台电机利用绳驱动的方式进行翅膀形态控制的仿生蝙蝠翅膀，如图 6-20 所示。该仿生蝙蝠翅膀以小狗脸果蝠为对象，采用 1∶1 的尺寸比例制造，其包括 3 台驱动电机和 7 个关节，由电机牵引固定于各关节的绳子实现对翅膀形态的控制。仿生蝙蝠翅膀的驱动构建示意图如图 6-20 所示，其中黑色的线驱动肩关节移动，灰色的线驱动肱骨运动，浅灰色的线与指关节线同时作用，驱动骨与指骨绕肘关节或腕关节的转动。

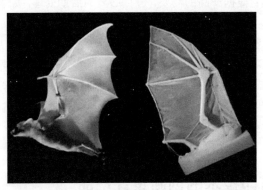

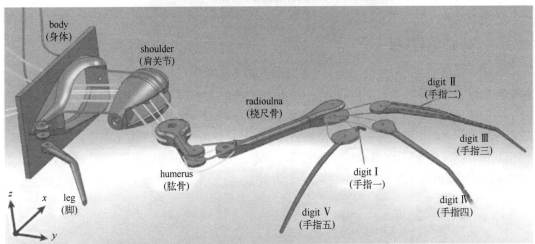

图6-20　布朗大学的仿生蝙蝠翅膀和驱动构建示意图

布朗大学仿生蝙蝠翅膀可以完成前后挥动和伸缩运动。该仿生翅膀与真实小狗脸果蝠翅膀按比例 1∶1 制作，由于驱动机构重量较大，在试验时采用控制翅膀位置不变，利用风洞内风速模拟飞行速度的方法进行试验和测量。经试验在 7.8Hz 拍打频率，77° 拍打角度，61° 攻角平面和 0.48 的下拍比，在 5m/s 的风速下单翼能够产生足够的维持 51g 物体重力的升力（0.246N），且能够产生足够推动力（0.11N），而作为仿生对象的小狗脸果蝠质量一般在 30～40g 之间。

通过对做成的模型进行实验分析，最终得到结论：蝙蝠翅膀的惯性在翅膀扇动过程中消耗的能量可以忽略不计，然而蝙蝠在飞行过程中对于翅膀的伸缩的过程确实可以节省上摆的能量。

基于该样机，人们研究了该仿生蝙蝠翅膀的拍打频率、角度及升力间的规律。研究重点在于蝙蝠飞行时的气动力状态与飞行机理，未重视翼形保持及快读精准切换翼形等方面的实现机理。

### （3）伊利诺伊州立大学 B2

伊利诺伊州立大学的研究人员于 2017 年制作了一款仿蝙蝠飞行器 B2，如图 6-21 所示，该飞行器将关节的灵活性以及翅翼膜的弹性薄膜等特点得到了很好的应用。最终得到的飞行器翼展 469mm，翼型面积 $0.0694m^2$，采用碳纤维机身，质量仅 92g，拍打频率 10Hz 上下，拍打角 55°。该飞行器膜选择为硅胶树脂膜，厚度 56μm，延展性高达 600%。属于小型机构，制作该仿生蝙蝠主要为了研究其空气动力学特性，以模拟蝙蝠的飞行能力。

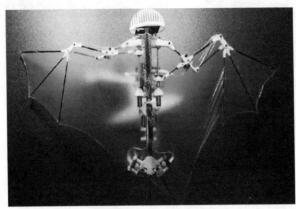

图 6-21　仿蝙蝠飞行器 B2

### （4）FESTO 仿蝙蝠飞行器

FESTO 以制造仿生机器人而闻名，比如仿生鸟、仿生水母、仿生蝴蝶，仿生袋鼠，仿生蝙蝠和会滚动的蜘蛛等。

该仿生蝙蝠是以体型较大的狐蝠为对象模拟制造的，故体型较大，翼展 228cm，体长 87cm，但体重仅 580g，如图 6-22 所示。同狐蝠一样，它的翅膀也分为外翼与内翼，可以实现伸展与折叠，在机构外侧覆盖着一层弹性膜，从翅膀一直延伸到脚。该飞行器的翅翼膜具有轻、薄、高韧性的特点，它由两个气密薄膜和一个编织的弹性织物组成，并通过大约 45000 点处焊接在一起。由于它的弹性，即使当翅膀被收回，翅翼膜也几乎保持无折痕。而组成膜的弹性织物的蜂窝状结构可以提高膜的韧性，防止飞行膜上的小裂缝变得更大，同时保证了飞行器在飞行过程中的鲁棒性。

图 6-22　两翼仿生狐蝠皮肤膜和机械耦合结构

### （5）自然界中的一些仿生结构设计

经过数百万年的自然进化，自然界的生物已经开发出高性能材料和结构，以适应外部环境并管理捕食者。如图 6-23 所示为自然界中一些创新结构/仿生结构的例子，其实这些功能材料可以通过结构设计和多材料打印实现复杂材料功能一体化模型，从而达到创新产品所需的特殊结构。

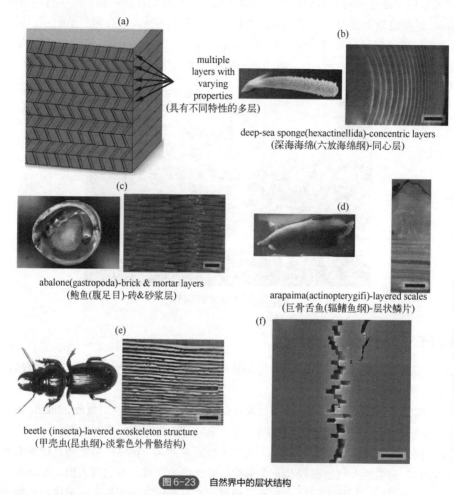

图6-23　自然界中的层状结构

仿生技术可以通过学习自然生物的结构和材料来解决科学技术问题。仿生结构的人工制造应遵循以下原则：①以需求为导向，以满足工程应用的性能要求，即识别自然界具有特定性能的生物体；②基于从宏观到微观的表征方法的生物结构分析，可以理解生物结构的设计原则、材料的物理和化学机制及其与性能/功能的关系；③结构建模或材料设计，即从生物结构分析或符合生物材料特性的人工材料中建立宏观/微观结构模型。仿生结构中还存在功能梯度材料，功能梯度材料打印可实现不同硬度和强度需求，像甲壳虫的外壳，动物的牙齿，牙冠表面为强化层，牙髓和牙根为强韧层，这样"外硬里韧"的结构实现材料功能一体化打印。

新结构的仿生设计和激光增材制造技术的使用促进了高性能金属部件的制造。仿生结构的激光增材制造是结构设计、材料选择、性能表征和功能实现的集成，如图6-24所示。在仿生结构设计中，"形状"和"属性"的结合是关键，其中"形状"包括从微观到宏观结构的生物结构，"属性"包括生物功能或力学性能。最佳的生物启发结构设计将复杂的生物结构简化为规则结构。这种规则结构可以像面心立方（FCC）或体心立方（BCC）晶格结构一样通用，并可在各种工程应用。例如，最经典的生物启发结构——蜂窝结构，灵感来自蜜蜂蜂巢。对于仿生结构的激光增材制造工艺中的材料选择的范围相对较小，主要是因为激光技术和成型质量的局限性。激光增材制造仿生结构特性的表征主要集中在其力学性能上，包括承载能力、能量吸收和抗冲击性。这些特性与相应的生物结构特性是一致的。功能实现类似于性能表征，主要包括形状变化、保护和热控制。

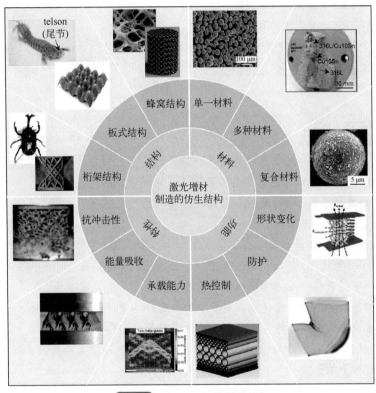

图6-24　仿生结构的激光增材制造

## ▣⃗ 本章小结

- 增材思维（thinking for AM）：也常被称为"加法思维"或"累加思维"，是一种生成式创新，它强调通过不断地添加、组合新的元素或想法来解决问题或创造新事物。增材制造代表了效法自然生长法则的制造思想，是一种自由制造的理念和方法论。
- 设计思维（design thinking）：是一种以人为本的解决问题的创新方法，它利用设计者的理解和方法，将技术可行性、商业策略与用户需求相匹配，从而转化为客户价值和市场机会。

● 增材制造创新思维实际是面对复杂问题提出一种全新的方法论：通过增材制造技术和设计思维解决更高维度的工程问题的一种创新思考的模式。这种思维模式强调设计自由度的提升、个性化定制、材料效率以及与数字化技术的深度融合。能解决结构功能一体化、拓扑优化、仿生结构、晶格结构和多材料制造等问题，对人类的多维度和复杂工程提出有效的解决方案。

● 面向3D打印的创新设计是指利用3D打印技术，通过创新的设计方法和理念，实现产品的高效、快速、个性化制造。

● 面向3D打印的创新设计具有设计灵活性、制造复杂形状、优化材料利用、个性化生产、创新性设计、跨学科合作和快速原型制造等特点。这些特点有助于推动产品设计领域的创新和发展，满足不断变化的市场需求和用户期望。

● 更好的创新设计思路是结合问题范围与层次，引入心理学和人类学视角，将意义需求与具体需求、痒点与痛点等区分剖析，进而创新地解决问题。

## 思考与练习

1. 请简述面向3D打印的创新设计与传统设计的主要区别是什么？

2. 面向3D打印的创新设计有哪些显著特点？请举例说明这些特点在实际设计中的应用。

3. 如何理解增材思维、设计思维以及增材制造创新思维之间的逻辑关系，增材制造创新思维核心要点是什么？如何应用？

4. 列举几种常用的创新方法，并说明它们如何应用于3D打印产品设计过程中。

5. 描述一个完整的3D打印产品创新方案设计流程，包括从概念产生到最终产品实现的各个阶段，哪些环节对最终产品的创新性和实用性影响最大？请说明理由。

6. 3D打印技术如何帮助设计师实现复杂的内部结构设计？请举例说明。

7. 3D打印技术如何促进轻量化设计？请说明其原理和应用实例。

8. 分析一款基于3D打印技术的创新设计产品，指出其设计上的创新点以及3D打印技术在该产品实现过程中的作用。

9. 思考未来3D打印技术可能带来的设计创新趋势，预测这些趋势对产品设计领域的影响。

## 拓展阅读

### 一、书籍拓展阅读

1. 书名：《设计思维：创新之道》

作者：蒂姆·布朗（Tim Brown）

简介：本书详细阐述了设计思维的理念、方法和实践案例，强调了设计思维在创新过程中的核心作用。对于将设计思维应用于3D打印产品创新设计具有重要的指导意义。

2. 书名：《3D打印：创新、设计与制造的革命》

作者：乔尔·利维（Joel Levie）

简介：本书从多个角度探讨了3D打印技术改变设计、制造和创新的过程，包括其在产品创新结构设计中的具体应用和实践。

## 二、3D 打印康复辅具产品制造企业及工业创新设计企业知识拓展

扫码获取本书资源

# 第 7 章

# 增材制造创新综合应用实例

**思维导图**

扫码获取本书资源

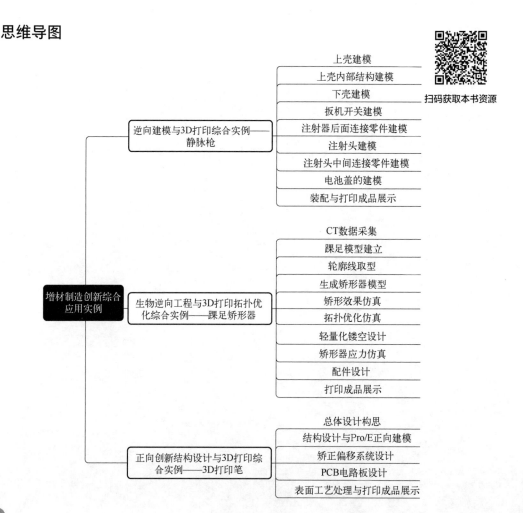

**案例导入**

前面几章学习了增材制造技术原理、各种打印材料、软件及打印设备操作方法，如何将它们融会贯通利用起来设计一款 3D 打印的创新产品（图 7-0）呢？

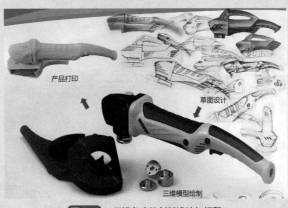

**图 7-0**　开槽角磨机创新设计与打印

 **学习目标**

**认知目标**

● 理解并掌握 3D 打印在产品设计与制作中的基础应用流程。

● 理解逆向工程在零件设计优化和制造中的关键作用，并学会应用相关技术进行零件的精确测量和数据分析。

**能力目标**

● 能够利用 3D 打印技术制作出符合要求的零部件，并理解其在实际应用中的价值。

● 培养应用逆向工程获取复杂曲面精确数据的能力，并理解其在复杂曲面设计中的应用价值。

● 培养利用逆向工程技术获取高深度模型精确数据的能力，并熟悉数据处理和分析的方法。

● 能够应用逆向工程技术对零件外壳进行精确测量和数据分析，并熟悉其在精度检测中的应用。

● 掌握利用逆向工程结合 3D 打印技术制作符合患者需求的康复医疗产品原型的能力。理解 3D 打印技术在康复医疗领域的应用优势和潜在问题，并学会提出改进措施。

● 培养创新思维与设计意识和增强跨学科融合能力。

**素养目标**

● 学会在产品创新设计过程中考虑伦理因素，确保设计方案合理性和可持续性。

● 培养社会责任感和奉献精神，关注增材制造技术在社会中的应用和影响，为社会发展贡献自己的力量。

学了这么多 3D 打印与逆向工程的理论，能进行实战训练才是目的。本章利用初级、中级和高级实例，逐步带领读者将理论知识应用到实际中，更好地了解 3D 打印与逆向工程技术在实际情况下的应用和要求，掌握相关的技能和工具；学习如何对现有的产品进行逆向分析和解剖，提取其中的关键参数和技术，从而更好地进行产品的改进和升级；学习如何利用 3D 打印技术制作出符合实际需求的产品，并且可以更好地掌握相关的技术和设备，提高 3D 打印的精度和效率。实战训练是应用 3D 打印与逆向工程技术的重要环节，也是提高相关技术水平和创新实践能力的重要途径。

# 7.1　逆向建模与 3D 打印综合实例——静脉枪

医疗器械产品 Pro/E 逆向设计高阶建模案例——静脉枪产品如图 7-1 所示。总体逆向建模思路和技巧如下。

扫码获取相关资料

图 7-1　静脉枪产品

对齐到正向建模软件的坐标系，这是前期处理模型，可以用 Geomagic 或者其他的软件做，利用犀牛（Rhino）做起来是最简单的，可以快速地删除没用的数据，摆正坐标，做完这步就可以导出 STL 文件到 Pro/E 里建模了。因为这步只是做外壳，所以只用一半的模型就好了，强行将两部分模型放在一起对齐坐标也没用，软件处理都会有误差。后面镜像就是另外一半的模型了。

导入模型到 Pro/E 里，导入模型的时候最好不要直接把 STL 文件拖入 Pro/E 里，这样系统不自带坐标和基准面，用数据导入比较好。

沿边缘描线做轮廓。描线的原则是倒角不描，如果是标注的圆用标准的圆，直接用直线描，其他的尽量用弧线贴合边缘。

构建曲面草图的基准面，这里的小技巧是不用基准面去做，只用拉伸的直线去做比较好，这样做出来的基准面比较好控制，哪里需要在哪里加就可以了，也方便修改。注意，这里的基准面只能用直线不用弧线做，否则拉伸出来的就是弧面，不能做基准面。需要做基准面的原则是哪里变形大哪里就加基准面，不是基准面加的越多越好，两根直线是一个平面，如果中间人工加了太多的控制线，得出来的曲面是不光滑的，还有就是我们构建曲面也不是一次成型的，需要看要求分开做，一次成型的大面很容易变形。另外就是 Pro/E 画草图的时候会自己生成很多约束关系，不必要的约束关系要删除掉，这样才不会修改一部分草图就影响另外的草图，导致不可控制的后果。

做轮廓线确定的尺寸最好标注后直接锁定标注，这样画好的草图才不会随意移动，如果是对称的模型，在边缘处一定要和基准面垂直，如果是曲线，要标注和基准面成 90° 角，这样镜像出来得到的另外一面才不会有棱角。

　　建模的时候要先抓大的结构，小曲面的处理要后面修补，如果不先做大面，一个一个小的曲面缝合起来模型会不光滑。

　　多根多段曲线边界混合的时候可能会出现多个曲面的现象，这要求在边界混合里的控制点中把点对齐，这样就不会出现多个曲面了，这个在视频里面会有详细说明。

　　构建曲面的时候不应该先倒角，要先处理大的曲面后面统一倒角，要不会有很多小碎面。

　　拉伸一个弧面，然后在造型里面使用造型在曲面上的线，是一种比较好的做空间曲线的方法。

　　由曲面过渡的模型构建实体建议是先构建曲面后实体化，最后抽壳，不建议构建曲面后直接加厚，那样会有很多莫名的问题。抽壳小技巧：如果模型不能抽壳，可以用分析半径然后点选曲面去测量曲面，可以得到最小的抽壳厚度。还有一个方法是先倒一个小一些的圆角，然后观察壳体结构线，如果结构线相交，那这里就是问题点，注意：如果要抽壳 2.0mm，倒角最好是大于 2.0mm。

　　对于凸出的结构体，使用复制曲面，然后实体化切除不需要的模型是一个常用的方法。做对称的模型最好用 top-down 模式，有一个主控文件，主控文件一般是把模型的外壳用螺柱定位好，然后通过插入共享数据、复制几何把主控文件发布出去，然后再在子零件中复制几何，修改大体模型主要在主控文件中修改，子文件主要加螺柱加强筋等。

　　实体化是一个很好用的切割工具命令。替换面可以做细节，把两个面合并到一起。这种用实体去填缺陷的方法比较常用。在一个零件上去拆另外一个零件，主要的方法就是复制这个零件的面，然后去偏移得到另外一个零件的结构，把两个零件分开的主要方法就是实体化，然后把分开的两部分用发布几何和复制几何拆开成单独的零件。

　　由于数据可能不是那么精准，画出一半以后要使用发布几何和复制几何传递数据，不能死抠扫描的数据，否则做出来的模型肯定出错，有些结构是定位用的，有些是压 PCB 板的，要看用途，不同类型的结构画图精度也是不一样的。发布几何的意思类似于你是项目主管，你把项目分成了不同的部分，然后派发出去，复制几何就是你拿到你的任务然后在这个任务上继续细化，这种拆分结构的方法叫 top-down，网上有很多教程可以看看。

　　以下是静脉枪每个部件的具体建模步骤，步骤和图均一一对应。

## 7.1.1　上壳建模

　　Step1：先把扫描的 STL 文件导入犀牛中，进行前期扫描数据处理，通过犀牛把多余的杂面删除，选取杂面，直接按 Delete 删除。如果点击杂面，出现杂面与大身相连的情况，需要把整体选择，再进行炸裂，使所有相连的面分离。

图 7-2　上壳建模 Step1

Step2：将模型与犀牛的全局坐标对齐，对齐后保存为 STL 文件，将保存的文件导入 Pro/E 里，Pro/E 的坐标也自动会和模型对齐，这一步骤我们称为"对坐标"。对坐标时要寻找模型的特殊特征，比如模型的平面、圆形等，这些特征能够真正地辅助对齐坐标，这样对齐坐标会更加容易、更加准确，后期建模也会很方便。

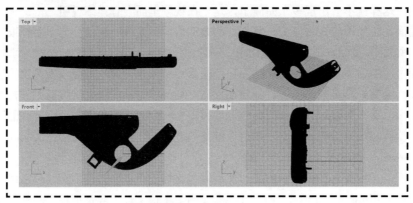

图 7-3　上壳建模 Step2

Step3：处理完的模型导入 Pro/E 软件里。必须先打开 Pro/E 软件，在菜单栏中，点击"文件"选项卡里的"新建"，弹出"新建"对话框，在 Pro/E 里只能以英文命名，不允许出现中文，否则新建文件失败，取消勾选"使用缺省模板"，找到公制单位模板"mmns"，进入零件里面后，点击"插入"选项卡，点击"共享数据"，然后"自文件"，选择要导入的模型，确定弹出"导向选项"，扫描模型导入成功。必须按上述的步骤导入模型，不然会出现一系列的未知的问题。

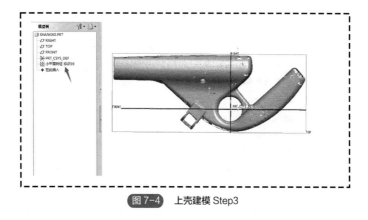

图 7-4    上壳建模 Step3

Step4：前期数据处理与导入完成后，开始正式的逆向建模。创建草绘特征，选择 TOP 平面为草绘平面，将模型的外轮廓用样条曲线草绘出来。这里尺寸数字不做准确的要求，只作为参考，草绘外轮廓应更贴近扫描的模型。

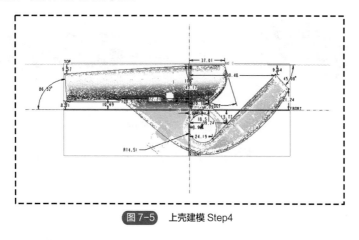

图 7-5    上壳建模 Step4

Step5：创建草绘特征，选择 TOP 平面为草绘平面，再绘制出一条草绘线，该草绘线后期需与所做的基准面相交出参考点。

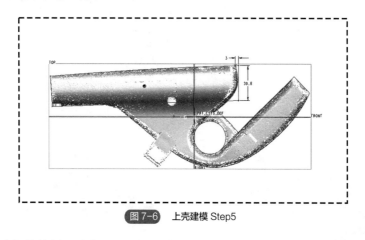

图 7-6    上壳建模 Step5

Step6：创建拉伸特征，选择 TOP 平面为草绘平面，绘制草绘线（草绘线根据所需选择哪个地方做基准面而绘制，可以如图 7-7 所示大致绘制），拉伸为曲面，拉伸高度为 60mm。

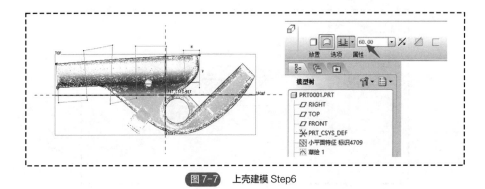

图7-7 上壳建模 Step6

Step7：创建草绘特征，选择 Step6 所做的基准面第一个平面作为草绘平面（草绘两端与 TOP 平面垂直）。

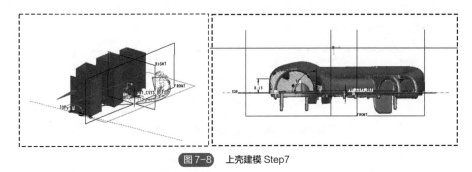

图7-8 上壳建模 Step7

Step8：创建基准点特征，选择 Step5 的草绘与 Step6 所做的平面相交出基准点（按 Ctrl 键连续选择草绘和平面）。

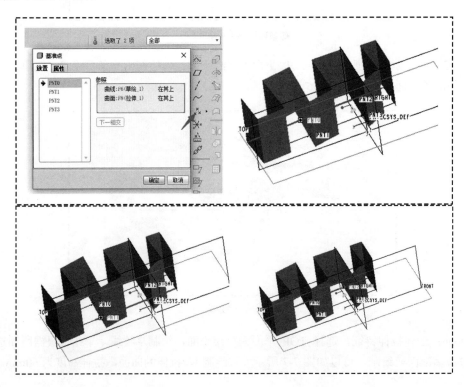

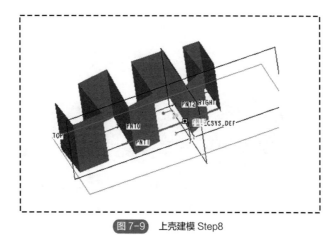

图 7-9　上壳建模 Step8

Step9：创建草绘特征，选择 Step6 所做的基准面第三个平面作为草绘平面（草绘两端与 TOP 平面垂直）。

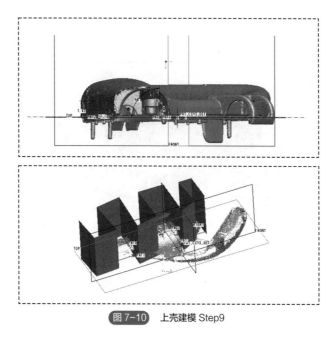

图 7-10　上壳建模 Step9

Step10：创建草绘特征，选择 Step6 所做的基准面第五个平面作为草绘平面（草绘两端与 TOP 平面垂直）。

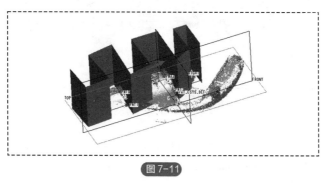

图 7-11

163

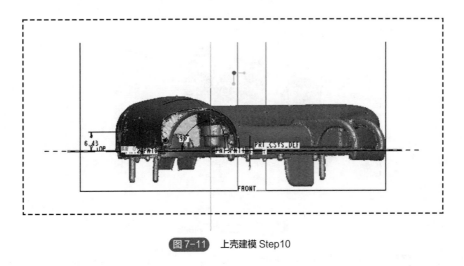

图 7-11　上壳建模 Step10

Step11：创建草绘特征，选择 Step6 所做的基准面第七个平面作为草绘平面（草绘两端与 TOP 平面垂直）。

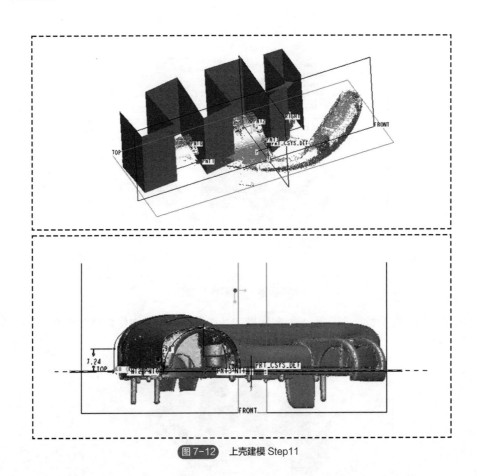

图 7-12　上壳建模 Step11

Step12：创建边界混合，点击第一方向链，依次选取同一方向需要混合的草绘；点击第二方向链，依次再选取另一同方向需混合的草绘（按 Ctrl 键依次选择同方向链）。

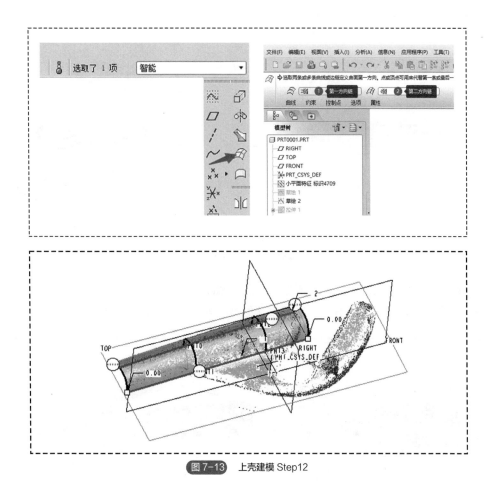

图 7-13　上壳建模 Step12

Step13：创建拉伸特征，选择 TOP 平面为草绘平面，绘制草绘线，拉伸为实体，拉伸高度为 15mm。

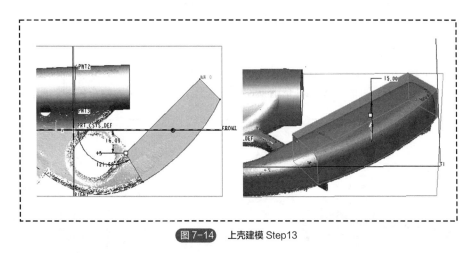

图 7-14　上壳建模 Step13

Step14：创建拉伸特征，选择 TOP 平面为草绘平面，绘制草绘线，拉伸为曲面，拉伸高度为 65mm（作基准面）。

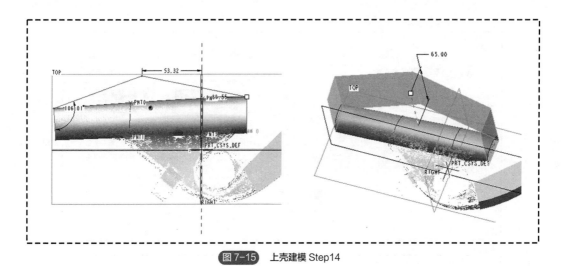

图 7-15　上壳建模 Step14

Step15：按住 Ctrl 键选择 Step14 所做的曲面与 Step12 边界混合的曲面合并，调整合并的方向，留下所需的部分（平面上有横平竖直相交的虚线为合并后保留的曲面）。

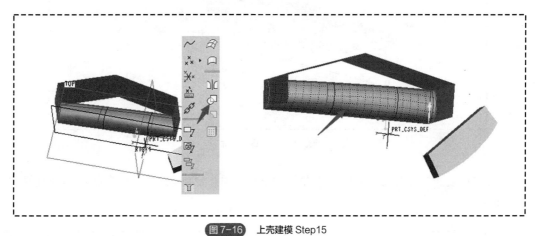

图 7-16　上壳建模 Step15

Step16：使用"填充"命令，将合并后的曲面封闭，在菜单栏中，点击"编辑"选项卡里的"填充"命令，选择 TOP 平面为草绘平面，激活"使用"命令，将 Step15 合并曲面所需的轮廓投影，作为填充面的草绘线（填充出来的曲面与原合并的曲面为两个单独的曲面）。

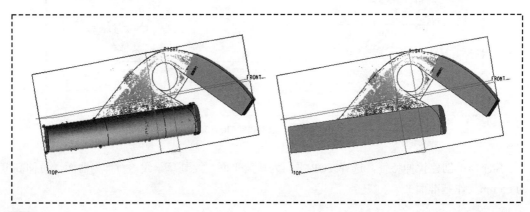

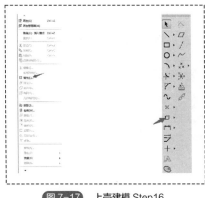

图 7-17 上壳建模 Step16

Step17：将填充新生出来的封闭曲面与 Step15 合并的曲面再次合并，形成一个封闭一体的曲面。

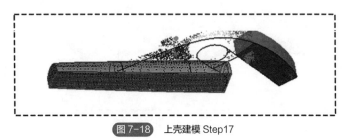

图 7-18 上壳建模 Step17

Step18：创建拉伸特征，选择 TOP 平面为草绘平面，绘制草绘线，拉伸为实体，拉伸高度为 8mm。

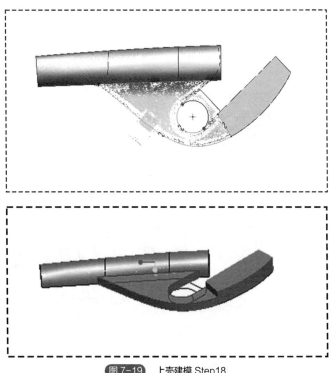

图 7-19 上壳建模 Step18

Step19：创建拉伸特征，选择 TOP 平面为草绘平面，绘制草绘线，拉伸为实体，拉伸高度为 65mm，激活"移除材料"命令，调整移除材料的方向，把不需要的实体特征移除。

图 7-20　上壳建模 Step19

Step20：选择需要偏移的平面，在菜单栏中，点击"编辑"选项卡里的"偏移"命令，选择类型为"展开特征"，将这个面往外偏移 8mm。

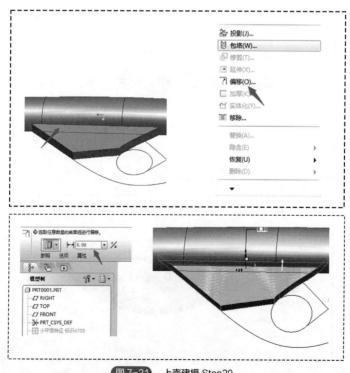

图 7-21　上壳建模 Step20

Step21：创建拉伸特征，选择 TOP 平面为草绘平面，绘制草绘线，拉伸为曲面，拉伸高度为 65mm。

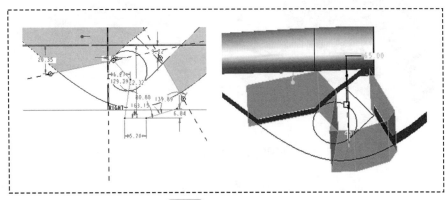

图 7-22 上壳建模 Step21

Step22：创建拉伸特征，选择 TOP 平面为草绘平面，绘制草绘线，拉伸为曲面，拉伸高度为 65mm（可以根据 Step4 创建的草绘，投影自己所需的草绘线）。

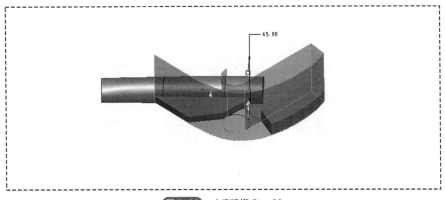

图 7-23 上壳建模 Step22

Step23：使用造型命令，在 Step22 拉伸曲面上绘制空间曲线，按住 Shift 键捕捉端点的约束，调整曲线曲率并设置相切约束（在两个连续的曲面上不可以直接创建一条曲线，需要分两次进行创建）。

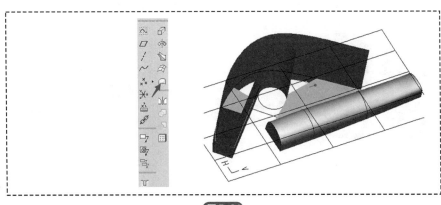

图 7-24

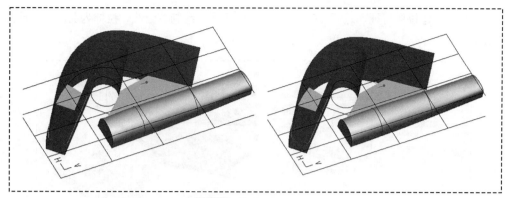

图 7-24　上壳建模 Step23

Step24：创建边界混合，点击第一方向链，依次选取同一方向需要混合的曲线；点击第二方向链，依次再选取另一同方向需混合的曲线。

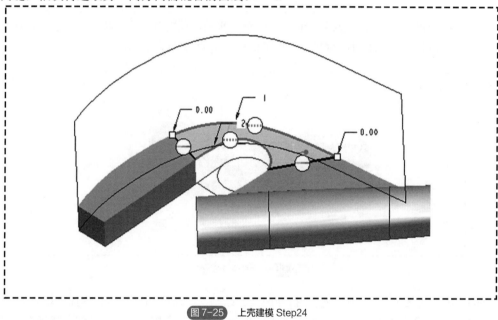

图 7-25　上壳建模 Step24

Step25：Step21 创建的曲面与 Step24 的曲面合并。

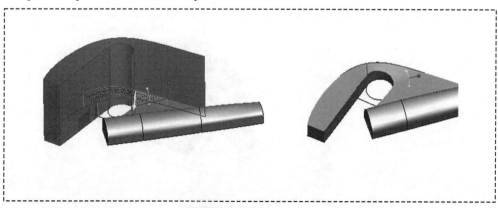

图 7-26　上壳建模 Step25

Step26：使用"填充"命令，将合并后的曲面封闭。

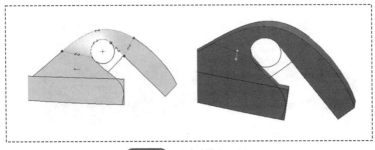

图 7-27 上壳建模 Step26

Step27：将 Step26 填充的封闭曲面与 Step24 合并的曲面再次合并，形成一个封闭一体的曲面。

图 7-28 上壳建模 Step27

Step28：点击图示平面，软件会自动捕捉到 Step27 封闭一体的曲面，在菜单栏中，点击"编辑"选项卡里的"实体化"命令，激活"用面组替换部分曲面"选项，确定完成实体化。

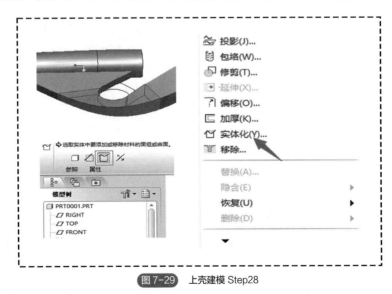

图 7-29 上壳建模 Step28

Step29：选择图示平面，创建实体化特征。

图 7-30　上壳建模 Step29

Step30：创建草绘特征，选择 TOP 平面为草绘平面，根据外轮廓绘制如图所示草绘。

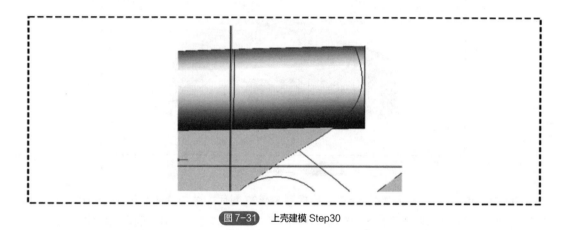

图 7-31　上壳建模 Step30

Step31：创建拉伸特征，选择 TOP 平面为草绘平面，将 Step30 绘制的草绘投影到拉伸草绘中，再将草绘绘制成封闭的曲线，拉伸为实体，拉伸高度为 65mm，激活"移除材料"命令，选择切除的方向。

Step32：创建倒圆角命令，选择需要倒角的边，圆角大小为 21mm。

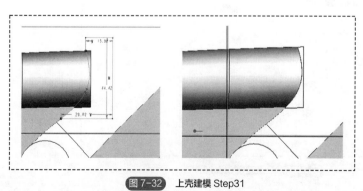

图 7-32　上壳建模 Step31　　　　　图 7-33　上壳建模 Step32

Step33：创建拉伸特征，选择 TOP 平面为草绘平面，绘制草绘线，拉伸为实体，拉伸高度为 5mm。

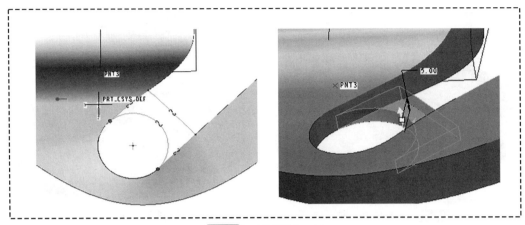

图 7-34　上壳建模 Step33

Step34：创建倒圆角命令，选择需要倒角的边，圆角大小为 2.2mm。

Step35：创建倒圆角命令，选择需要倒角的边，圆角大小为 2.5mm。

Step36：创建倒圆角命令，选择需要倒角的边，圆角大小为 5mm。

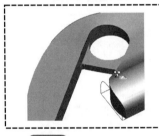

图 7-35　上壳建模 Step34

图 7-36　上壳建模 Step35

图 7-37　上壳建模 Step36

Step37：创建倒圆角命令，选择需要倒角的边，圆角大小为 5mm。

Step38：创建倒圆角命令，选择需要倒角的边，圆角大小为 5mm。

Step39：创建倒圆角命令，选择需要倒角的边，圆角大小为 2mm。

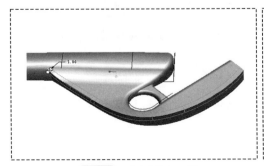

图 7-38　上壳建模 Step37

图 7-39　上壳建模 Step38

Step40：创建倒圆角命令，选择需要倒角的边，圆角大小为4mm。

Step41：选择图7-42所示曲面，创建抽壳命令，选择要移除的平面，输入厚度为2mm。

图 7-40 上壳建模 Step39

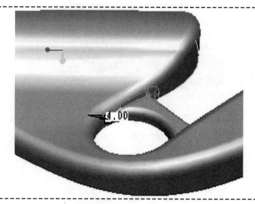

图 7-41 上壳建模 Step40

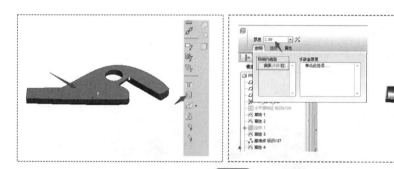

图 7-42 上壳建模 Step41

Step42：创建拉伸特征，选择 TOP 平面为草绘平面，绘制草绘线，拉伸为曲面，拉伸高度为65mm。

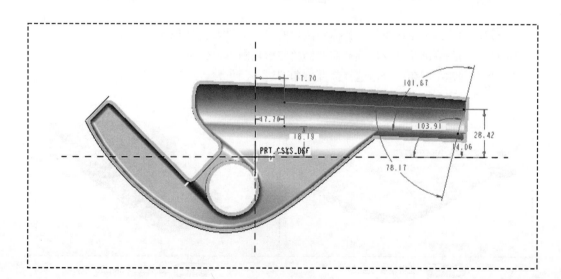

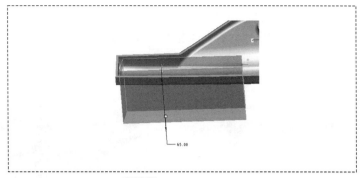

图 7-43　上壳建模 Step42

Step43：选择所需复制的曲面，按 Ctrl+C，再按 Ctrl+V，完成曲面的复制。

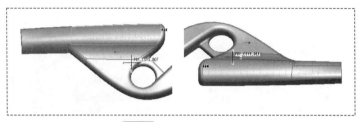

图 7-44　上壳建模 Step43

Step44：选择所需复制的曲面，按 Ctrl+C，再按 Ctrl+V，完成曲面的复制。

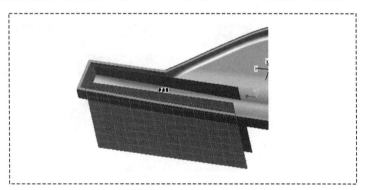

图 7-45　上壳建模 Step44

Step45：选择所需复制的曲面，按 Ctrl+C，再按 Ctrl+V，完成曲面的复制。

图 7-46　上壳建模 Step45

Step46：创建造型命令，在造型工具里面进行草绘，草绘的平面分别为 Step44 和 Step45 所复制的曲面，绘制好后，单击曲面修剪命令，选择被修剪的面组，选择修剪的造型曲线，选择需去掉的多余曲面。

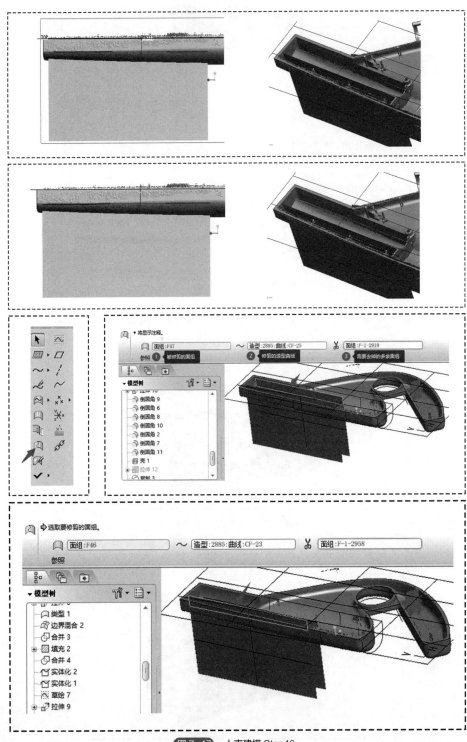

图 7-47　上壳建模 Step46

Step47：选择 Step46 的第一个面，在菜单栏中，点击"编辑"选项卡里的"加厚"命令，调节加厚的方向为两侧对称，总加厚偏移值为 1mm。

图 7-48 上壳建模 Step47　　　图 7-49 上壳建模 Step48

Step48：选择 Step46 的第二个面进行加厚，创建加厚特征，加厚的方向为两侧对称，总加厚偏移值为 1mm。

Step49：选取壳里面的曲面，创建实体化特征，激活移除材料命令，定义参照面组，调整移除材料的方向。可以隐藏扫描导入的小平面特征，便于操作。

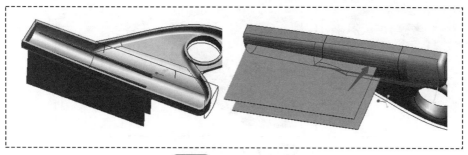

图 7-50　上壳建模 Step49

Step50：创建拉伸特征，选择 FRONT 平面为草绘平面，绘制草绘线，拉伸为曲面，拉伸高度为 65mm。

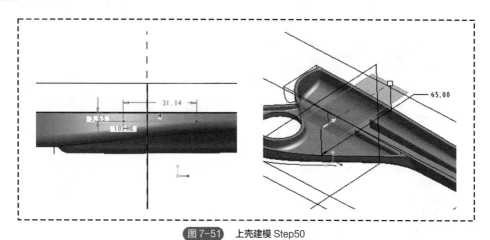

图 7-51　上壳建模 Step50

Step51：创建拉伸特征，选择 Step50 创建的基准面为草绘平面，绘制草绘线，拉伸为实体，加厚值为 1mm，拉伸高度为到下一个曲面，在选项卡中，侧 2 添加一个盲孔，高度为3mm。

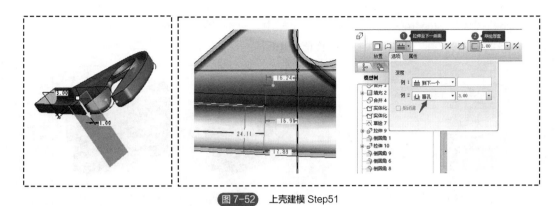

图 7-52　上壳建模 Step51

Step52：创建拉伸特征，选择 Step51 创建实体的侧面为草绘平面（如图 7-53 所示），绘制草绘线，拉伸为实体，激活移除材料命令，拉伸为两侧对称，长度值为 10mm。

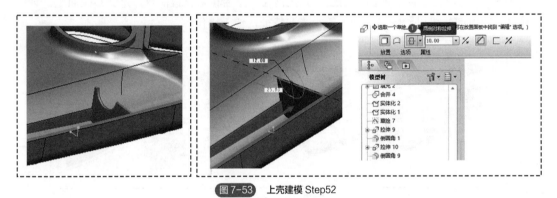

图 7-53　上壳建模 Step52

Step53：创建拉伸特征，选择 TOP 平面为草绘平面，绘制草绘线，拉伸为曲面，拉伸高度为 65mm。

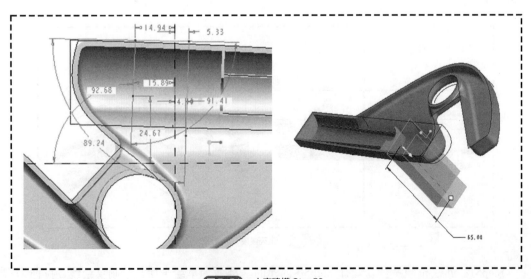

图 7-54　上壳建模 Step53

Step54：选择所需复制的曲面，按 Ctrl+C，再按 Ctrl+D，完成曲面的复制。

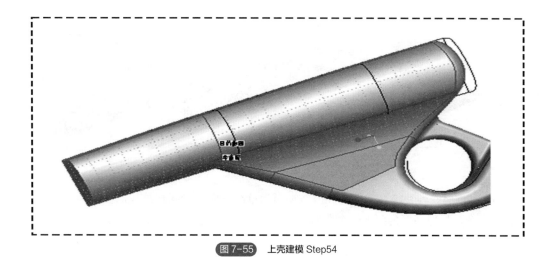

图 7-55　上壳建模 Step54

Step55：创建拉伸特征，选择 Step52 创建的基准面为草绘平面，绘制草绘线，拉伸为实体，拉伸为两侧对称，厚度为 1mm。

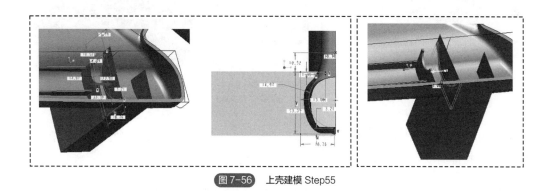

图 7-56　上壳建模 Step55

Step56：创建拉伸特征，选择 Step52 创建的基准面为草绘平面，绘制草绘线，拉伸为实体，拉伸为两侧对称，厚度为 1mm。

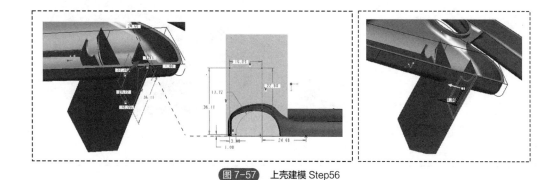

图 7-57　上壳建模 Step56

Step57：选取 Step54 复制的曲面，创建实体化特征，激活移除材料命令，定义参照面组，调整移除材料的方向。

图 7-58　上壳建模 Step57

Step58：创建拉伸特征，选择上壳的前端面为草绘平面，绘制草绘线，拉伸为实体，激活移除材料命令，拉伸高度为到下一个曲面。

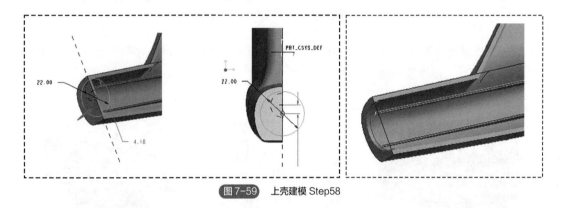

图 7-59　上壳建模 Step58

Step59：创建拉伸特征，选择 TOP 平面为草绘平面，绘制草绘线，拉伸为实体，激活移除材料命令，拉伸高度为 3mm。

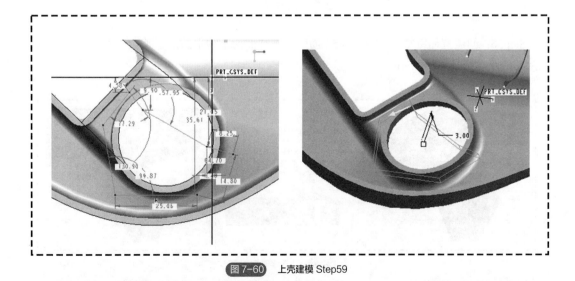

图 7-60　上壳建模 Step59

Step60：创建草绘特征，选择 TOP 平面为草绘平面，根据扫描文件绘制里面的小特征。

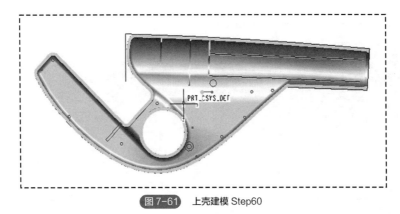

图 7-61　**上壳建模** Step60

Step61：创建拉伸特征，选择图示平面为草绘平面，投影 Step60 绘制的部分草绘线（如图 7-62 所示），拉伸为实体，拉伸高度为到下一个曲面。

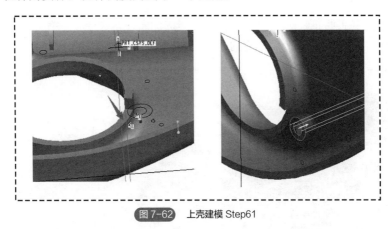

图 7-62　**上壳建模** Step61

Step62：创建草绘特征，选择 TOP 平面为草绘平面，根据扫描文件绘制里面的小特征。

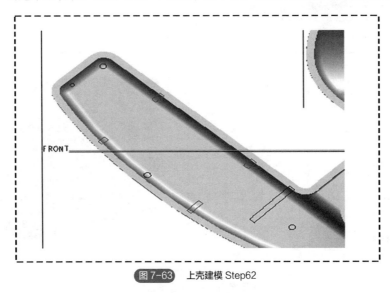

图 7-63　**上壳建模** Step62

Step63：创建拉伸特征，选择图示平面为草绘平面，绘制草绘线，拉伸为实体，拉伸高度为到下一个平面。

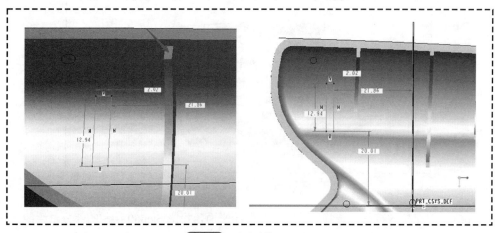

图 7-64　上壳建模 Step63

Step64：创建拉伸特征，选择 Step62 创建实体的侧面为草绘平面，绘制草绘线，拉伸为实体，激活移除材料命令，拉伸为到选定的平面。

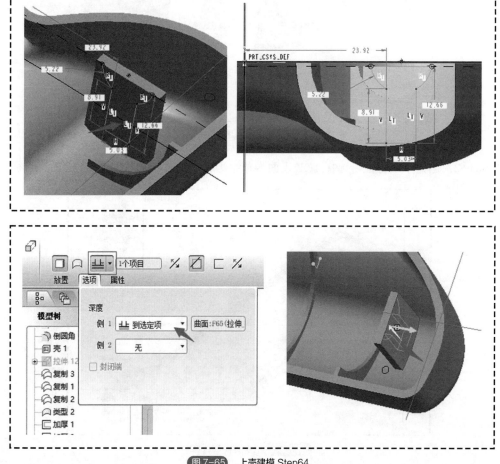

图 7-65　上壳建模 Step64

Step65：从"插入"菜单栏中，选择"数据共享"中的"发布几何"。进入到界面中，选中上壳的任意曲面，点击右键选择"实体曲面"，点击激活链选项框，依次选取所需发布的链，选择完成后单击对勾，完成发布几何命令。

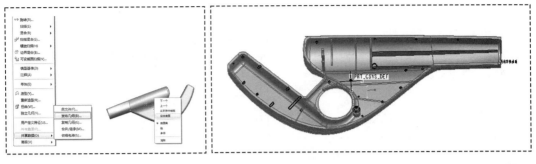

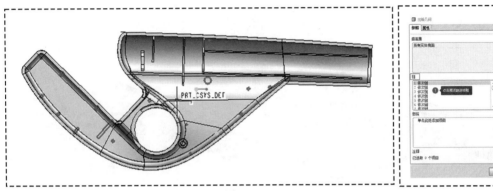

图 7-66　上壳建模 Step65

## 7.1.2　上壳内部结构建模

Step1：把上一个零件所发布的几何复制过来，便于后期参考建模。从"插入"菜单栏中，选择"数据共享"中的"复制几何"。选择参照模型，打开需要复制的发布几何零件，默认为缺省模式，点击添加发布几何命令，在右边弹出的对话框中选择发布几何特征，单击对勾，复制几何成功。

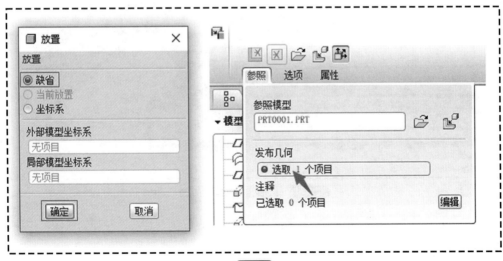

图 7-67

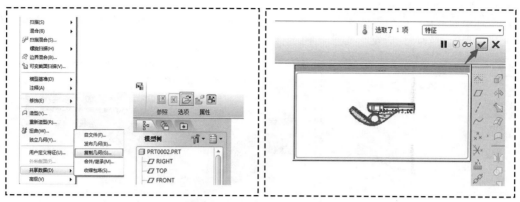

图 7-67　上壳内部结构建模 Step1

Step2：单击复制过来的几何特征，创建实体化特征。

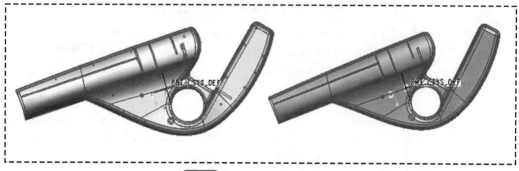

图 7-68　上壳内部结构建模 Step2

Step3：将原来处理好的扫描文件，导入 Pro/E 里，步骤方法和以前一样。

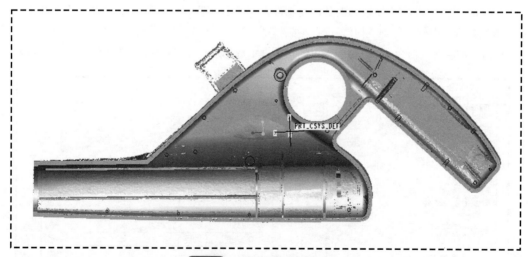

图 7-69　上壳内部结构建模 Step3

Step4：创建拉伸特征，选择 TOP 平面为草绘平面，绘制草绘线，拉伸为曲面，拉伸高度为 65mm。

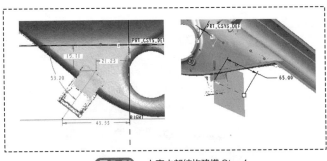

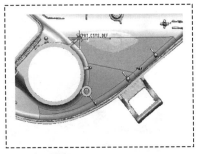

图 7-70　上壳内部结构建模 Step4　　　图 7-71　上壳内部结构建模 Step5

Step5：选择所需复制的曲面，按 Ctrl+C，再按 Ctrl+D，完成曲面的复制。

Step6：创建拉伸特征，选择 Step4 做的基准面为草绘平面，绘制草绘线，拉伸为实体，两侧对称拉伸，高度为 18mm。

图 7-72　上壳内部结构建模 Step6

Step7：创建拉伸特征，选择 Step4 做的基准面为草绘平面，绘制草绘线，拉伸为实体，激活移除材料命令，拉伸高度为 13mm。

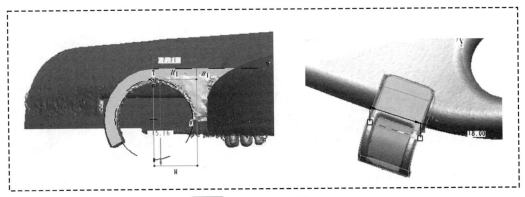

图 7-73　上壳内部结构建模 Step7

Step8：选取 Step5 复制的曲面，创建实体化特征，激活用面组替换曲面命令，调整好需替换的方向。

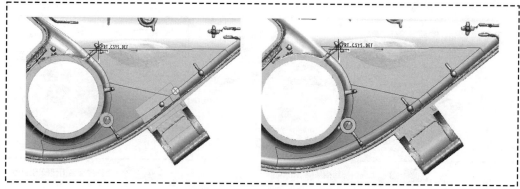

图 7-74　上壳内部结构建模 Step8

Step9：创建倒圆角命令，圆角大小为 2.2mm。

Step10：创建倒圆角命令，圆角大小为 0.5mm。

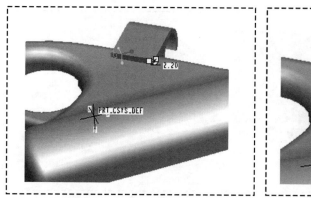

图 7-75　上壳内部结构建模 Step9

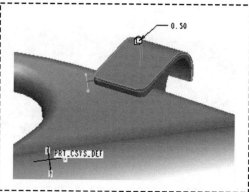

图 7-76　上壳内部结构建模 Step10

Step11：创建拉伸特征，选择 Step4 做的基准面为草绘平面，绘制草绘线，拉伸为实体，激活移除材料命令，两侧对称拉伸，拉伸高度为 13mm。

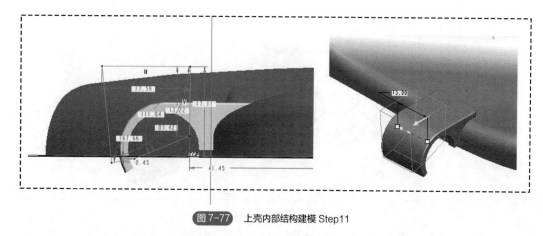

图 7-77　上壳内部结构建模 Step11

Step12：创建拉伸特征，选择 TOP 平面为草绘平面，投影复制几何中的小圆，拉伸为实体，拉伸高度为到下一个曲面，在选项卡中，侧 2 添加一个盲孔，高度为 3mm。

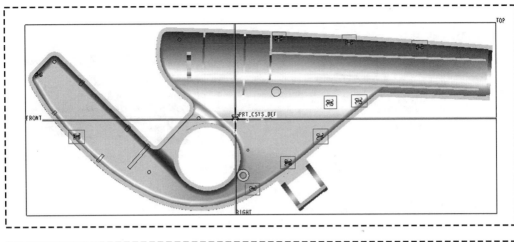

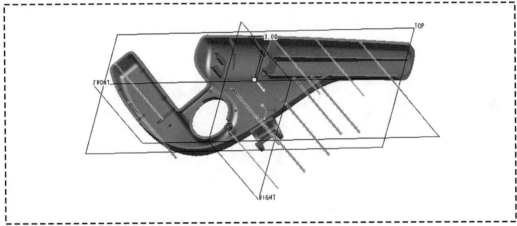

图 7-78　上壳内部结构建模 Step12

Step13：创建倒圆角命令，圆角大小为 0.3mm。

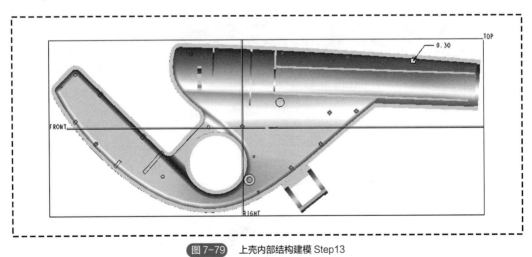

图 7-79　上壳内部结构建模 Step13

Step14：创建 DTM1 平面，以壳的下端面往下偏移 1mm。

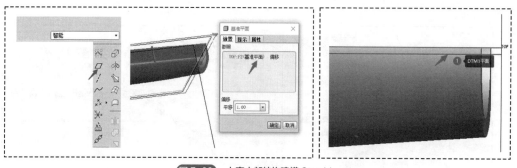

图 7-80  上壳内部结构建模 Step14

Step15：创建拉伸特征，选择 DTM1 平面为草绘平面，绘制草绘线，拉伸为实体，拉伸高度为到下一个平面。

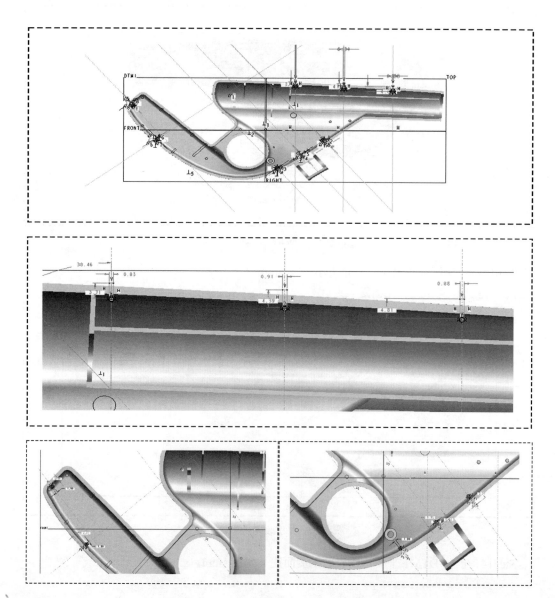

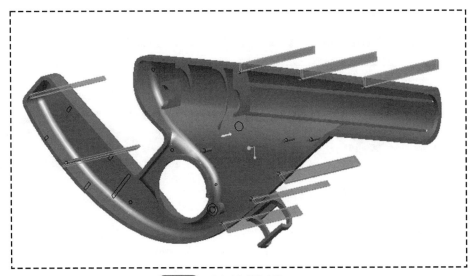

图 7-81　上壳内部结构建模 Step15

Step16：创建拉伸特征，选择 TOP 平面为草绘平面，绘制草绘线，拉伸为实体，激活移除材料命令，拉伸高度为 65mm。

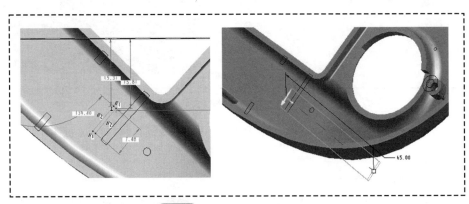

图 7-82　上壳内部结构建模 Step16

Step17：创建拉伸特征，选择 TOP 平面为草绘平面，绘制草绘线，拉伸为实体，激活移除材料命令，拉伸高度为 65mm。

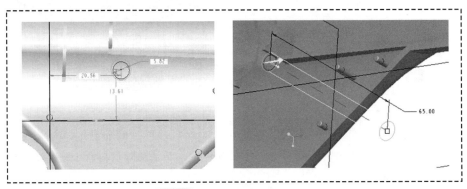

图 7-83　上壳内部结构建模 Step17

Step18：创建 DTM2 平面，以 DTM1 面往下偏移 3mm。

Step19：选择所需复制的曲面，按 Ctrl+C，再按 Ctrl+D，完成曲面的复制。

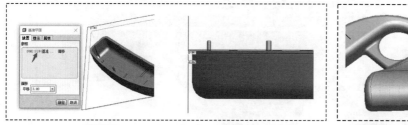

图 7-84　上壳内部结构建模 Step18　　　　图 7-85　上壳内部结构建模 Step19

Step20：创建 DTM3 平面，以图示平面往上偏移 1mm。

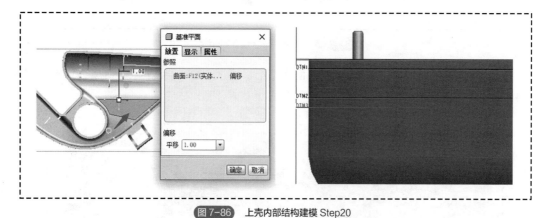

图 7-86　上壳内部结构建模 Step20

Step21：创建拉伸特征，选择 DTM3 平面为草绘平面，绘制草绘线，拉伸为实体，拉伸高度为 20mm。

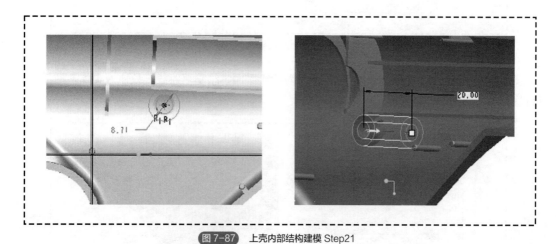

图 7-87　上壳内部结构建模 Step21

Step22：选取 Step19 复制的曲面，创建实体化特征，激活移除材料命令，定义参照面组，调整移除材料的方向。

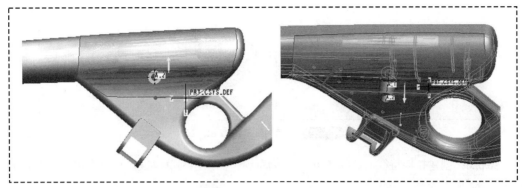

图 7-88　上壳内部结构建模 Step22

Step23：创建拉伸特征，选择 DTM3 平面为草绘平面，绘制草绘线，拉伸为实体，拉伸高度为 3.5mm，在选项卡中，侧 2 添加一个盲孔，高度为 1.5mm。

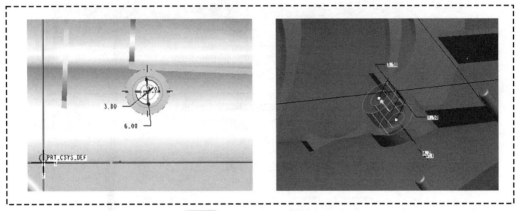

图 7-89　上壳内部结构建模 Step23

Step24：创建拉伸特征，选择 TOP 平面为草绘平面，绘制草绘线，拉伸为实体，拉伸至下一个曲面。

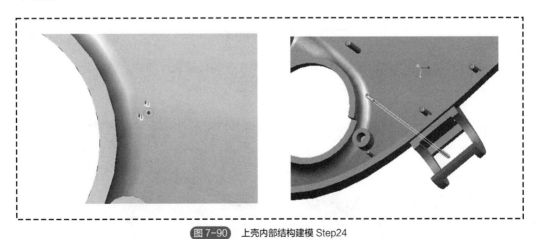

图 7-90　上壳内部结构建模 Step24

Step25：创建拉伸特征，选择 TOP 平面为草绘平面，投影草绘线，拉伸为实体，加厚草绘 1mm，拉伸高度为 2mm。

图 7-91　上壳内部结构建模 Step25

Step26：创建拉伸特征，选择 TOP 平面为草绘平面，绘制草绘线，拉伸为实体，激活移除材料命令，拉伸高度为 6mm。

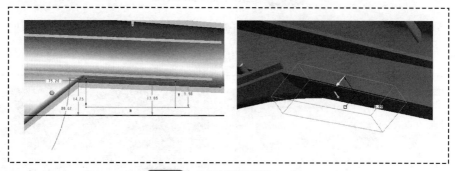

图 7-92　上壳内部结构建模 Step26

Step27：创建倒角命令，倒角大小为 1mm。

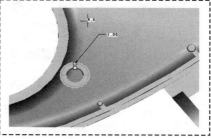

图 7-93　上壳内部结构建模 Step27

Step28：创建拉伸特征，选择 DTM3 平面为草绘平面，绘制草绘线，拉伸为实体，拉伸至下一个曲面，在选项卡中，侧 2 添加一个盲孔，高度为 3mm。

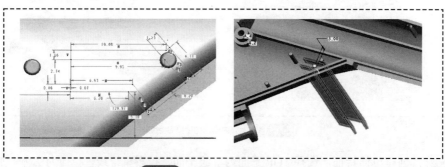

图 7-94　上壳内部结构建模 Step28

Step29：创建拉伸特征，选择图示平面为草绘平面，绘制草绘线，拉伸为实体。

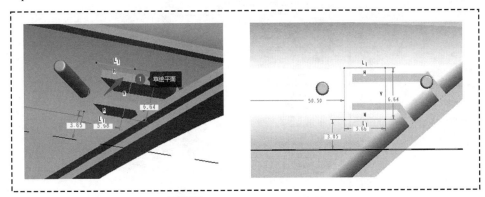

图 7-95　上壳内部结构建模 Step29

Step30：激活移除材料命令，拉伸到选定项 DTM3。创建基准轴命令，选中圆柱的表面，基准轴创建完成。

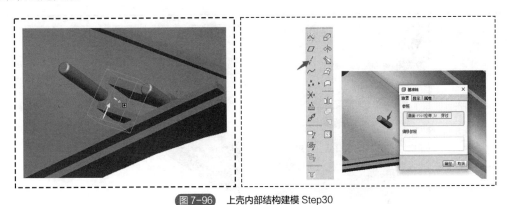

图 7-96　上壳内部结构建模 Step30

Step31：创建拉伸特征，选择 DTM3 平面为草绘平面，绘制草绘线，拉伸为实体，拉伸至下一个曲面。

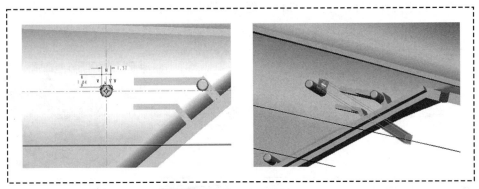

图 7-97　上壳内部结构建模 Step31

Step32：选择 Step31 的拉伸特征，创建阵列特征，点击菜单栏中的"编辑"选项卡，选择"阵列"命令，参照改为轴，选择参照的阵列轴，第一方向成员个数为 4，成员间的角度为 90°，角度的范围为 360°。

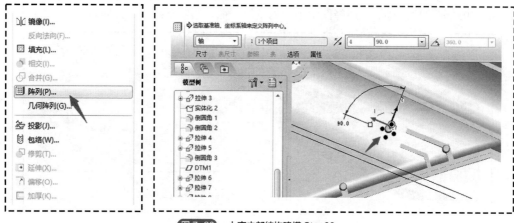

图 7-98    上壳内部结构建模 Step32

Step33：创建拉伸特征，选择 DTM3 平面为草绘平面，绘制草绘线，拉伸为实体，拉伸至下一个曲面。

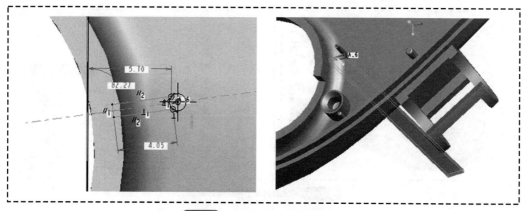

图 7-99    上壳内部结构建模 Step33

Step34：创建基准轴命令，选中圆柱的表面，基准轴创建完成。

Step35：创建拉伸特征，选择 DTM3 平面为草绘平面，绘制草绘线，拉伸为实体，拉伸至下一个曲面。

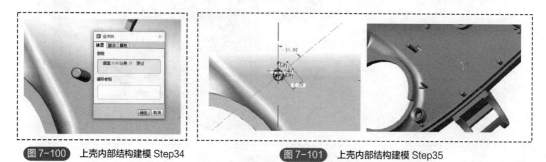

图 7-100    上壳内部结构建模 Step34          图 7-101    上壳内部结构建模 Step35

Step36：选择 Step35 的拉伸特征，创建阵列特征，点击菜单栏中的"编辑"选项卡，选择"阵列"命令，参照改为轴，选择参照的阵列轴，第一方向成员个数为 4，成员间的角度为 90°，角度的范围为 360°。

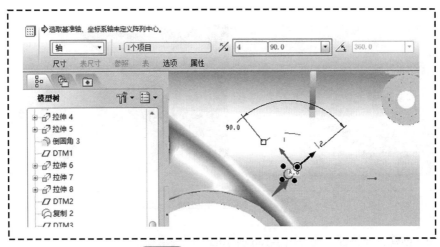

图 7-102　上壳内部结构建模 Step36

Step37：创建拉伸特征，选择 TOP 平面为草绘平面，绘制草绘线，拉伸为实体，拉伸至下一个曲面。

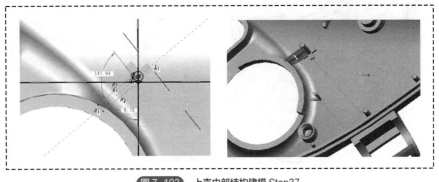

图 7-103　上壳内部结构建模 Step37

Step38：创建拉伸特征，选择 TOP 平面为草绘平面，绘制草绘线，拉伸为实体，激活移除材料命令，拉伸到选定项——Step36 阵列的上平面。

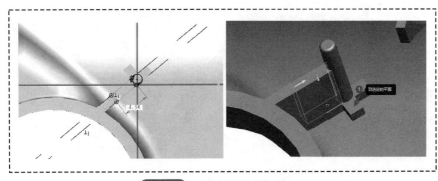

图 7-104　上壳内部结构建模 Step38

Step39：创建拉伸特征，选择 DTM3 平面为草绘平面，绘制草绘线，拉伸为实体，拉伸至下一个曲面。

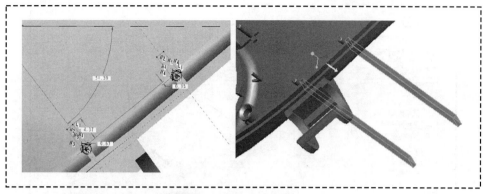

图 7-105　上壳内部结构建模 Step39

Step40：创建拉伸特征，选择图 7-106 所示的平面为草绘平面，绘制草绘线，拉伸为实体，拉伸高度为到下一个曲面，在选项卡中，侧 2 添加一个盲孔，高度为 2mm。

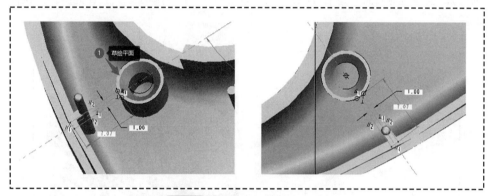

图 7-106　上壳内部结构建模 Step40

Step41：创建拉伸特征，选择 DTM1 平面为草绘平面，绘制草绘线，拉伸为实体，激活移除材料命令，拉伸到选定项到图 7-107 所示平面。

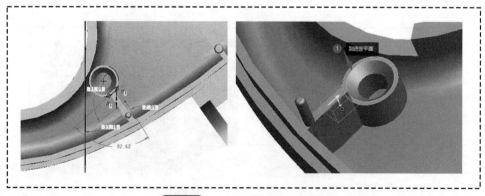

图 7-107　上壳内部结构建模 Step41

Step42：创建拉伸特征，选择 TOP 平面为草绘平面，绘制草绘线，拉伸为实体，拉伸至下一个曲面，在选项卡中，侧 2 添加拉伸到选定项到图 7-108 所示平面。

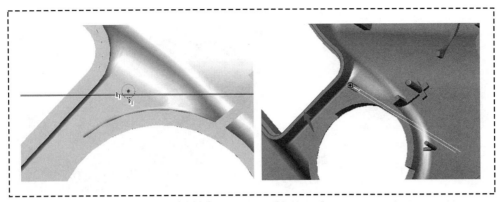

图 7-108　上壳内部结构建模 Step42

Step43：创建拉伸特征，选择图 7-109 所示的平面为草绘平面，绘制草绘线，拉伸为实体，拉伸高度为到下一个曲面，在选项卡中，侧 2 添加一个盲孔，高度为 7mm。

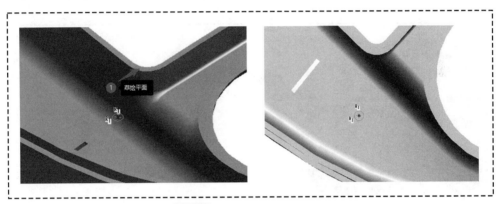

图 7-109　上壳内部结构建模 Step43

Step44：创建拉伸特征，选择 TOP 平面为草绘平面，绘制草绘线，拉伸为实体，拉伸至下一个曲面，加厚草绘 1mm。

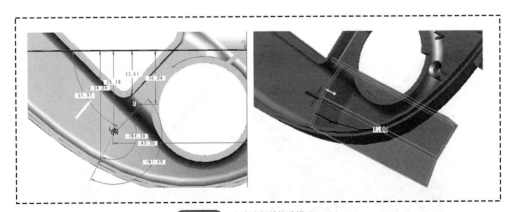

图 7-110　上壳内部结构建模 Step44

Step45：创建拉伸特征，选择 TOP 平面为草绘平面，绘制草绘线，拉伸为实体，拉伸至下一个曲面，加厚草绘 1mm。

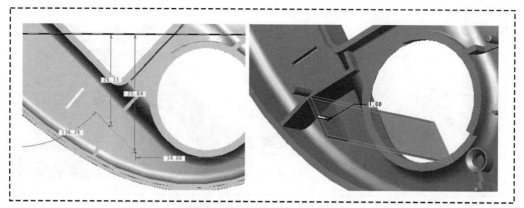

**图 7-111** 上壳内部结构建模 Step45

Step46：创建拉伸特征，选择图示的平面为草绘平面，投影所需复制几何的链为草绘线，拉伸为实体，拉伸高度为到下一个曲面，在选项卡中，侧 2 添加一个盲孔，高度为 9mm。

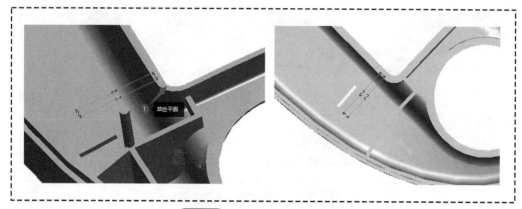

**图 7-112** 上壳内部结构建模 Step46

Step47：创建拉伸特征，选择 Step46 拉伸特征上端面为草绘平面，绘制草绘线，拉伸为实体。

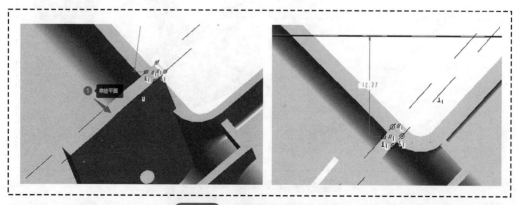

**图 7-113** 上壳内部结构建模 Step47

Step48：激活移除材料命令，拉伸到选定的图示平面，创建倒圆角命令，圆角大小为 5mm。

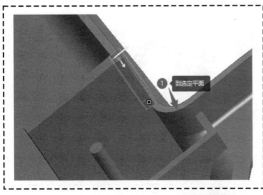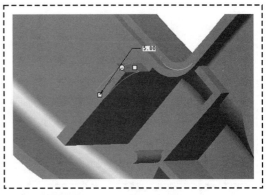

图 7-114　上壳内部结构建模 Step48

Step49：创建拉伸特征，选择 DTM3 平面为草绘平面，绘制草绘线，拉伸为实体，拉伸至下一个曲面。

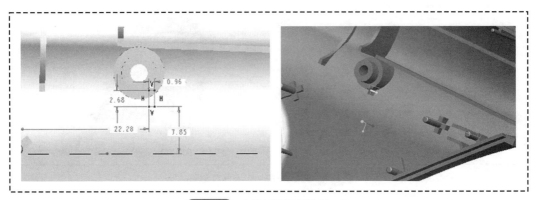

图 7-115　上壳内部结构建模 Step49

Step50：创建拉伸特征，选择 DTM1 平面为草绘平面，绘制草绘线，拉伸为实体，拉伸高度为到下一个曲面，在选项卡中，侧 2 添加一个盲孔，高度为 11mm。

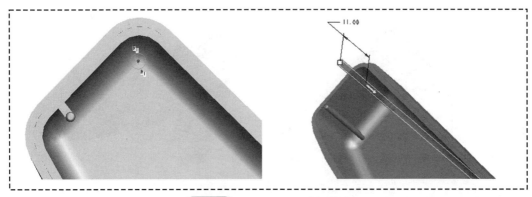

图 7-116　上壳内部结构建模 Step50

Step51：创建拉伸特征，选择 DTM1 平面为草绘平面，绘制草绘线，拉伸至下一个曲面，加厚草绘 1mm。

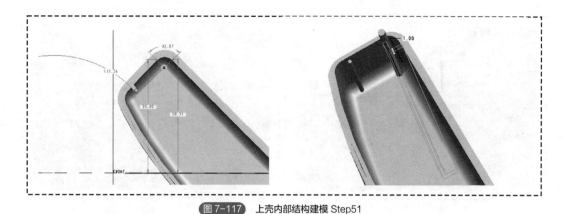

图 7-117 上壳内部结构建模 Step51

Step52：创建草绘特征，根据外轮廓绘制一条草绘。

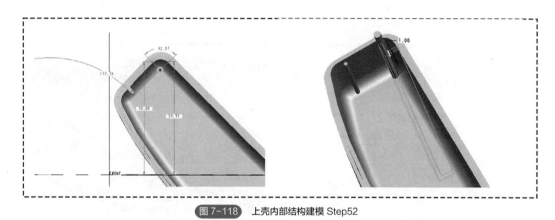

图 7-118 上壳内部结构建模 Step52

Step53：创建拉伸特征，选择 DTM1 平面为草绘平面，绘制草绘线，拉伸为实体，拉伸高度为到下一个曲面，在选项卡中，侧 2 添加一个盲孔，高度为 7mm。

图 7-119 上壳内部结构建模 Step53

Step54：创建拉伸特征，选择 Step53 拉伸特征的侧面为草绘平面，绘制草绘线，拉伸为实体。

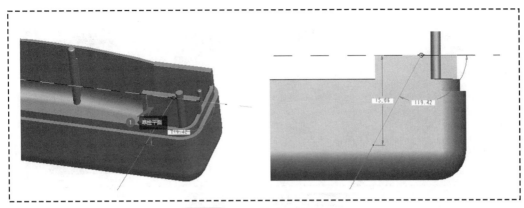

**图 7-120** 上壳内部结构建模 Step54

Step55：激活移除材料命令，拉伸高度 13mm，创建拉伸特征，选择 Step53 拉伸特征的顶面为草绘平面，绘制草绘线，拉伸为实体，激活移除材料命令，拉伸到选定项到图示平面。

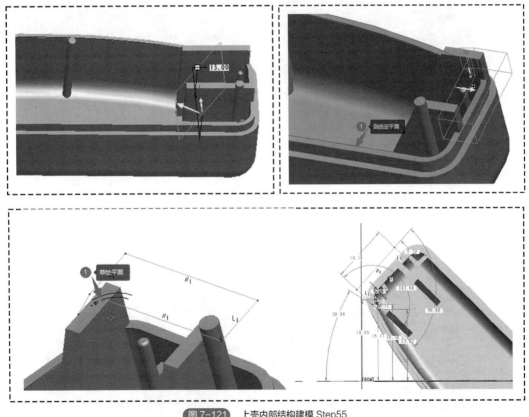

**图 7-121** 上壳内部结构建模 Step55

Step56：创建拉伸特征，选择 TOP 平面为草绘平面，投影所需复制几何的链为草绘线，拉伸为实体，拉伸至下一个曲面。

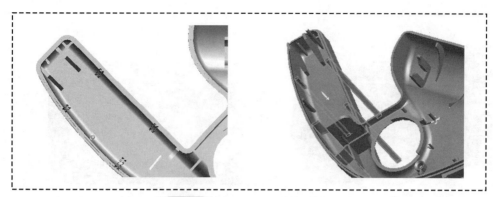

图 7-122　上壳内部结构建模 Step56

　　Step57：创建拉伸特征，选择 DTM1 平面为草绘平面，绘制草绘线，拉伸为实体，拉伸至下一个曲面。

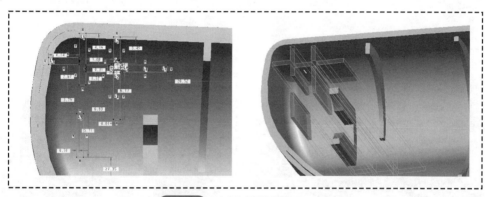

图 7-123　上壳内部结构建模 Step57

　　Step58：创建拉伸特征，选择 Step57 拉伸特征顶面为草绘平面，绘制草绘线，拉伸为实体，拉伸高度为到下一个曲面，在选项卡中，侧 2 添加一个盲孔，高度为 11mm。

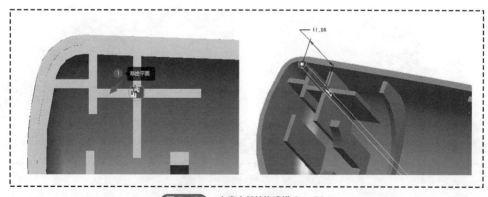

图 7-124　上壳内部结构建模 Step58

　　Step59：创建拉伸特征，选择 Step57 拉伸特征顶面为草绘平面，绘制草绘线，拉伸为实体，拉伸高度为到下一个曲面，加厚草绘 1mm。

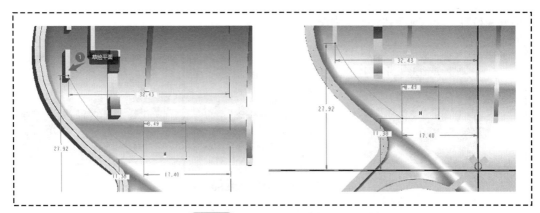

图 7-125 上壳内部结构建模 Step59

Step60：创建拉伸特征，选择图示的平面为草绘平面，绘制草绘线，拉伸为实体，两侧对称拉伸，激活移除材料命令，高度 71mm。

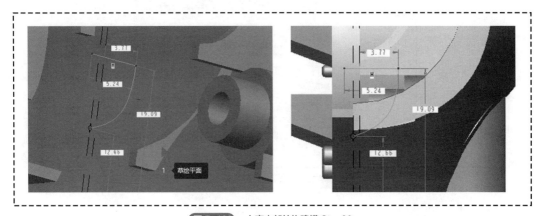

图 7-126 上壳内部结构建模 Step60

Step61：创建拉伸特征，选择图 7-127 所示平面为草绘平面，绘制草绘线，拉伸为实体，拉伸至下一个曲面。

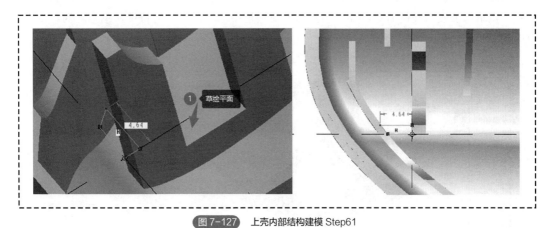

图 7-127 上壳内部结构建模 Step61

Step62：创建拉伸特征，选择图 7-128 所示的平面为草绘平面，绘制草绘线，拉伸为实体，激活移除材料命令，拉伸到选定项到图示平面。

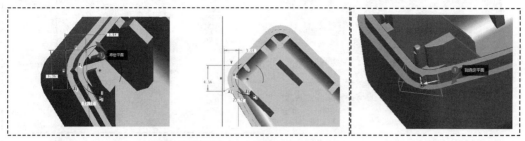

图 7-128　上壳内部结构建模 Step62

Step63：从"插入"菜单栏中，选择"数据共享"中的"发布几何"。进入到界面中，选中需要发布的曲面，选择完成后单击对勾，完成发布几何命令。

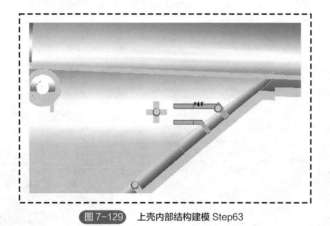

图 7-129　上壳内部结构建模 Step63

## 7.1.3　下壳建模

Step1：把上壳零件所发布的几何复制过来，便于后期参考建模。从"插入"菜单栏中，选择"数据共享"中的"复制几何"。选择参照模型，打开需要复制的发布几何零件，默认为缺省模式，点击添加发布几何命令，在右边弹出的对话框中选择发布几何特征，单击对勾，复制几何成功。

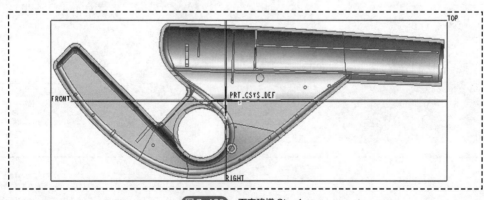

图 7-130　下壳建模 Step1

Step2：选择 Step1 复制几何的曲面，创建镜像命令，选择镜像的平面为 TOP，完成镜像特征。

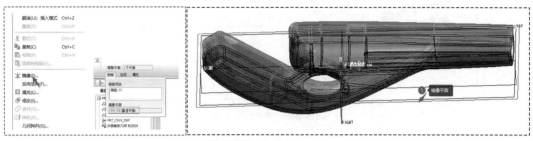

图 7-131 下壳建模 Step2

Step3：选择 Step2 镜像的曲面，创建实体化特征。

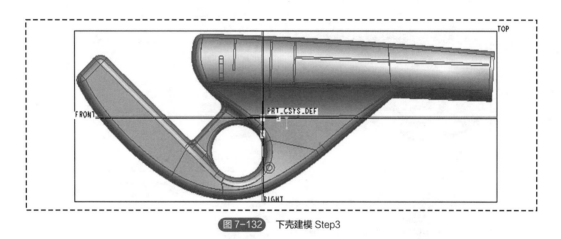

图 7-132 下壳建模 Step3

Step4：把该零件扫描的 STL 文件导入犀牛中，进行前期扫描数据处理，通过犀牛把多余的杂面删除。将模型与犀牛的全局坐标对齐，对齐后保存为 STL 文件。处理完后的模型导入 Pro/E 软件里。

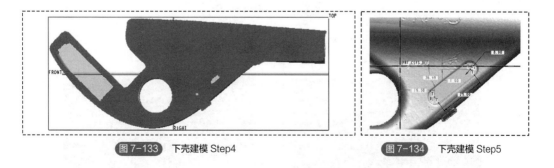

图 7-133 下壳建模 Step4      图 7-134 下壳建模 Step5

Step5：创建草绘特征，选择 TOP 平面为草绘平面，绘制草绘线。

Step6：创建 DTM1 平面，以 TOP 平面往上偏移 24mm。

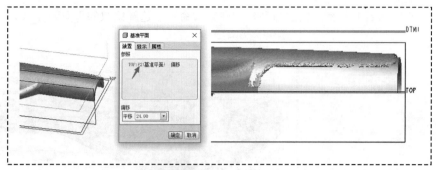

图 7-135　下壳建模 Step6

Step7：按 Ctrl 键选取图示曲面，点击菜单栏中的"编辑"选项卡，选择"偏移"命令，选择类型为"具有拔模特征"，投影 Step5 创建的草绘（也可以直接选择 Step5 的草绘），输入值为 1mm，调整偏移方向。

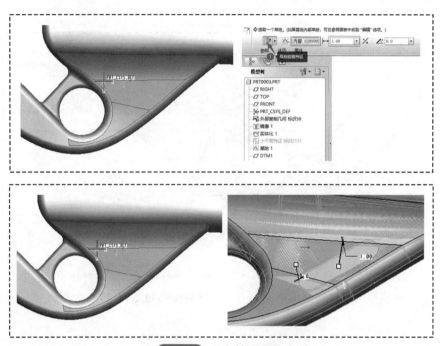

图 7-136　下壳建模 Step7

Step8：创建倒圆角命令，圆角大小为 5mm。

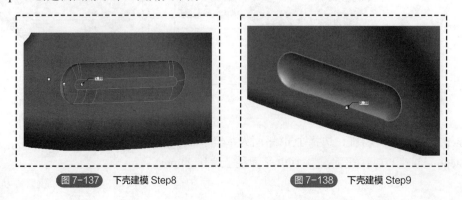

图 7-137　下壳建模 Step8　　　　图 7-138　下壳建模 Step9

Step9：创建倒圆角命令，圆角大小为 0.3mm。

Step10：创建拉伸特征，选择 TOP 平面为草绘平面，绘制草绘线，拉伸为实体，激活移除材料命令，两侧对称拉伸，拉伸高度为 64mm。

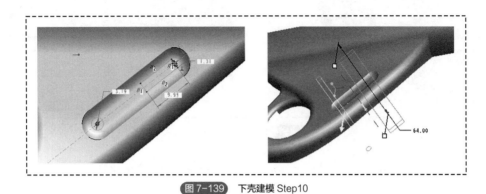

**图 7-139** 下壳建模 Step10

Step11：创建拉伸特征，选择 TOP 平面为草绘平面，绘制草绘线，拉伸为曲面，拉伸高度为 64mm。

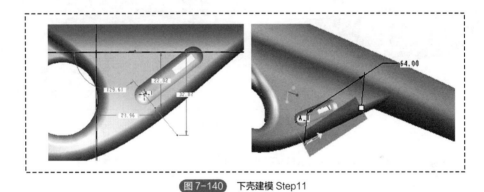

**图 7-140** 下壳建模 Step11

Step12：选择所需复制的曲面，按 Ctrl+C，再按 Ctrl+D，完成曲面的复制。

**图 7-141** 下壳建模 Step12

Step13：创建拉伸特征，选择 Step11 创建的曲面为草绘平面，绘制草绘线，拉伸为实体，两侧对称拉伸，拉伸高度为 8mm。

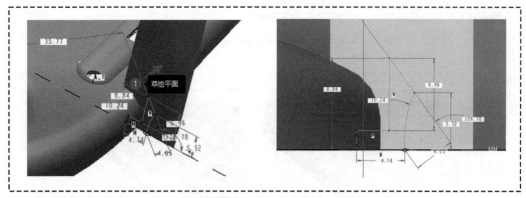

图 7-142　下壳建模 Step13

Step14：选择 Step12 复制的曲面，激活移除材料命令，创建实体化特征。

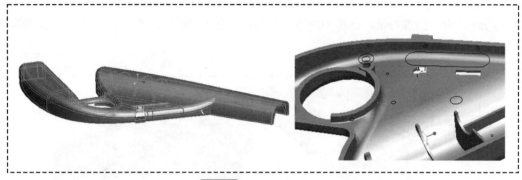

图 7-143　下壳建模 Step14

Step15：创建拉伸特征，选择 FRONT 平面为草绘平面，绘制草绘线，拉伸为实体，激活移除材料命令，拉伸高度为 13mm。

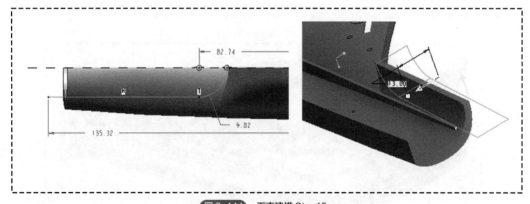

图 7-144　下壳建模 Step15

Step16：创建拉伸特征，选择图示的平面为草绘平面，绘制草绘线，拉伸为实体，激活移除材料命令，加厚草绘 1.1mm，拉伸高度为 2mm。

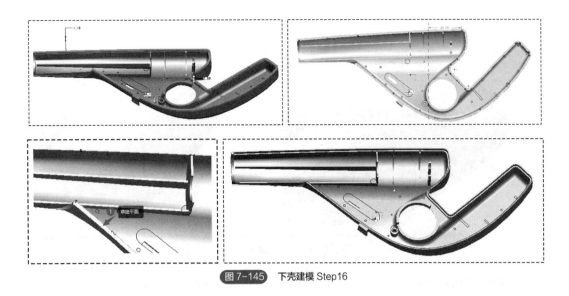

图 7-145　下壳建模 Step16

Step17：创建 DTM2 平面，以 TOP 平面往下偏移 2mm。

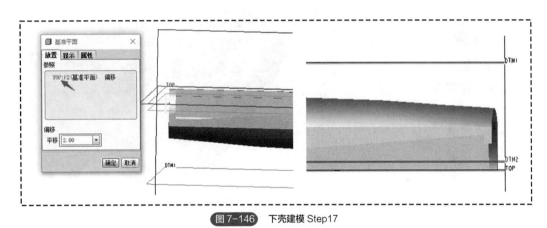

图 7-146　下壳建模 Step17

Step18：创建拉伸特征，选择 DTM2 平面为草绘平面，绘制草绘线，拉伸为实体，拉伸至下一个曲面。

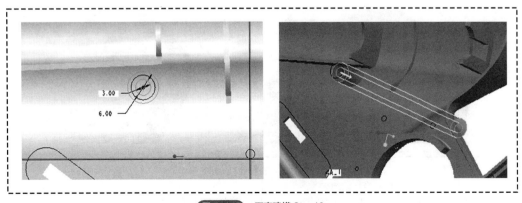

图 7-147　下壳建模 Step18

Step19：创建草绘特征，选择图示的平面为草绘平面，绘制草绘线。

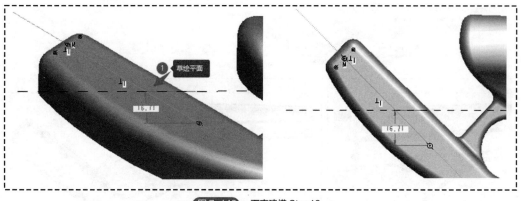

图 7-148　下壳建模 Step19

Step20：直接在模型树选中 Step19 创建的草绘，再选择拉伸命令，拉伸为曲面，两侧对称拉伸高度为 48mm。

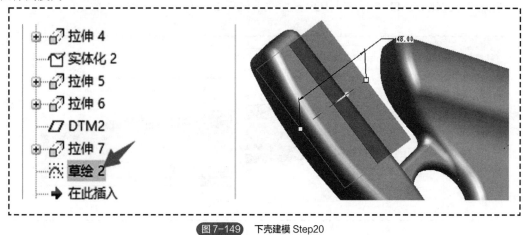

图 7-149　下壳建模 Step20

Step21：创建草绘特征，选择图示的平面为草绘平面，绘制草绘线。

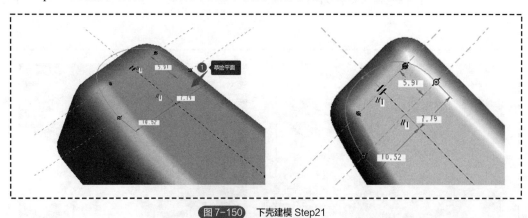

图 7-150　下壳建模 Step21

Step22：选择 Step21 创建的草绘特征，单击菜单栏中的"编辑"选项卡，选择"投影"命令，选取要在其上投影的曲面。

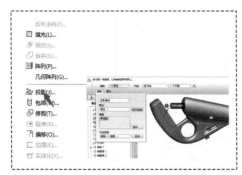

图 7-151　下壳建模 Step22

Step23：创建 DTM3 平面，分别穿过 Step22 投影线的两端点，且与 DTM1 法向。

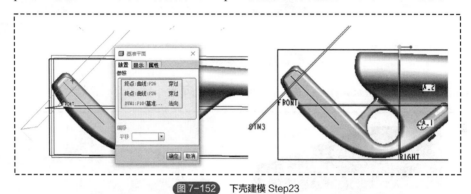

图 7-152　下壳建模 Step23

Step24：创建草绘特征，选择 DTM3 平面为草绘平面，绘制草绘线。

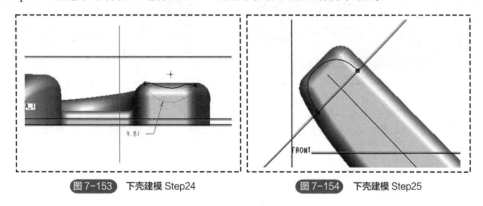

图 7-153　下壳建模 Step24　　　　　　　图 7-154　下壳建模 Step25

Step25：创建草绘特征，选择 DTM1 平面为草绘平面，绘制草绘线。

Step26：选择所需复制的曲面，按 Ctrl+C，再按 Ctrl+D，完成曲面的复制。

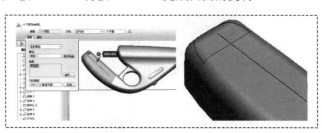

图 7-155　下壳建模 Step26　　　　　　　图 7-156　下壳建模 Step27

Step27：选择 Step25 创建的草绘特征，单击菜单栏中的"编辑"选项卡，选择"投影"命令，选取要在其上投影的曲面。

Step28：创建基准点，PNT0 在 Step24 绘制的草绘且在 Step20 拉伸特征上，PNT1 在 Step22 投影的曲线且在 Step20 拉伸特征上。

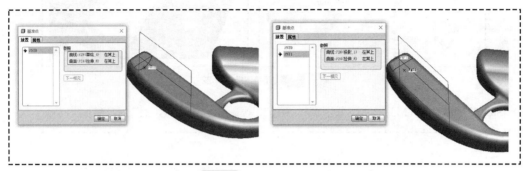

图 7-157 下壳建模 Step28

Step29：创建草绘特征，选择 Step20 拉伸的平面为草绘平面，绘制草绘线。

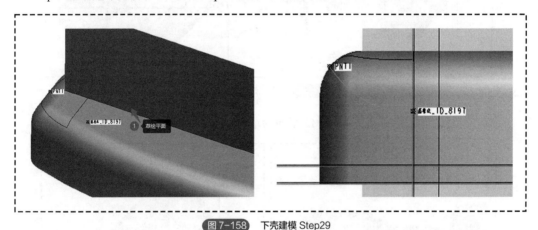

图 7-158 下壳建模 Step29

Step30：创建拉伸特征，选择图示的平面为草绘平面，绘制草绘线，拉伸为曲面，拉伸高度为 8mm。

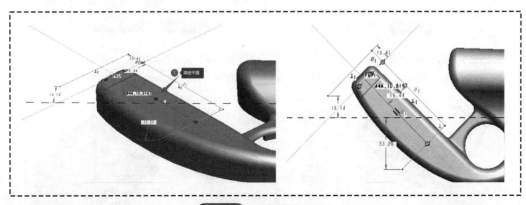

图 7-159 下壳建模 Step30

Step31：创建边界混合，点击第一方向链，依次选取同一方向需要混合的草绘。

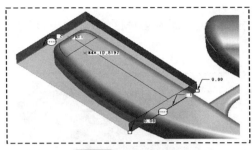

图 7-160　下壳建模 Step31

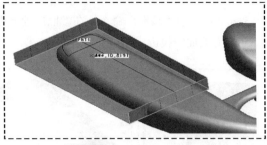

图 7-161　下壳建模 Step32

Step32：选取 Step30 拉伸的曲面和 Step31 边界混合的曲面合并。

Step33：创建倒圆角命令，圆角大小为 2mm。

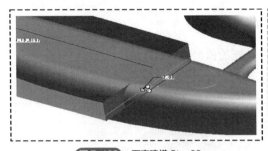

图 7-162　下壳建模 Step33

图 7-163　下壳建模 Step34

Step34：选择所需复制的曲面，按 Ctrl+C，再按 Ctrl+D，完成曲面的复制。

Step35：选择所需复制的曲面，按 Ctrl+C，再按 Ctrl+D，完成曲面的复制。

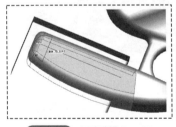

图 7-164　下壳建模 Step35

图 7-165　下壳建模 Step36

Step36：选取 Step34 复制的曲面和 Step35 复制的曲面合并，调整合并的方向。

Step37：Step36 合并的曲面实体化。

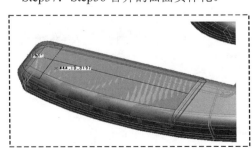

图 7-166　下壳建模 Step37

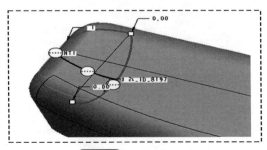

图 7-167　下壳建模 Step38

Step38：创建边界混合，点击第一方向链，依次选取同一方向需要混合的草绘；点击第二方向链，依次再选取另一同方向需混合的草绘。

Step39：使用"填充"命令，在参照选项卡中定义草绘平面为 DTM3，使用"投影"命令将图示原有的曲线投影成草绘线使用。

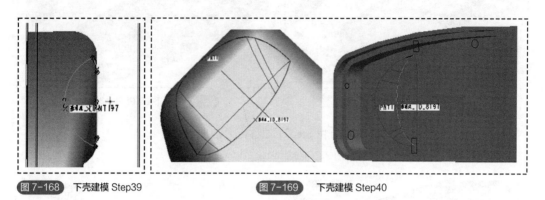

图 7-168　下壳建模 Step39　　　　图 7-169　下壳建模 Step40

Step40：将 Step38 边界混合的曲面和 Step39 填充的曲面合并。

Step41：将 Step40 合并的曲面实体化，调整实体化的方向。

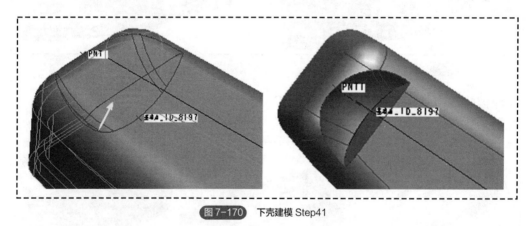

图 7-170　下壳建模 Step41

Step42：创建拉伸特征，选择 Step20 拉伸的平面为草绘平面，绘制草绘线，拉伸为曲面，两侧对称拉伸，高度为 70mm。

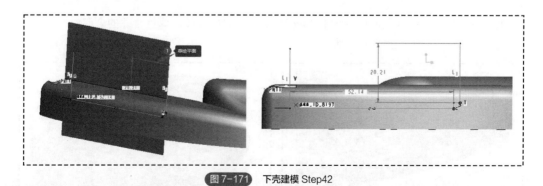

图 7-171　下壳建模 Step42

Step43：选择所需复制的曲面，按 Ctrl+C，再按 Ctrl+D，完成曲面的复制。

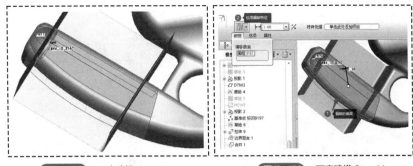

图 7-172　下壳建模 Step43　　　　　图 7-173　下壳建模 Step44

Step44：选取 Step43 复制的曲面，点击菜单栏中的"编辑"选项卡，选择"偏移"命令，选择为类型"标准偏移特征"，输入值为 1mm，调整偏移方向。

Step45：选取 Step42 拉伸的曲面和 Step44 偏移的曲面合并。

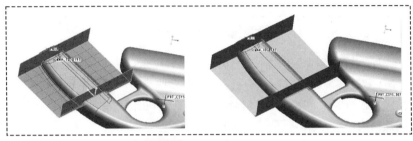

图 7-174　下壳建模 Step45

Step46：将所需复制的曲面，按 Ctrl+C，再按 Ctrl+D，完成曲面的复制。

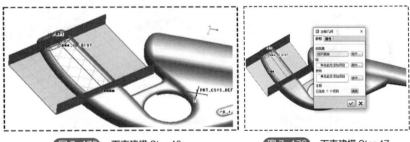

图 7-175　下壳建模 Step46　　　　　图 7-176　下壳建模 Step47

Step47：从"插入"菜单栏中，选择"数据共享"中的"发布几何"。进入到界面中，选中 Step46 复制的曲面，选择完成后单击对勾，完成发布几何命令。

Step48：选择所需复制的曲面，按 Ctrl+C，再按 Ctrl+D，完成曲面的复制。

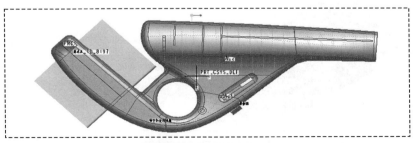

图 7-177　下壳建模 Step48

Step49：从"插入"菜单栏中，选择"数据共享"中的"发布几何"，进入到界面中，选中Step48 复制的曲面，选择完成后单击对勾，完成发布几何命令。

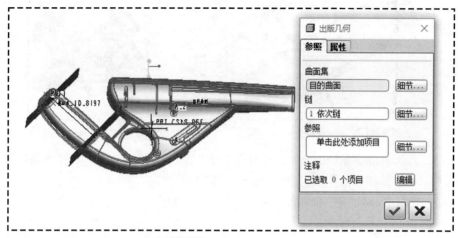

图 7-178　下壳建模 Step49

Step50：把上壳内部结构建模中所发布的几何复制过来，便于后期参考建模。从"插入"菜单栏中，选择"数据共享"中的"复制几何"。选择参照模型，打开需要复制的发布几何零件，默认为缺省模式，在参照中激活发布几何命令，在右边弹出的对话框中选择发布几何特征，单击对勾，复制几何成功。（具体步骤参照 PRT0002）

图 7-179　下壳建模 Step50　　　　图 7-180　下壳建模 Step51

Step51：将 Step46 复制的曲面实体化，激活移除材料命令，调整实体化的方向。

Step52：创建拉伸特征，选择 Step20 拉伸的平面为草绘平面，绘制草绘线，拉伸为曲面，两侧对称拉伸，高度为 70mm。

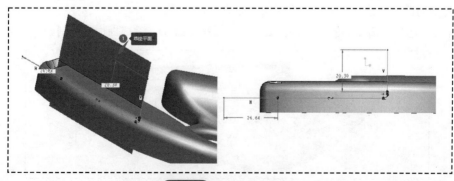

图 7-181　下壳建模 Step52

Step53：选择所需复制的曲面，按 Ctrl+C，再按 Ctrl+D，完成曲面的复制。

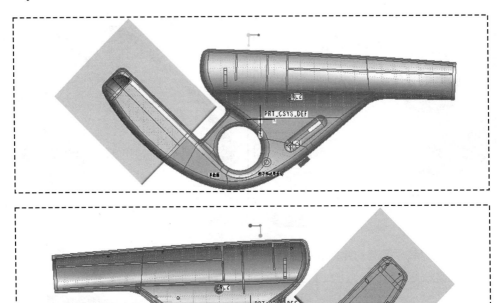

图 7-182  下壳建模 Step53

Step54：选择 Step52 拉伸的曲面复制，按 Ctrl+C，再按 Ctrl+D，完成曲面的复制。

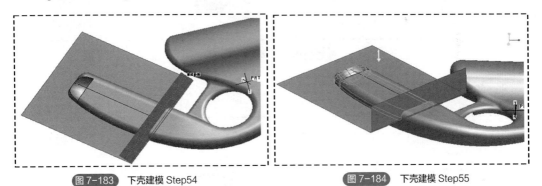

图 7-183  下壳建模 Step54          图 7-184  下壳建模 Step55

Step55：将 Step54 复制的曲面实体化，激活移除材料命令，调整实体化的方向。

Step56：将 Step53 复制的曲面和 Step54 复制的曲面合并，调整合并的方向。

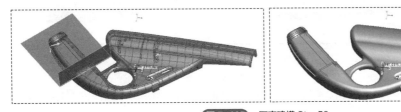

图 7-185  下壳建模 Step56

Step57：创建倒圆角命令，圆角大小为 1mm。

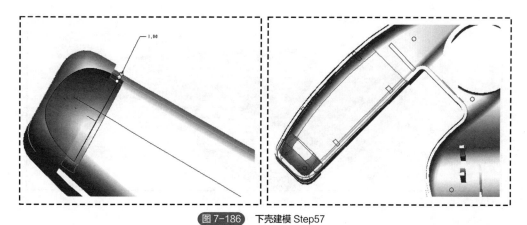

图 7-186 下壳建模 Step57

Step58：选择图示部分创建抽壳特征，选取需要移除的曲面，抽壳厚度为 1mm。

图 7-187 下壳建模 Step58

Step59：选择图示曲面实体化。

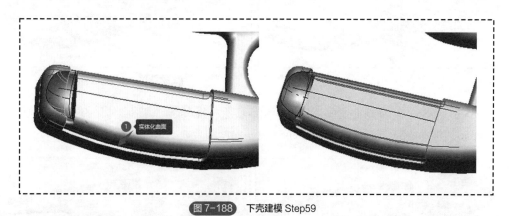

图 7-188 下壳建模 Step59

Step60：创建拉伸特征，选择图示的平面为草绘平面，绘制草绘线，拉伸为实体，激活移除材料命令，拉伸高度为 5mm。

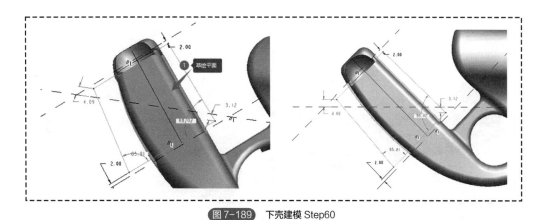

图 7-189　下壳建模 Step60

Step61：创建拉伸特征，选择 DTM1 平面为草绘平面，绘制草绘线，拉伸为实体，激活移除材料命令，拉伸高度为 70mm。

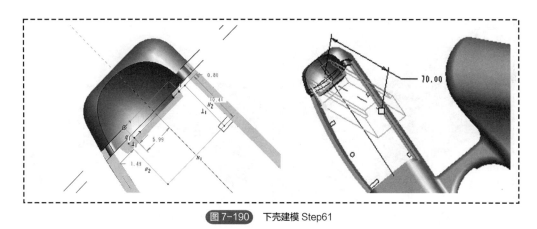

图 7-190　下壳建模 Step61

Step62：创建拉伸特征，选择图示的平面为草绘平面，绘制草绘线，拉伸为实体，拉伸高度为 1mm。

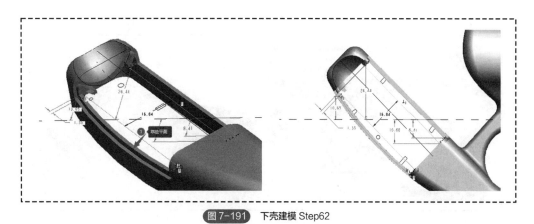

图 7-191　下壳建模 Step62

Step63：拉伸高度为 1mm 后，选择所需复制的曲面，按 Ctrl+C，再按 Ctrl+D，完成曲面的复制。

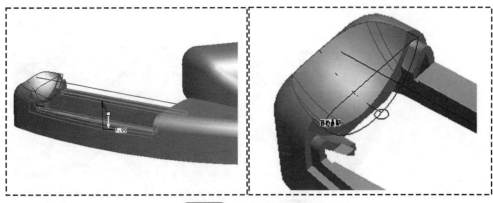

图 7-192　下壳建模 Step63

Step64：从"插入"菜单栏中，选择"数据共享"中的"发布几何"。进入到界面中，选中图示的曲面，选择完成后单击对勾，完成发布几何命令。

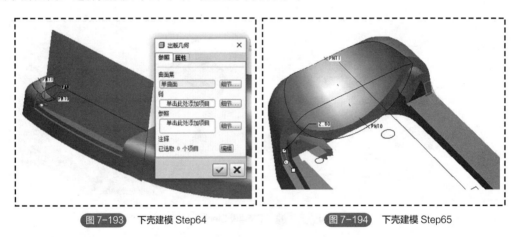

图 7-193　下壳建模 Step64　　　　图 7-194　下壳建模 Step65

Step65：创建倒圆角命令，圆角大小为 2mm。

Step66：创建拉伸特征，选择图示的平面为草绘平面，绘制草绘线，拉伸为实体，拉伸高度为 1mm。

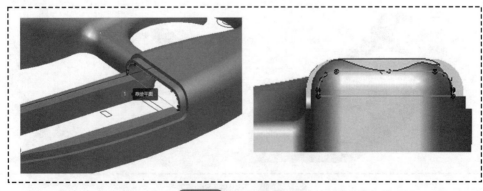

图 7-195　下壳建模 Step66

Step67：创建拉伸特征，选择图示的平面为草绘平面，绘制草绘线，拉伸为实体，激活移除材料命令，拉伸高度为 70mm。

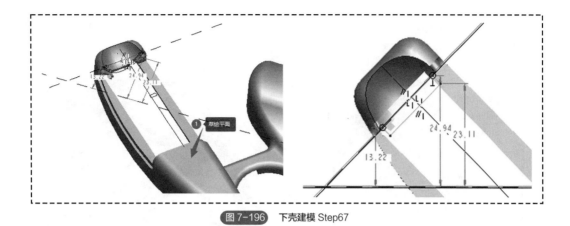

图 7-196　下壳建模 Step67

Step68：创建拉伸特征，选择 TOP 平面为草绘平面，绘制草绘线，拉伸为实体，拉伸至下一曲面。

图 7-197　下壳建模 Step68

Step69：创建拉伸特征，选择图示的平面为草绘平面，绘制草绘线，拉伸为实体，拉伸高度为 2mm。

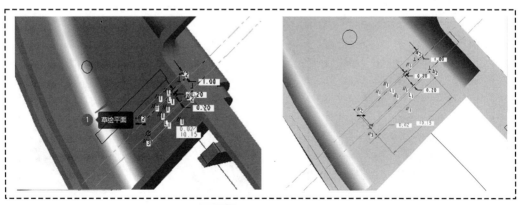

图 7-198　下壳建模 Step69

Step70：创建拉伸特征，选择 TOP 平面为草绘平面，绘制草绘线，拉伸为实体，拉伸至下一曲面。

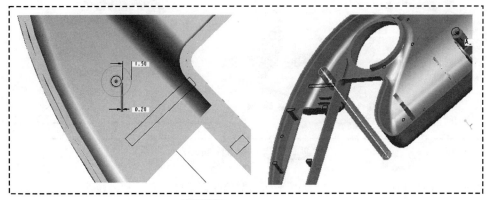

图 7-199　下壳建模 Step70

Step71：创建拉伸特征，选择 TOP 平面为草绘平面，绘制草绘线，拉伸为实体，加厚草绘 1mm，拉伸至下一曲面。

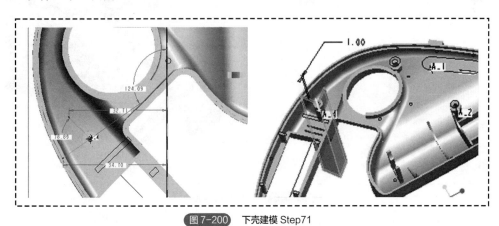

图 7-200　下壳建模 Step71

Step72：创建拉伸特征，选择 TOP 平面为草绘平面，绘制草绘线，拉伸为实体，加厚草绘 1mm，拉伸至下一曲面。

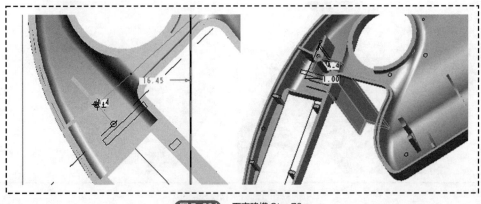

图 7-201　下壳建模 Step72

Step73：创建拉伸特征，选择 TOP 平面为草绘平面，绘制草绘线，拉伸为实体，激活移除材料命令，拉伸至选定的曲面。

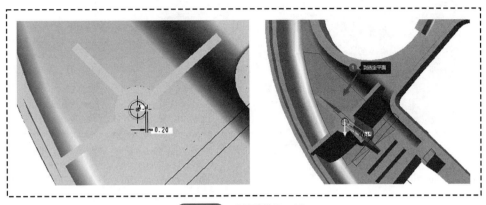

图 7-202　下壳建模 Step73

Step74：创建拉伸特征，选择图示的平面为草绘平面，绘制草绘线，拉伸为实体，激活移除材料命令，拉伸高度为 70mm。

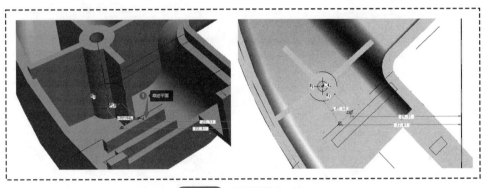

图 7-203　下壳建模 Step74

Step75：创建拉伸特征，选择图示的平面为草绘平面，绘制草绘线，拉伸为实体，拉伸至下一曲面。

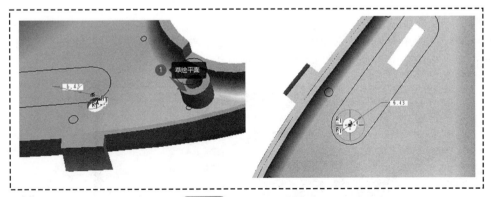

图 7-204　下壳建模 Step75

Step76：创建倒角命令，倒角更改为 D1×D2，D1 为 1.2mm；D2 为 2mm。

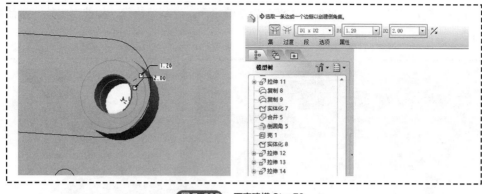

图 7-205　下壳建模 Step76

Step77：创建拉伸特征，选择 TOP 平面为草绘平面，绘制草绘线，拉伸为实体，拉伸至下一曲面。

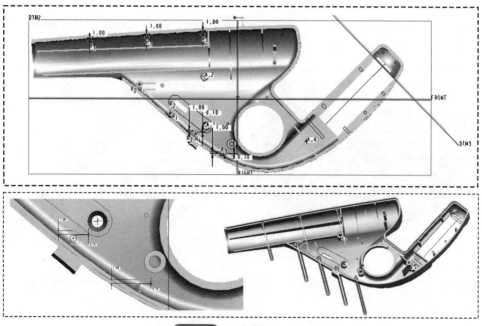

图 7-206　下壳建模 Step77

Step78：创建拉伸特征，选择图示的平面为草绘平面，绘制草绘线，拉伸为实体，拉伸高度为至下一个曲面，在选项卡中，侧 2 添加一个盲孔，高度为 4mm。

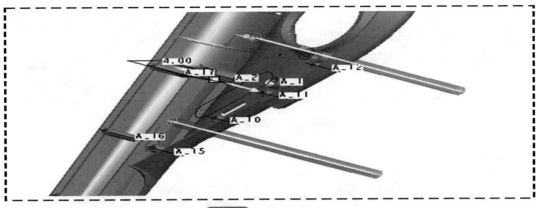

图 7-207　下壳建模 Step78

Step79：创建拉伸特征，选择图示的平面为草绘平面，绘制草绘线，拉伸为实体，加厚草绘 1mm，拉伸至下一曲面。

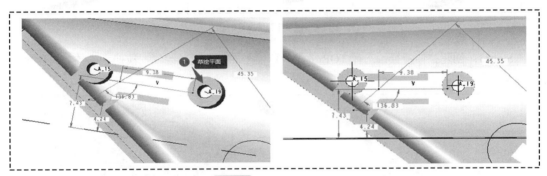

图 7-208　下壳建模 Step79

Step80：创建拉伸特征，选择 DTM2 平面为草绘平面，绘制草绘线，拉伸为实体，加厚草绘 1mm，拉伸高度为至下一个曲面，在选项卡中，侧 2 添加一个盲孔，高度为 3mm。

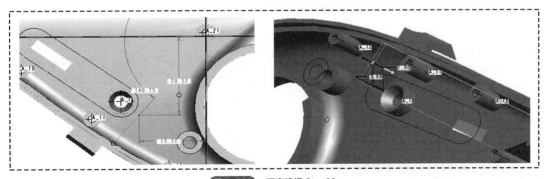

图 7-209　下壳建模 Step80

Step81：创建拉伸特征，选择图示的平面为草绘平面，绘制草绘线，拉伸为实体，激活移除材料命令，拉伸至选定的曲面。

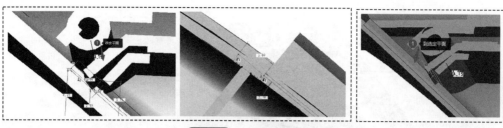

图 7-210　下壳建模 Step81

Step82：创建倒圆角命令，圆角大小为 2mm。

图 7-211　下壳建模 Step82

Step83：创建拉伸特征，选择 TOP 平面为草绘平面，绘制草绘线，拉伸为实体，拉伸至下一曲面。

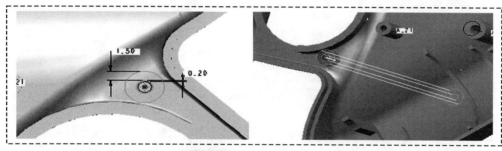

图 7-212　下壳建模 Step83

Step84：创建拉伸特征，选择 TOP 平面为草绘平面，绘制草绘线，拉伸为实体，加厚草绘 1mm，拉伸至下一曲面。

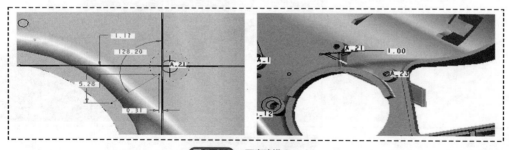

图 7-213　下壳建模 Step84

Step85：创建拉伸特征，选择 DTM2 平面为草绘平面，绘制草绘线，拉伸高度为至下一个曲面，在选项卡中，侧 2 添加一个盲孔，高度为 3mm。

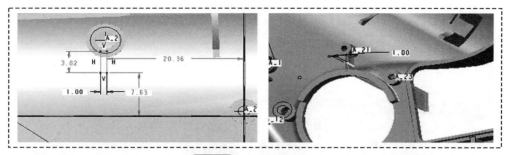

图 7-214　下壳建模 Step85

Step86：创建拉伸特征，选择图示的平面为草绘平面，绘制草绘线，拉伸为实体，激活移除材料命令，拉伸至选定的曲面。

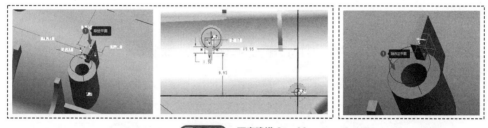

图 7-215　下壳建模 Step86

Step87：创建拉伸特征，选择 TOP 平面为草绘平面，绘制草绘线，拉伸为实体，拉伸至下一曲面。

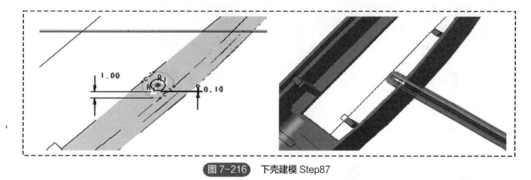

图 7-216　下壳建模 Step87

Step88：创建拉伸特征，选择 DTM2 平面为草绘平面，绘制草绘线，拉伸为实体，拉伸高度为至下一个曲面。

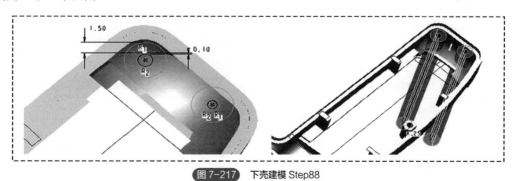

图 7-217　下壳建模 Step88

Step89：创建拉伸特征，选择 DTM2 平面为草绘平面，绘制草绘线，拉伸为实体，拉伸高度为至下一个曲面。

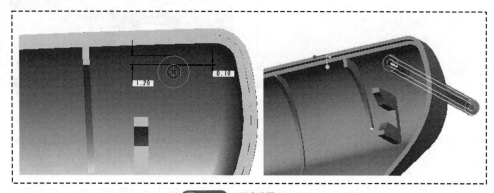

图 7-218　下壳建模 Step89

Step90：创建拉伸特征，选择 DTM2 平面为草绘平面，绘制草绘线，拉伸为实体，拉伸高度为至下一个曲面。

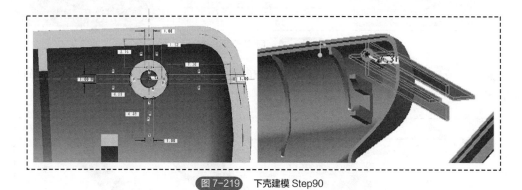

图 7-219　下壳建模 Step90

Step91：创建拉伸特征，选择 DTM2 平面为草绘平面，绘制草绘线，拉伸为实体，拉伸高度为至下一个曲面。

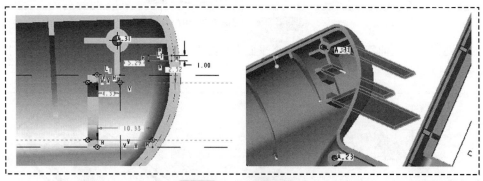

图 7-220　下壳建模 Step91

Step92：创建拉伸特征，选择 DTM2 平面为草绘平面，绘制草绘线，拉伸为实体，拉伸高度为至下一个曲面。

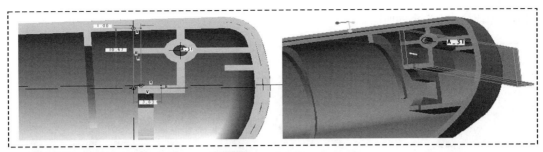

图 7-221 下壳建模 Step92

Step93：创建拉伸特征，选择图示的平面为草绘平面，绘制草绘线，拉伸为实体，激活移除材料命令，拉伸至选定的曲面。

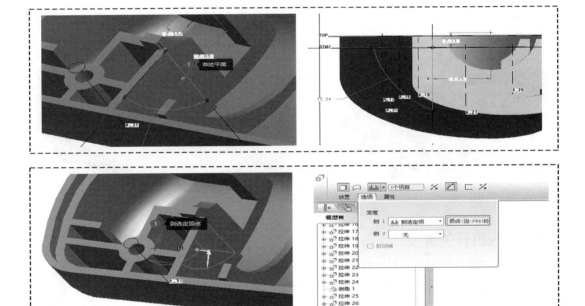

图 7-222 下壳建模 Step93

Step94：创建拉伸特征，选择图示的平面为草绘平面，绘制草绘线，拉伸为实体，激活移除材料命令，拉伸至选定的曲面。

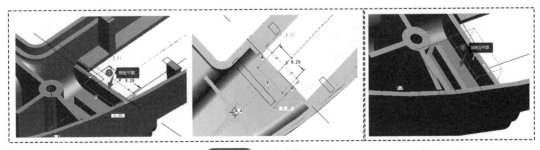

图 7-223 下壳建模 Step94

Step95：创建拉伸特征，选择 TOP 平面为草绘平面，绘制草绘线，拉伸为实体，激活移除材料命令，拉伸至选定的曲面。

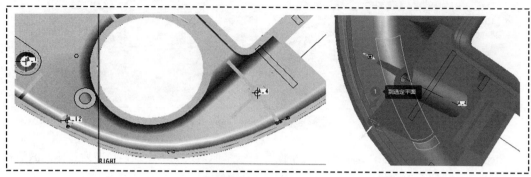

图 7-224　下壳建模 Step95

Step96：创建拉伸特征，选择图示的平面为草绘平面，绘制草绘线，拉伸为实体，拉伸至选定的曲面。

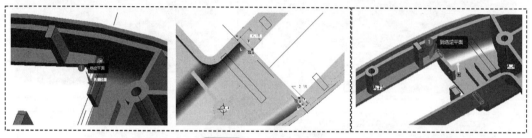

图 7-225　下壳建模 Step96

## 7.1.4　扳机开关建模

Step1：先把扳机的扫描的 STL 文件导入犀牛中，进行前期扫描数据处理，通过犀牛把多余的杂面删除。将模型与犀牛的全局坐标对齐，对齐后保存为 STL 文件。处理完后的模型导入 Pro/E 软件里（以上步骤和上壳建模过程一样，可以参考上壳 PRT0001 建模过程 Step1、Step2、Step3）。

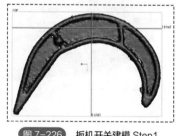

图 7-226　扳机开关建模 Step1

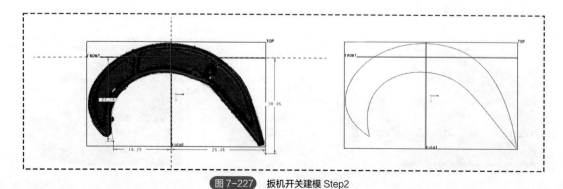

图 7-227　扳机开关建模 Step2

Step2：创建草绘特征，选择 TOP 平面为草绘平面，将模型的外轮廓用样条曲线草绘出来。

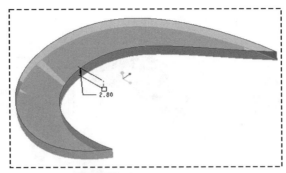

图 7-228　**扳机开关建模** Step3

Step3：直接在模型树选中 Step2 创建的草绘，再选择拉伸命令，拉伸高度为 2.8mm。

Step4：创建草绘特征，选择 Step3 拉伸特征的下端面为草绘平面，绘制草绘线，拉伸为实体，激活移除材料命令，拉伸高度为 2mm。

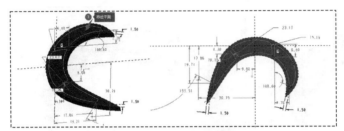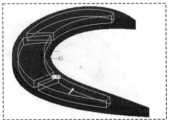

图 7-229　**扳机开关建模** Step4

Step5：创建草绘特征，选择图示的平面为草绘平面，绘制草绘线。

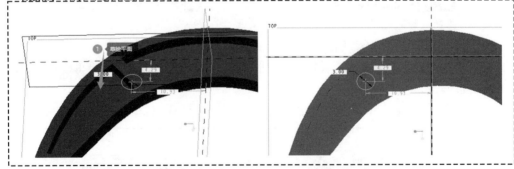

图 7-230　**扳机开关建模** Step5

Step6：直接在模型树选中 Step5 创建的草绘，再选择拉伸命令，拉伸高度为 6mm。

Step7：创建倒圆角命令，圆角大小为 1.5mm。

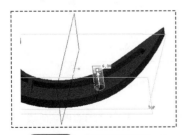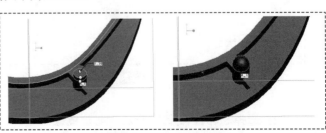

图 7-231　**扳机开关建模** Step6　　　　图 7-232　**扳机开关建模** Step7

Step8：创建倒圆角命令，圆角大小为 1.2mm。

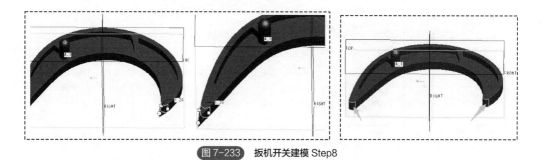

图 7-233　扳机开关建模 Step8

Step9：创建倒圆角命令，圆角大小为 1mm。

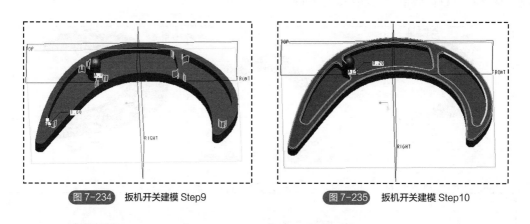

图 7-234　扳机开关建模 Step9　　　　图 7-235　扳机开关建模 Step10

Step10：创建倒圆角命令，圆角大小为 0.2mm。

Step11：任意点击一个曲面，单击鼠标右键，点击实体曲面，按 Ctrl+C，再按 Ctrl+D，完成曲面的复制。

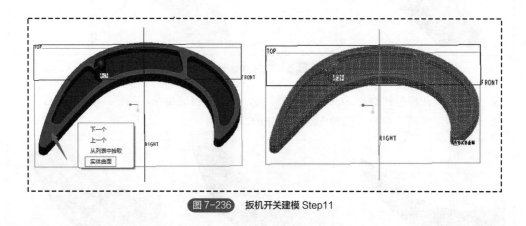

图 7-236　扳机开关建模 Step11

Step12：选择 Step11 复制的曲面，创建镜像命令，选择镜像的平面为 TOP，完成镜像特征。

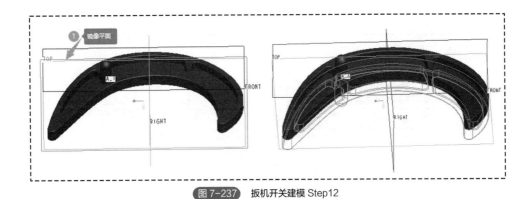

图 7-237　扳机开关建模 Step12

Step13：选择 Step12 镜像中的曲面，创建实体化特征。

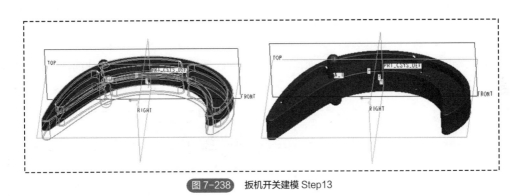

图 7-238　扳机开关建模 Step13

## 7.1.5　注射器后面连接零件建模

Step1：先把该零件扫描的 STL 文件导入犀牛中，进行前期扫描数据处理，通过犀牛把多余的杂面删除。将模型与犀牛的全局坐标对齐，对齐后保存为 STL 文件，处理完后的模型导入 Pro/E 软件里。

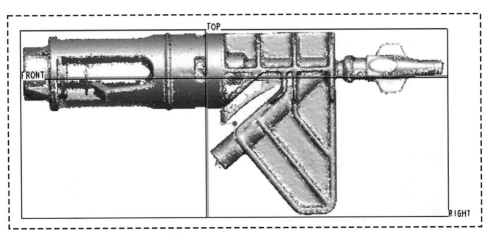

图 7-239　注射器后面连接零件建模 Step1

Step2：创建草绘特征，选择 RIGHT 平面为草绘平面，绘制草绘线。

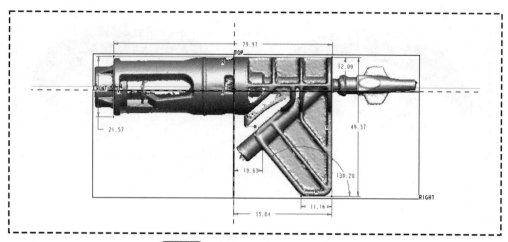

图 7-240 注射器后面连接零件建模 Step2

Step3：直接在模型树选中 Step2 创建的草绘，再选择拉伸命令，拉伸为曲面，两侧对称拉伸，高度为 32.5mm。

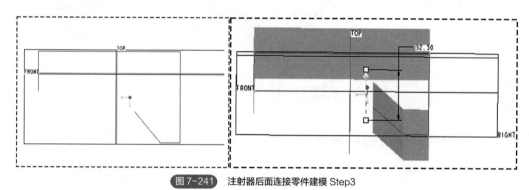

图 7-241 注射器后面连接零件建模 Step3

Step4：创建旋转特征，选择 RIGHT 平面为草绘平面，绘制旋转中心线和旋转轮廓线。

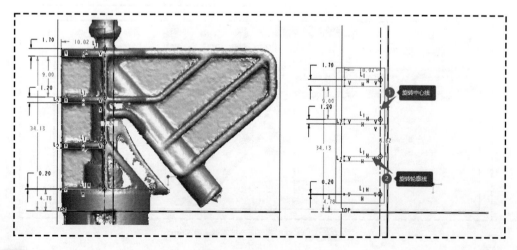

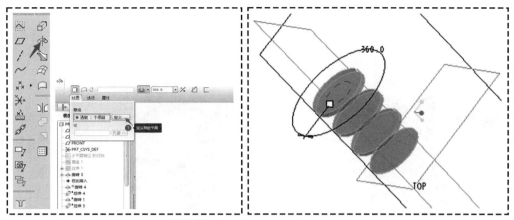

**图 7-242** 注射器后面连接零件建模 Step4

Step5：创建拉伸特征，选择 RIGHT 平面为草绘平面，绘制草绘线，拉伸为实体，激活移除材料命令，两侧对称拉伸，高度为 47mm。

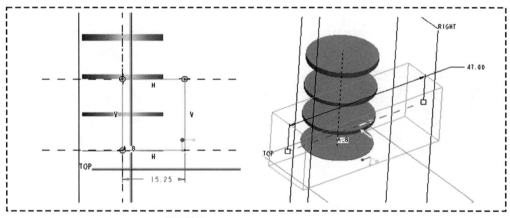

**图 7-243** 注射器后面连接零件建模 Step5

Step6：创建旋转特征，选择 RIGHT 平面为草绘平面，绘制旋转中心线和旋转轮廓线，旋转中心线和 Step4 旋转中心线一致。

Step7：创建拉伸特征，选择 RIGHT 平面为草绘平面，绘制草绘线，拉伸为实体，拉伸高度为 33mm。

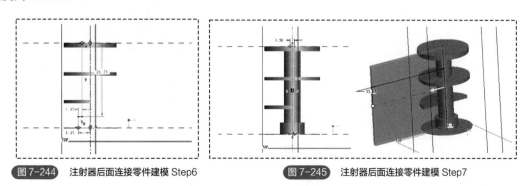

**图 7-244** 注射器后面连接零件建模 Step6　　　**图 7-245** 注射器后面连接零件建模 Step7

Step8：创建拉伸特征，选择 RIGHT 平面为草绘平面，绘制草绘线，拉伸为实体，拉伸到选定项到图示平面。

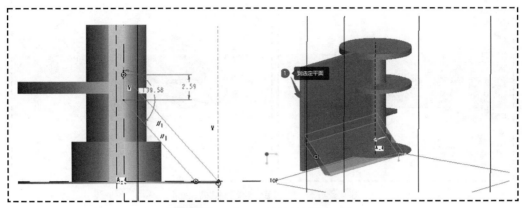

图 7-246　注射器后面连接零件建模 Step8

Step9：创建拉伸特征，选择 Step4 旋转特征的顶面为草绘平面，绘制草绘线，拉伸为实体，激活移除材料命令，拉伸高度为 35mm。

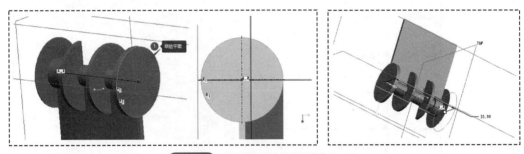

图 7-247　注射器后面连接零件建模 Step9

Step10：创建拉伸特征，选择 RIGHT 平面为草绘平面，绘制草绘线，拉伸为实体，拉伸高度为 23mm。

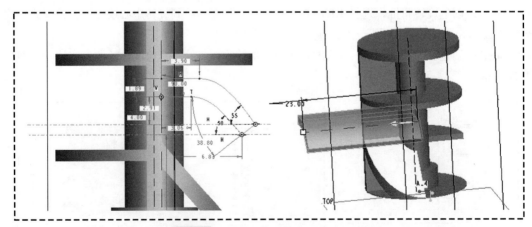

图 7-248　注射器后面连接零件建模 Step10

Step11：创建拉伸特征，选择图示平面为草绘平面，绘制草绘线，拉伸为实体，激活移除材料命令，拉伸高度为 10mm。

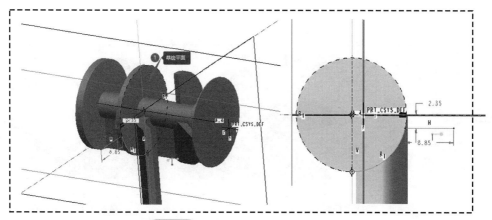

图 7-249　注射器后面连接零件建模 Step11

Step12：拉伸高度为 10mm 后，选择图示曲面，创建偏移特征，单击菜单栏中的"编辑"选项卡，选择"偏移"命令，选择类型为"展开特征"，输入值为 1.2mm。

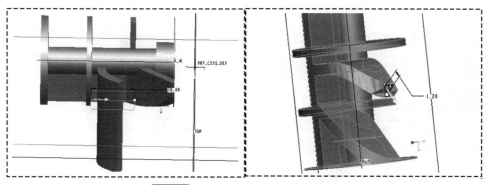

图 7-250　注射器后面连接零件建模 Step12

Step13：创建拉伸特征，选择 RIGHT 平面为草绘平面，绘制草绘线，拉伸为实体，拉伸高度为 3.6mm。

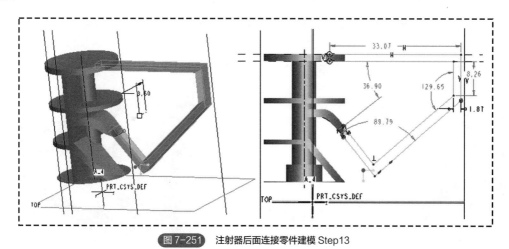

图 7-251　注射器后面连接零件建模 Step13

Step14：创建拉伸特征，选择 RIGHT 平面为草绘平面，绘制草绘线，拉伸为实体，拉伸高度为 3.8mm。

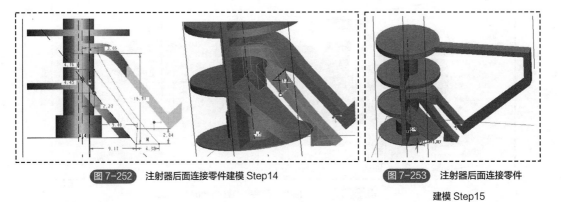

图 7-252  注射器后面连接零件建模 Step14

图 7-253  注射器后面连接零件
建模 Step15

　　Step15：选择所需复制的曲面，按 Ctrl+C，再按 Ctrl+D，完成曲面的复制。

　　Step16：选择图示曲面，创建偏移特征，单击菜单栏中的"编辑"选项卡，选择"偏移"命令，选择类型为"替换曲面特征"，选择 Step15 复制的曲面为替换的曲面。

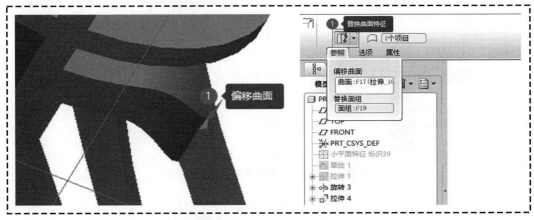

图 7-254  注射器后面连接零件建模 Step16

　　Step17：创建拉伸特征，选择 RIGHT 平面为草绘平面，绘制草绘线，拉伸为实体，加厚草绘 1.2mm，拉伸到选定项到图示平面。

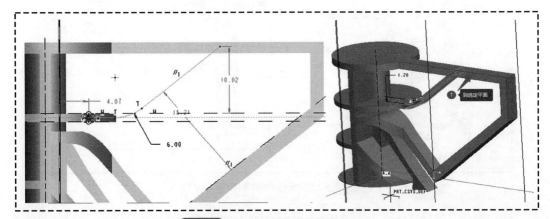

图 7-255  注射器后面连接零件建模 Step17

Step18：创建拉伸特征，选择 RIGHT 平面为草绘平面，绘制草绘线，拉伸为实体，加厚草绘 1.2mm，拉伸到选定项到图示平面。

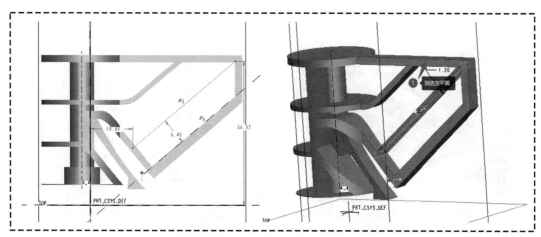

图 7-256　注射器后面连接零件建模 Step18

Step19：创建倒圆角命令，圆角大小为 3mm。

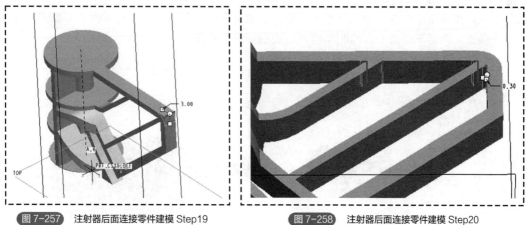

图 7-257　注射器后面连接零件建模 Step19　　　　图 7-258　注射器后面连接零件建模 Step20

Step20：创建倒圆角命令，圆角大小为 0.3mm。

Step21：创建倒圆角命令，圆角大小为 3mm。

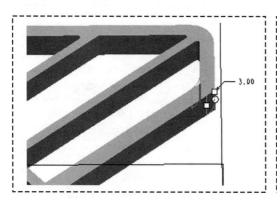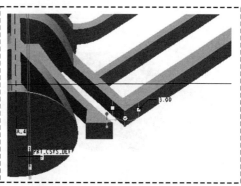

图 7-259　注射器后面连接零件建模 Step21　　　　图 7-260　注射器后面连接零件建模 Step22

Step22：创建倒圆角命令，圆角大小为 3mm。

Step23：创建倒圆角命令，圆角大小为 1mm。

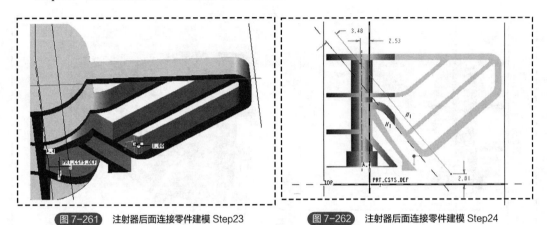

图 7-261　注射器后面连接零件建模 Step23　　　　图 7-262　注射器后面连接零件建模 Step24

Step24：创建草绘特征，选择 RIGHT 平面为草绘平面，绘制草绘线。

Step25：单击菜单栏中的"插入"选项卡，选择"扫描混合"命令，进入混合扫描界面，在参照选项卡中选取 Step24 绘制的草绘线为扫描轨迹，在截面选项卡中选择截面一，单击轨迹链的端点，激活草绘命令，绘制草绘；在截面选项卡中插入截面二，单击截面二，单击轨迹链的另一端点，激活草绘命令，绘制草绘，完成扫描混合特征。

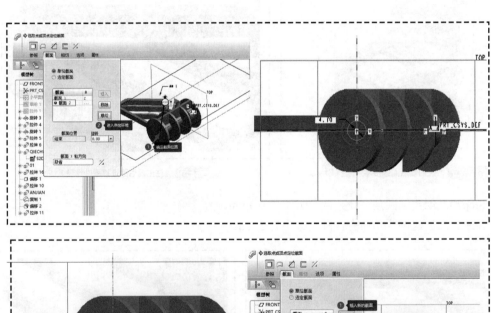

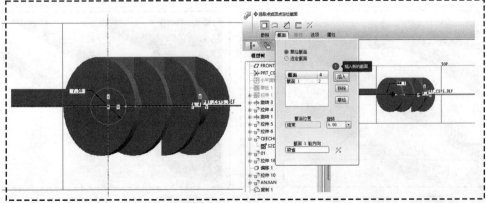

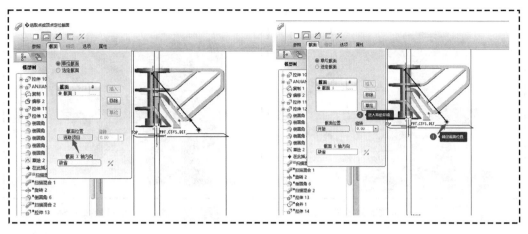

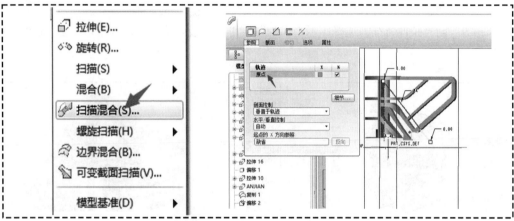

图 7-263　注射器后面连接零件建模 Step25

Step26：创建旋转特征，选择 RIGHT 平面为草绘平面，绘制旋转中心线和旋转轮廓线，激活移除材料命令。

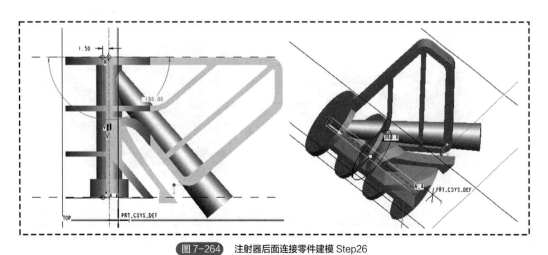

图 7-264　注射器后面连接零件建模 Step26

Step27：创建倒圆角命令，圆角大小为 0.3mm。

图 7-265　注射器后面连接零件建模 Step27

图 7-266　注射器后面连接零件建模 Step28

Step28：创建扫描混合命令，混合为曲面，操作步骤和 Step25 基本一样。

Step29：创建拉伸特征，选择图示平面为草绘平面，绘制草绘线，拉伸为曲面，拉伸高度为 14mm。

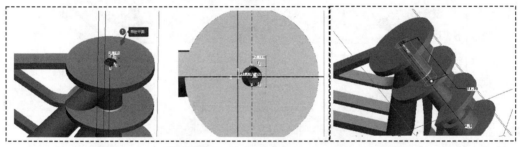

图 7-267　注射器后面连接零件建模 Step29

Step30：将 Step28 和 Step29 所创建的曲面合并，调整合并曲面的方向，把所需的部分保留下来。

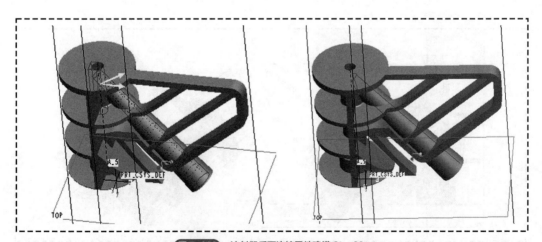

图 7-268　注射器后面连接零件建模 Step30

Step31：创建拉伸特征，选择 RIGHT 平面为草绘平面，绘制草绘线，拉伸为实体，拉伸高度为 1mm。

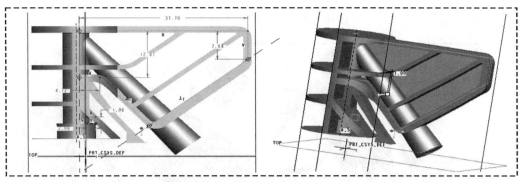

图 7-269  注射器后面连接零件建模 Step31

Step32：创建拉伸特征，选择图示平面为草绘平面，绘制草绘线，拉伸为曲面，拉伸高度为 7mm。

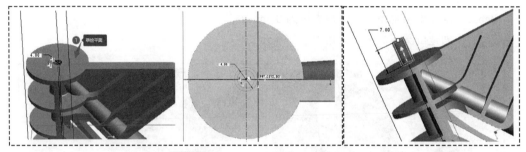

图 7-270  注射器后面连接零件建模 Step32

Step33：创建倒圆角命令，总共倒三个圆角，大小分别为 1mm、0.5mm、0.5mm。

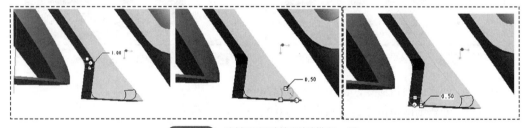

图 7-271  注射器后面连接零件建模 Step33

Step34：将 RIGHT 平面实体化，激活移除材料命令，调整实体化方向。

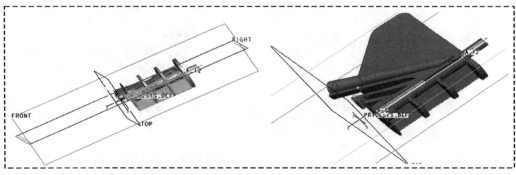

图 7-272  注射器后面连接零件建模 Step34

Step35：创建倒圆角命令，圆角大小为0.3mm。

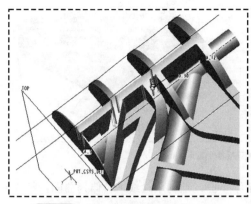

图 7-273　注射器后面连接零件建模 Step35

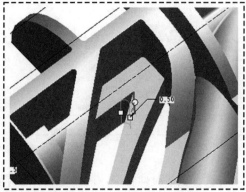

图 7-274　注射器后面连接零件建模 Step36

Step36：创建倒圆角命令，圆角大小为0.5mm。

Step37：创建倒圆角命令，圆角大小为0.5mm。

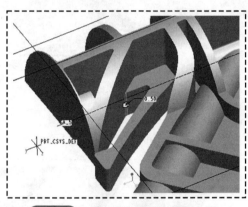

图 7-275　注射器后面连接零件建模 Step37

图 7-276　注射器后面连接零件建模 Step38

Step38：创建倒圆角命令，圆角大小为0.2mm。

Step39：创建倒圆角命令，圆角大小为0.2mm。

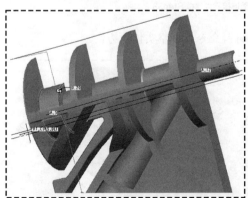

图 7-277　注射器后面连接零件建模 Step39

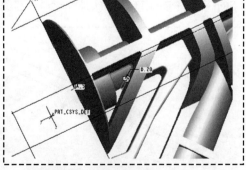

图 7-278　注射器后面连接零件建模 Step40

Step40：创建倒圆角命令，圆角大小为0.2mm。

Step41：创建倒圆角命令，圆角大小为 0.2mm。

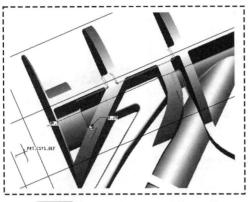

图 7-279　注射器后面连接零件建模 Step41

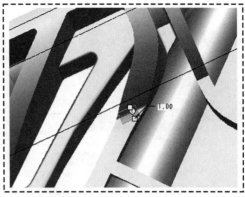

图 7-280　注射器后面连接零件建模 Step42

Step42：创建倒圆角命令，圆角大小为 1mm。

Step43：创建倒圆角命令，圆角大小为 0.2mm。

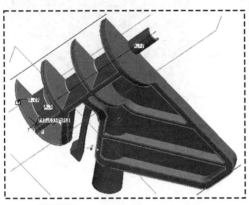

图 7-281　注射器后面连接零件建模 Step43

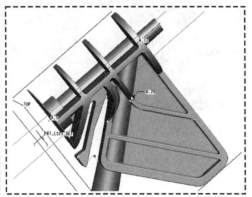

图 7-282　注射器后面连接零件建模 Step44

Step44：创建倒圆角命令，圆角大小为 0.2mm。

Step45：将图示曲面实体化，激活移除材料命令，调整实体化方向。

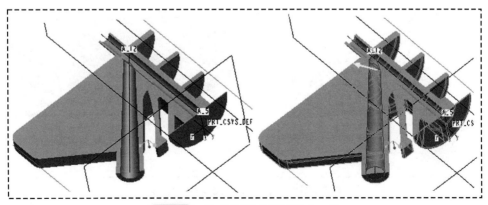

图 7-283　注射器后面连接零件建模 Step45

Step46：创建拉伸特征，选择图示平面为草绘平面，绘制草绘线，拉伸为实体，激活移除材料命令，拉伸高度为42mm。

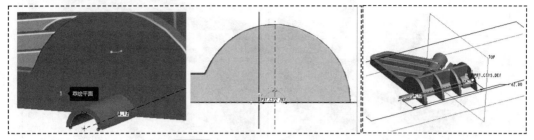

图 7-284  注射器后面连接零件建模 Step46

Step47：创建倒圆角命令，圆角大小为0.2mm。

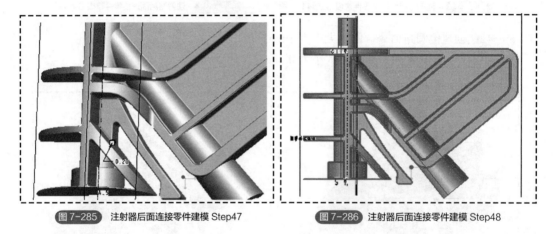

图 7-285  注射器后面连接零件建模 Step47　　　　图 7-286  注射器后面连接零件建模 Step48

Step48：任意点击一个曲面，单击鼠标右键，点击实体曲面，按 Ctrl+C，再按 Ctrl+D，完成曲面的复制。

Step49：选择 Step48 复制的曲面，创建镜像命令，选择镜像的平面为RIGHT，完成镜像特征。

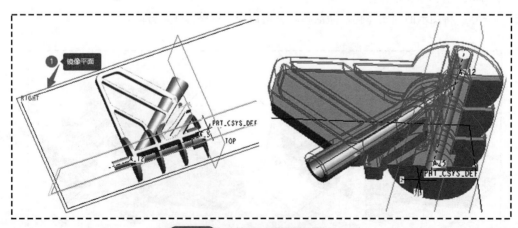

图 7-287  注射器后面连接零件建模 Step49

Step50：选择 Step49 镜像中的曲面，创建实体化特征。

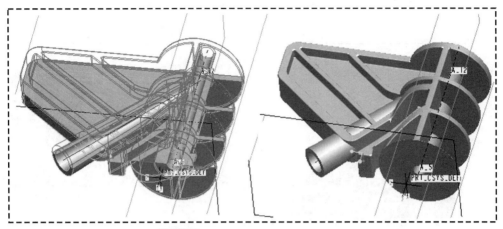

图 7-288　注射器后面连接零件建模 Step50

Step51：创建草绘特征，选择 RIGHT 平面为草绘平面，绘制草绘线。

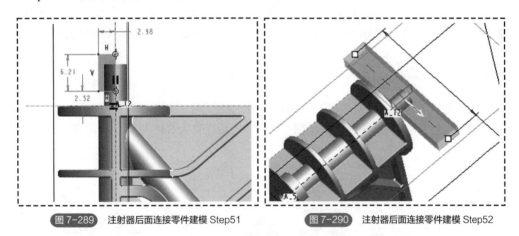

图 7-289　注射器后面连接零件建模 Step51　　　　图 7-290　注射器后面连接零件建模 Step52

Step52：直接在模型树选中 Step51 创建的草绘，再选择拉伸命令，拉伸为曲面，两侧对称拉伸，高度为 33mm。

Step53：创建草绘特征，选择 RIGHT 平面为草绘平面，绘制草绘线（右图为局部放大图）。

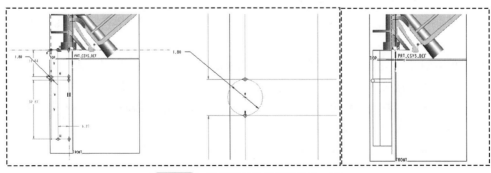

图 7-291　注射器后面连接零件建模 Step53

Step54：从"插入"菜单栏中，选择"数据共享"中的"发布几何"。进入到界面中，选中所要发布的曲面，选择完成后单击对勾，完成发布几何命令。

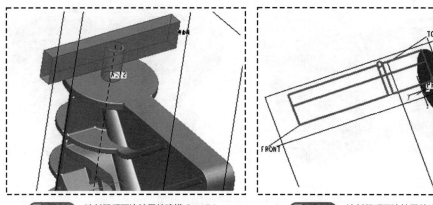

图 7-292　注射器后面连接零件建模 Step54　　　图 7-293　注射器后面连接零件建模 Step55

Step55：从"插入"菜单栏中，选择"数据共享"中的"发布几何"。进入到界面中，点击激活链选项框，依次选取所需发布的链，选择完成后单击对勾，完成发布几何命令。

## 7.1.6　注射头建模

Step1：先把该零件扫描的 STL 文件导入犀牛中，进行前期扫描数据处理，通过犀牛把多余的杂面删除。将模型与犀牛的全局坐标对齐，对齐后保存为 STL 文件，处理完后的模型导入 Pro/E 软件里。

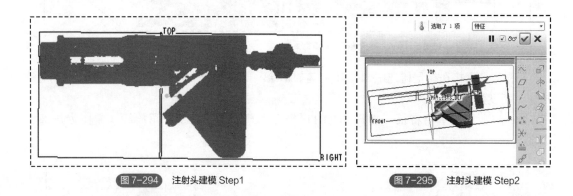

图 7-294　注射头建模 Step1　　　　　图 7-295　注射头建模 Step2

Step2：把注射头后面连接零件所发布的几何复制过来，便于后期参考建模。从"插入"菜单栏中，选择"数据共享"中的"复制几何"。选择参照模型，打开需要复制的发布几何零件，默认为缺省模式，在参照中激活发布几何命令，在右边弹出的对话框中选择发布几何特征，单击对勾，复制几何成功（具体步骤参照 PRT0002）。

Step3：创建旋转特征，选择 RIGHT 平面为草绘平面，绘制旋转中心线和旋转轮廓线。

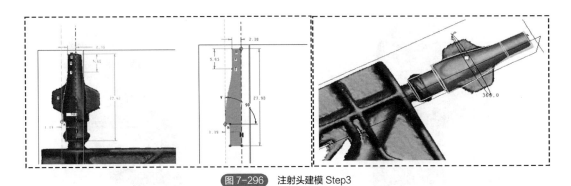

图 7-296　**注射头建模** Step3

Step4：创建拉伸特征，选择图示平面为草绘平面，绘制草绘线，拉伸为实体，激活移除材料命令，拉伸高度为 33mm。

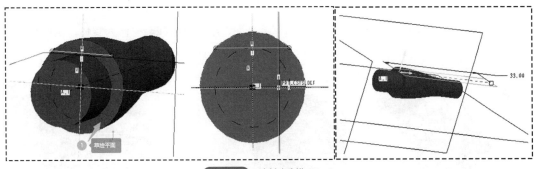

图 7-297　**注射头建模** Step4

Step5：创建阵列特征，选择 Step4 的拉伸特征，点击菜单栏中的"编辑"选项卡，选择"阵列"命令，参照改为轴，选择参照的阵列轴，选择 Step3 旋转中心线为轴，第一方向成员个数为 4，成员间的角度为 90°，角度的范围为 360°。

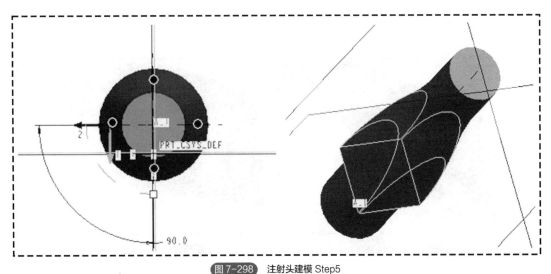

图 7-298　**注射头建模** Step5

Step6：创建拉伸特征，选择 RIGHT 平面为草绘平面，绘制草绘线，拉伸为实体，两侧对称拉伸，高度为 1mm。

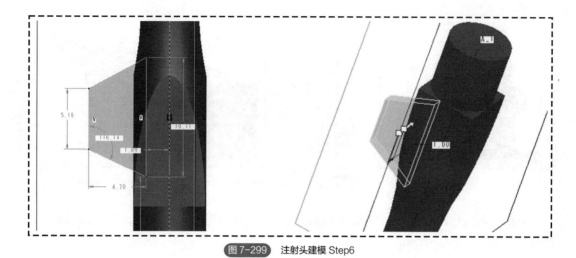

图 7-299　注射头建模 Step6

Step7：创建拉伸特征，选择图示平面为草绘平面，绘制草绘线，拉伸为实体，拉伸高度为 0.2mm。

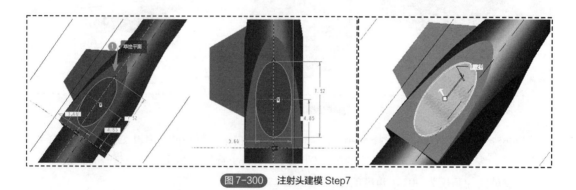

图 7-300　注射头建模 Step7

Step8：创建倒圆角命令，圆角大小为 0.5mm。

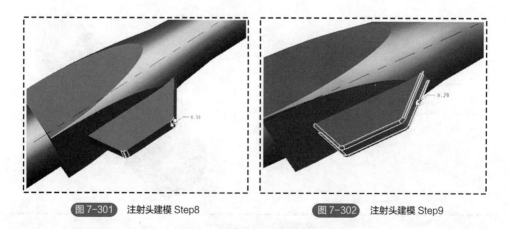

图 7-301　注射头建模 Step8　　　　图 7-302　注射头建模 Step9

Step9：创建倒圆角命令，圆角大小为 0.2mm。

Step10：创建旋转特征，选择 RIGHT 平面为草绘平面，绘制旋转轮廓线，单击放置选项卡中的轴，定义的轴和 Step3 旋转轴一致，激活移除材料命令。

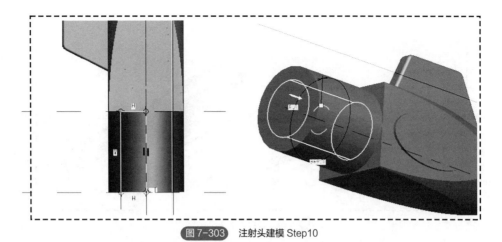

图 7-303　注射头建模 Step10

Step11：创建旋转特征，选择 RIGHT 平面为草绘平面，绘制旋转轮廓线，单击放置选项卡中的轴，定义的轴和 Step3 旋转轴一致，激活移除材料命令。

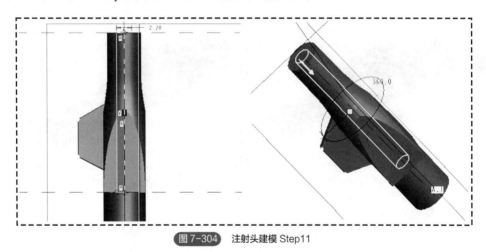

图 7-304　注射头建模 Step11

Step12：创建 DTM1 平面，穿过 Step3 旋转轴且平行于 FRONT 平面。

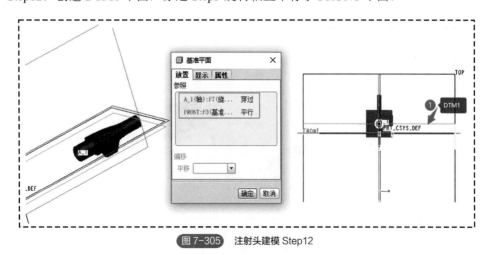

图 7-305　注射头建模 Step12

Step13：将 DTM1 平面实体化，激活移除材料命令，调整实体化方向。

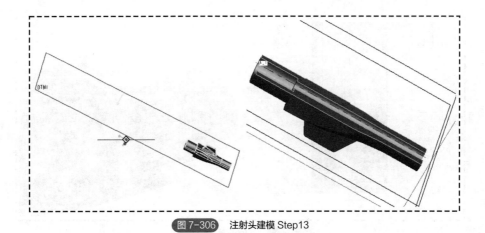

图 7-306　注射头建模 Step13

Step14：创建倒圆角命令，圆角大小为 0.2mm。

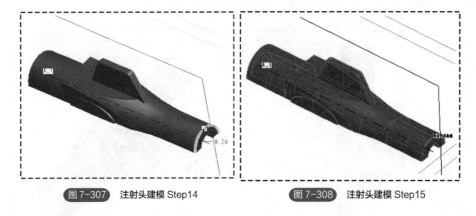

图 7-307　注射头建模 Step14　　　　　　图 7-308　注射头建模 Step15

Step15：任意点击一个曲面，单击鼠标右键，点击实体曲面，按 Ctrl+C，再按 Ctrl+D，完成曲面的复制。

Step16：选择 Step15 复制的曲面，创建镜像命令，选择镜像的平面为 DTM1，完成镜像特征。

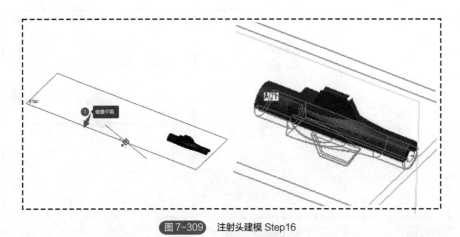

图 7-309　注射头建模 Step16

Step17：选择 Step16 镜像中的曲面，创建实体化特征。

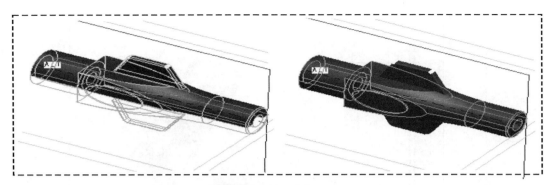

图 7-310 注射头建模 Step17

## 7.1.7 注射头中间连接零件建模

Step1：先把该零件扫描的 STL 文件导入到犀牛中，进行前期扫描数据处理，通过犀牛把多余的杂面删除。将模型与犀牛的全局坐标对齐，对齐后保存为 STL 文件，处理完后的模型导入 Pro/E 软件里。

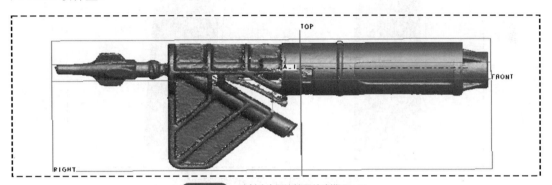

图 7-311 注射头中间连接零件建模 Step1

Step2：把注射头后面连接零件所发布的几何复制过来，便于后期参考建模。从"插入"菜单栏中，选择"数据共享"中的"复制几何"。选择参照模型，打开需要复制的发布几何零件，默认为缺省模式，在参照中激活发布几何命令，在右边弹出的对话框中选择发布几何特征，单击对勾，复制几何成功。

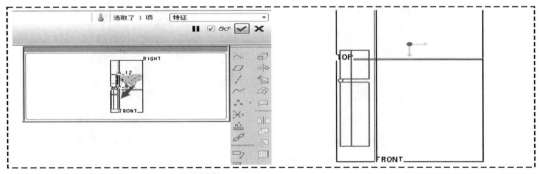

图 7-312 注射头中间连接零件建模 Step2

Step3：创建旋转特征，选择 RIGHT 平面为草绘平面，绘制旋转中心线和旋转轮廓线。

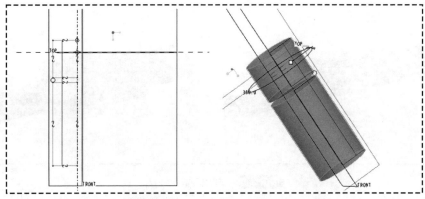

图 7-313 注射头中间连接零件建模 Step3

Step4：创建旋转特征，选择 RIGHT 平面为草绘平面，绘制旋转中心线和旋转轮廓线，激活移除材料命令。

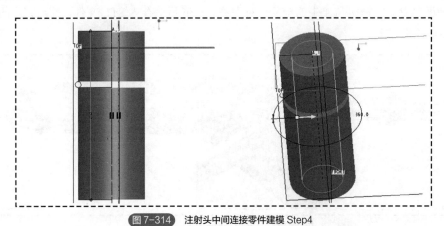

图 7-314 注射头中间连接零件建模 Step4

Step5：创建拉伸特征，选择 RIGHT 平面为草绘平面，绘制草绘线，拉伸为曲面，拉伸高度为 32.6mm。

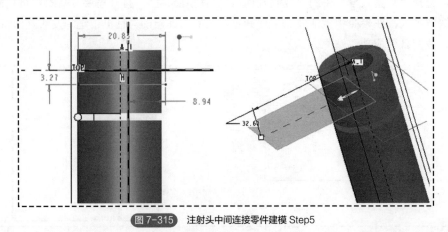

图 7-315 注射头中间连接零件建模 Step5

Step6：创建拉伸特征，选择 Step5 拉伸的曲面为草绘平面，绘制草绘线，拉伸为实体，激活移除材料命令，拉伸高度为 3mm。

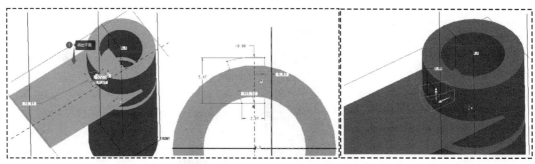

图 7-316　注射头中间连接零件建模 Step6

Step7：创建阵列特征，选择 Step6 的拉伸特征，点击菜单栏中的"编辑"选项卡，选择"阵列"命令，参照改为轴，选择参照的阵列轴，第一方向成员个数为 4，成员间的角度为 90°，角度的范围为 360°。

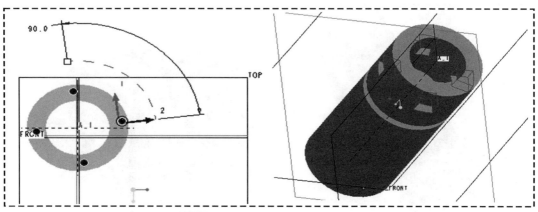

图 7-317　注射头中间连接零件建模 Step7

Step8：创建拉伸特征，选择 TOP 平面为草绘平面，绘制草绘线，拉伸为曲面，拉伸高度为 34mm。

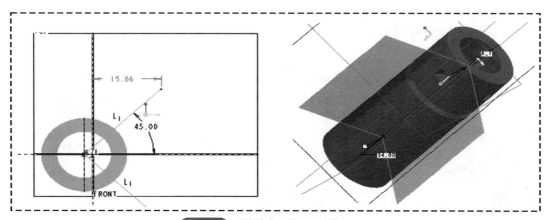

图 7-318　注射头中间连接零件建模 Step8

Step9：创建拉伸特征，选择 Step7 拉伸的曲面为草绘平面，绘制草绘线，拉伸为实体，激活移除材料命令，两侧对称拉伸，高度为 34mm。

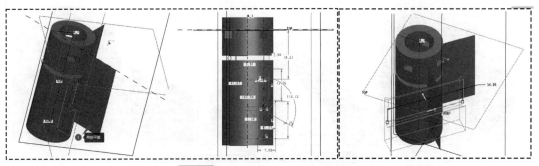

图 7-319　注射头中间连接零件建模 Step9

Step10：选择所需复制的曲面，按 Ctrl+C，再按 Ctrl+D，完成曲面的复制。

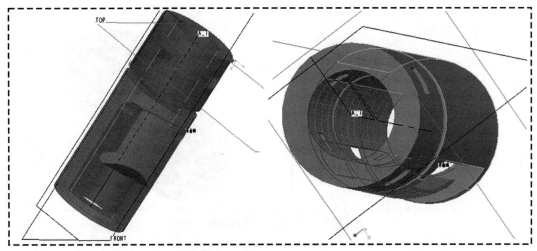

图 7-320　注射头中间连接零件建模 Step10

Step11：创建拉伸特征，选择图示平面为草绘平面，绘制草绘线，拉伸为实体，激活移除材料命令，拉伸高度为 34mm，在选项卡中，侧 2 添加一个盲孔，高度为 3mm。

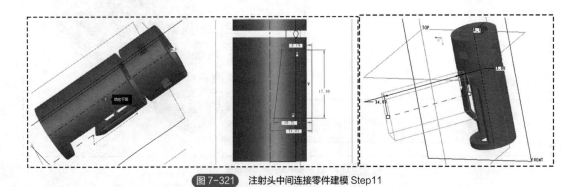

图 7-321　注射头中间连接零件建模 Step11

Step12：将 Step10 复制的曲面实体化。

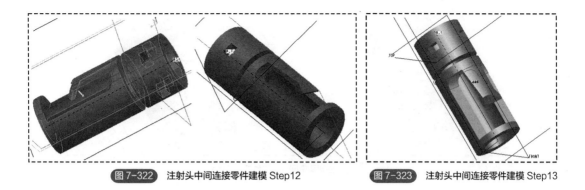

图 7-322　注射头中间连接零件建模 Step12　　　　　图 7-323　注射头中间连接零件建模 Step13

Step13：选择所需复制的曲面，按 Ctrl+C，再按 Ctrl+D，完成曲面的复制。

Step14：选择 Step13 复制的曲面，创建修剪命令特征，选取修剪的曲面为 Step8 所创建的曲面。

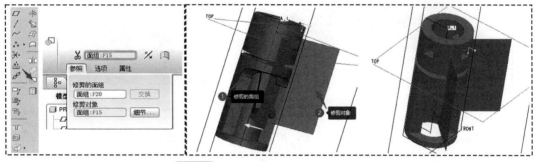

图 7-324　注射头中间连接零件建模 Step14

Step15：选择 Step13 复制的曲面，创建镜像命令，选择图示平面为镜像平面，完成镜像特征。

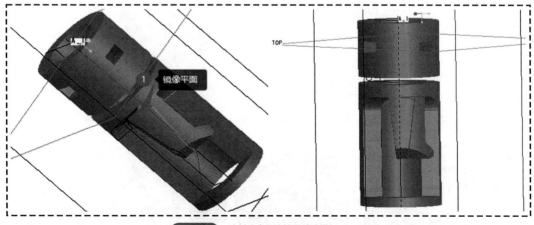

图 7-325　注射头中间连接零件建模 Step15

Step16：将 Step15 镜像的曲面实体化。

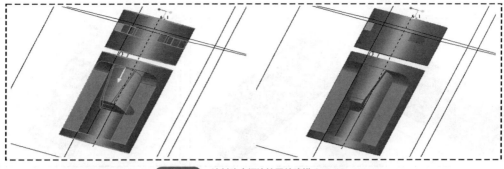

图 7-326　注射头中间连接零件建模 Step16

Step17：创建草绘特征，选择图示平面为草绘平面，绘制草绘线。

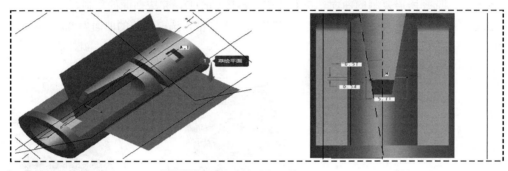

图 7-327　注射头中间连接零件建模 Step17

Step18：选择 Step17 创建的草绘特征，单击菜单栏中的"编辑"选项卡，选择"投影"命令，选取要在其上投影的曲面。

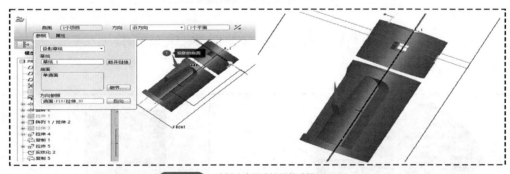

图 7-328　注射头中间连接零件建模 Step18

Step19：创建边界混合，点击第一方向链，依次选取同一方向需要混合的草绘。

图 7-329　注射头中间连接零件建模 Step19　　　图 7-330　注射头中间连接零件建模 Step20

Step20：将 Step19 边界混合的曲面实体化，选择用面组替换部分曲面，调整实体化方向。

Step21：创建倒圆角命令，圆角大小为 1mm。

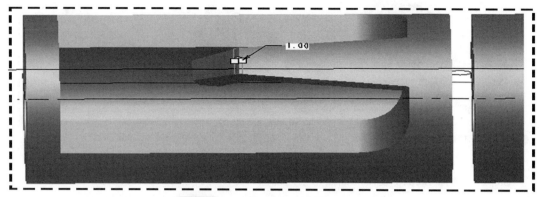

图 7-331 注射头中间连接零件建模 Step21

Step22：创建拉伸特征，选择图示平面为草绘平面，绘制草绘线，拉伸为实体，激活移除材料命令，拉伸高度为 34.5mm。

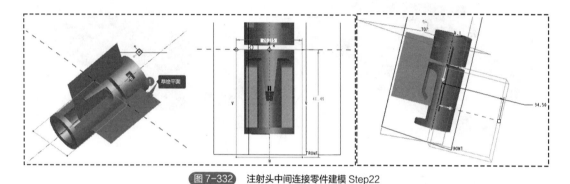

图 7-332 注射头中间连接零件建模 Step22

Step23：创建倒圆角命令，圆角大小为 1mm。

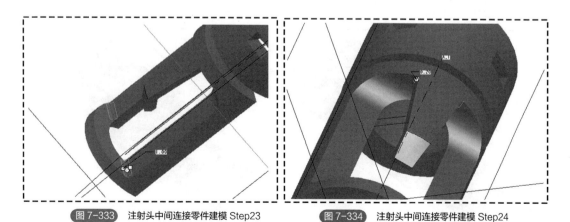

图 7-333 注射头中间连接零件建模 Step23　　　　图 7-334 注射头中间连接零件建模 Step24

Step24：创建倒圆角命令，圆角大小为 0.2mm。

Step25：创建倒圆角命令，圆角大小为 0.1mm。

Step26：选择所需复制的曲面，按 Ctrl+C，再按 Ctrl+D，完成曲面的复制。

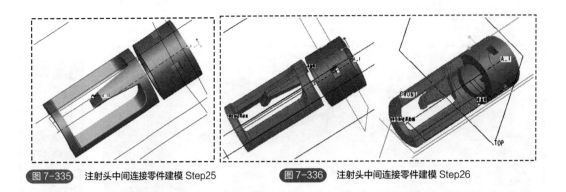

图 7-335　注射头中间连接零件建模 Step25　　　图 7-336　注射头中间连接零件建模 Step26

Step27：选择 Step26 复制的曲面，创建镜像命令，选择图示平面为镜像平面，完成镜像特征。

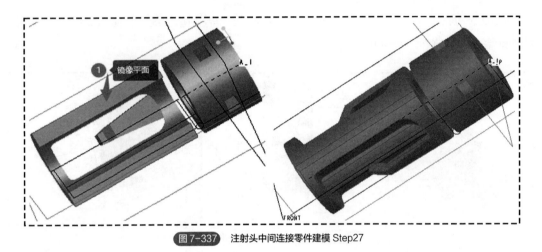

图 7-337　注射头中间连接零件建模 Step27

Step28：将 Step27 镜像的曲面实体化。

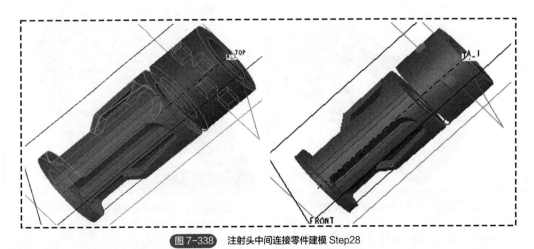

图 7-338　注射头中间连接零件建模 Step28

Step29：选择图示曲面，创建镜像命令，选择图示平面为镜像平面，完成镜像特征。

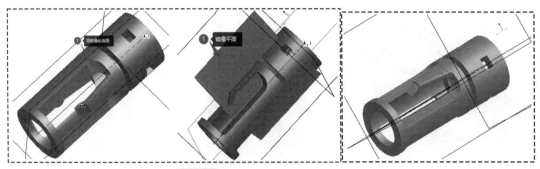

图 7-339　注射头中间连接零件建模 Step29

Step30：创建拉伸特征，选择图示平面为草绘平面，绘制草绘线，拉伸为实体，拉伸高度为 7mm，在选项卡中，侧 2 添加一个盲孔，高度为 5mm。

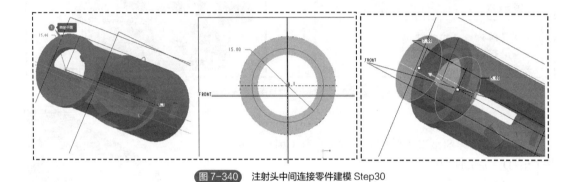

图 7-340　注射头中间连接零件建模 Step30

Step31：创建拉伸特征，选择图示平面为草绘平面，绘制草绘线，拉伸为实体，激活移除材料命令，拉伸高度为 15mm。

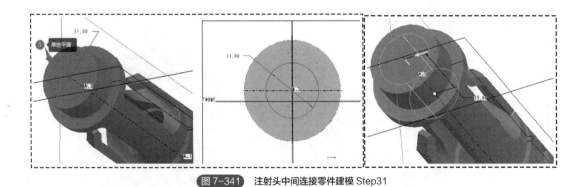

图 7-341　注射头中间连接零件建模 Step31

Step32：创建轮廓筋命令，在参照中定义草绘平面，草绘平面如图所示，绘制轮廓筋的轮廓，调整轮廓筋生成方向，厚度为 2mm。

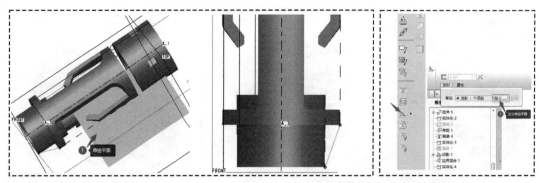

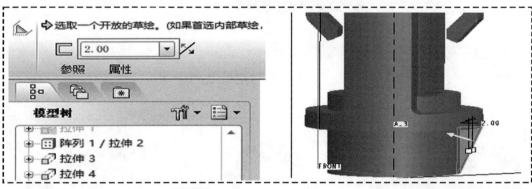

图 7-342　注射头中间连接零件建模 Step32

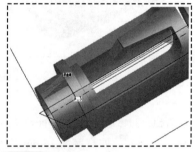

Step33：选择 Step32 的轮廓筋的曲面，按 Ctrl+C，再按 Ctrl+D，完成曲面的复制。

Step34：创建阵列特征，选择 Step33 复制的曲面，点击菜单栏中的"编辑"选项卡，选择"阵列"命令，参照改为轴，选择参照的阵列轴，第一方向成员个数为 5，成员间的角度为 72°，角度的范围为 360°。

图 7-343　注射头中间连接零件建模 Step33

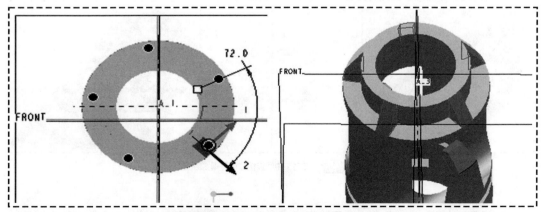

图 7-344　注射头中间连接零件建模 Step34

Step35：将 Step33 复制的轮廓筋曲面实体化。

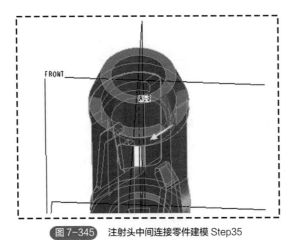

图 7-345 注射头中间连接零件建模 Step35

Step36：创建阵列特征，选择 Step35 的实体化特征，系统会自动参照前面的阵列特征，默认阵列类型为"参照"，直接单击对勾即可。

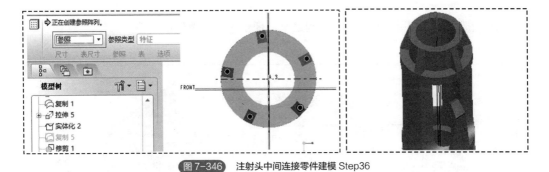

图 7-346 注射头中间连接零件建模 Step36

## 7.1.8 电池盖的建模

Step1：把下壳零件所发布的几何复制过来，便于后期参考建模。

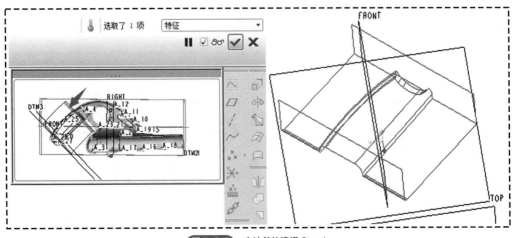

图 7-347 电池盖的建模 Step1

Step2：把下壳零件所发布的几何复制过来，便于后期参考建模。

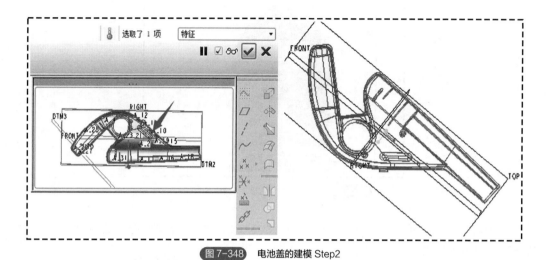

**图 7-348** 电池盖的建模 Step2

Step3：把下壳零件所发布的几何复制过来，便于后期参考建模。

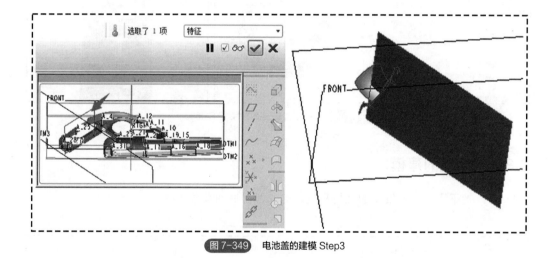

**图 7-349** 电池盖的建模 Step3

Step4：选择 Step2 复制几何的曲面，创建实体化特征。

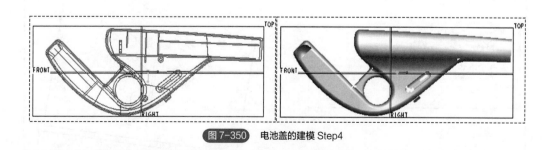

**图 7-350** 电池盖的建模 Step4

Step5：选择 Step1 复制几何的曲面，创建实体化特征。

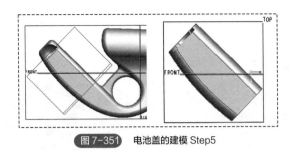

图 7-351　电池盖的建模 Step5

Step6：创建拉伸特征，选择图示平面为草绘平面，绘制草绘线，拉伸为实体，拉伸高度为 20.5mm。

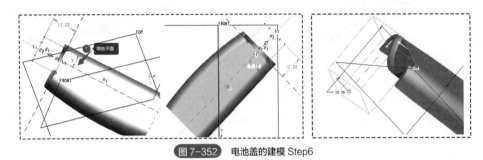

图 7-352　电池盖的建模 Step6

Step7：创建 DTM1 平面，分别穿过 Step3 复制几何特征的两个端点，且与图示平面法向一致。

Step8：创建拉伸特征，选择 DTM1 平面为草绘平面，绘制草绘线，拉伸为实体，双侧对称拉伸，高度为 7mm。

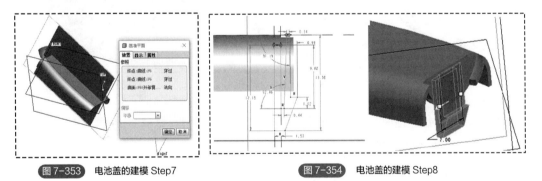

图 7-353　电池盖的建模 Step7　　　　　图 7-354　电池盖的建模 Step8

Step9：创建倒圆角命令，在集选项卡中，参照选择图示的两条边，激活完全倒圆角。

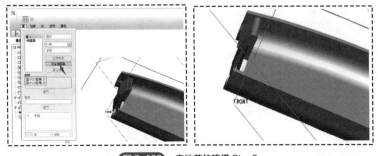

图 7-355　电池盖的建模 Step9

Step10：创建倒圆角命令，在集选项卡中，参照选择图示的两条边，激活完全倒圆角。

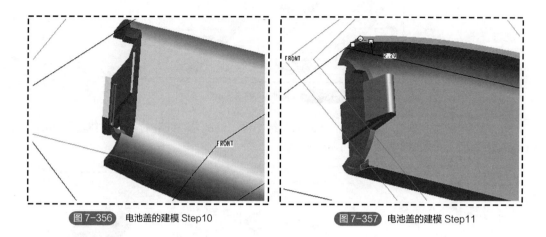

图 7-356 电池盖的建模 Step10          图 7-357 电池盖的建模 Step11

Step11：创建倒圆角命令，圆角大小为 2.2mm。

Step12：创建拉伸特征，选择图示平面为草绘平面，绘制草绘线，拉伸为实体，拉伸高度为 2.2mm。

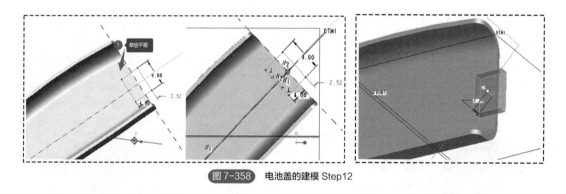

图 7-358 电池盖的建模 Step12

Step13：创建拉伸特征，选择图示平面为草绘平面，绘制草绘线，拉伸为实体，激活移除材料命令，拉伸高度为 1mm。

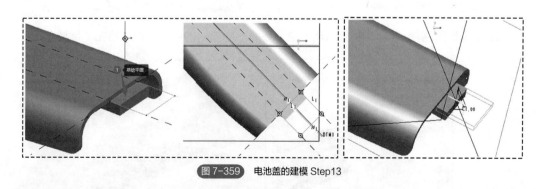

图 7-359 电池盖的建模 Step13

Step14：创建倒角命令，倒角更改为 D1×D2，D1 为 1mm；D2 为 2mm。

图 7-360 电池盖的建模 Step14

Step15：创建拉伸特征，选择图示平面为草绘平面，绘制草绘线，拉伸为实体，激活移除材料命令，拉伸至选定的曲面。

图 7-361 电池盖的建模 Step15

## 7.1.9 装配与打印成品展示

完成上述所有步骤后，即可将各个模型导入装配软件进行装配，装配图如图 7-362 所示。检查装配无误后，即可将各模型转为 STL 格式，导入到切片软件里进行打印及后处理等工作。

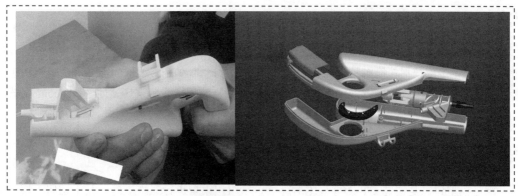

图 7-362 静脉枪打印和装配图

## 7.2　生物逆向工程与 3D 打印拓扑优化综合实例——踝足矫形器

　　以足内翻患者的踝足矫形器为设计对象，传统工艺制作的石膏热塑板踝足矫形器产品笨重，气密性低，患者依从性低，长时间佩戴后可能会对患者骨突等压力敏感区造成挤压、皮肤溃烂等问题，且这种工艺制作流程复杂，劳动力大，矫形器师和骨科医师短时间内很难掌握，其取型时还需准备喷浆石膏绷带、度尺、剪刀、凡士林、水槽、取型服、毛巾、直尺、记号笔、木垫块、大号卡尺、切割软管等物品，制作效率低。

　　考虑到上述问题，现多采用计算机数字化设计 3D 打印踝足矫形器，这种技术方法相较于传统工艺制作效率更高，且骨科医师容易掌握，产品重量轻、透气性强、美观、患者依从性也更高，其设计制作流程如图 7-363 所示。

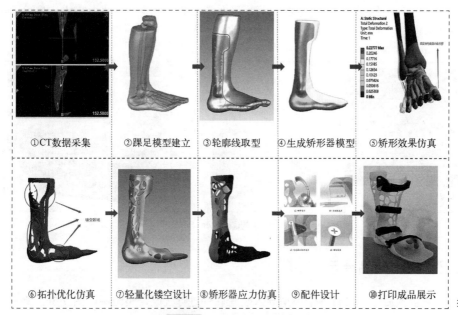

扫码获取相关资料

图 7-363　踝足矫形器设计制造流程图

### 7.2.1　CT 数据采集

　　Dicom 影像资料获取：经知情同意，招募 1 名健康男性志愿者（25 岁，身高 172cm，体质量 66kg），无足部畸形、损伤及肌肉病史。采用飞利浦 Philips Brilliance 64 层螺旋 CT 机对志愿者足踝部进行扫描，层间隔为 0.625mm，最终获得扫描断层数量为 410 层，将 Dicom 格式的 CT 数据导入 Mimics 软件。

### 7.2.2　踝足模型建立

　　踝足模型建立是通过 CT 影像技术对骨骼、软组织模型进行三维重建，基于逆向工程技术完成了足部骨骼、软组织等三维模型的 NURBS 曲面重构与数据优化，得到符合人体生理解剖特征且精度较高的几何模型，踝足模型建立流程如图 7-364 所示。

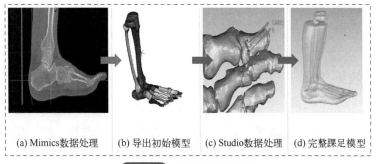

(a) Mimics数据处理　(b) 导出初始模型　(c) Studio数据处理　(d) 完整踝足模型

**图 7-364** 踝足模型建立流程

① Mimics 数据处理：将获取的 Dicom 断层数据导入 Mimics 医学图像处理软件，软件自动生成冠状面、水平面和矢状面的断层图像，观察图像并分析，为提高建模效率，视建模复杂情况选择最利于重建三维模型的平面即可，并不需要三个平面图像均处理。选择 New project 功能，导入文件，这时只显示图层影像视图，并不显示虚拟三维模型，选择 Segment 工具栏下的 Threshold 命令，阈值区间范围可以自定，也可根据软件自动生成的 Bone（CT）阈值来选择，设原始图像为 $f(x, y)$，按照一定的阈值规则在 $f(x, y)$ 中确定若干门限值 $H_1, H_2, \cdots, H_N$（$N \geqslant 1$），骨骼阈值灰度一般为 226～1821，软组织阈值灰度一般为 37～276。

② 导出初始模型：选择 Mask 3D Preview，使实体模型显示出来。此时生成的模型和其他骨骼相粘连，因本节主要研究踝关节内翻，故主要建立足部所有骨骼和小腿部位的胫骨与腓骨。

③ Studio 数据处理：使用 Mimics 软件得到的骨骼、软组织模型较原始模型精度有明显提高，但表面仍有粗糙杂点、尖刺无法去除、大量三角面片重叠与相交的现象，且 STL 数据模型不是真正实体，在正向建模中无法对模型进行修改设计，还需使用 Geomagic Studio 软件经过逆向建模流程进一步优化处理得到表面精度更高、更符合生理解剖学、真实度更高且可用于后续有限元仿真的三维实体模型。

④ 完整踝足模型：导出处理完整的踝足模型。

### 7.2.3　轮廓线取型

使用 Geomagic 对模型重复跟骨多边形处理后，需绘制出踝足矫形器的初始轮廓边界，进而裁剪。在 Geomagic 里使用"曲线"绘制功能描绘矫形器初始边缘，本节主要研究踝关节内翻，患者踝关节处活动自由度受限，故绘制时将内外踝附近范围进行包裹，便于后期患者的康复。矫形器对内外踝包裹覆盖范围应视患者具体情况而定，轮廓线参照上面踝足矫形器设计制造流程图。

### 7.2.4　生成矫形器模型

通过轮廓线裁剪得到初始矫形器轮廓后，再通过偏移命令对矫形器进行加厚处理，得到矫形器初始模型，接下来对矫形器初始模型进行修型，矫形器的前足部位设计时可达到人体足底的三分之二，或覆盖全足并适当延伸，且矫形器的前足滚动边需前翘约 1cm，目的是使患者穿戴以后方便行走的同时提高舒适度，故对初始矫形器的前足进行修型。

前足滚动边修型后，矫形器的开合两边处应尽量满足平行条件，目的是保持并不影响患者在佩戴踝足矫形器后对皮肤的三点力干预，保证矫正康复效果；其次是提高美观度，最终得到完整矫形器模型。

## 7.2.5　矫形效果仿真

运用 Ansys 中的 Workbench 模块仿真分析基于三点力原理足内翻矫形器的矫正效果，对比冠状面、水平面三点力矫形效果，通过网格划分与设置材料属性，施加载荷与边界约束，对矫形器的矫正效果进行评估，在满足人体下肢痛阈时得出两平面联合作用下的矫正力系统效果最佳，具体矫形效果仿真分析的步骤就不详细解释了，这里只展示结果，见图 7-365 和表 7-1。

表 7-1　内翻 10°矫正前后各跖骨应力结果　　　　　　　　　　　MPa

| 内翻 10° | 第五跖骨 | 第四跖骨 | 第三跖骨 | 第二跖骨 | 第一跖骨 |
|---|---|---|---|---|---|
| 矫正前 | 9.8956 | 5.8034 | 3.1862 | 1.5188 | 1.0753 |
| 矫正后 | 8.3836 | 6.7490 | 3.4291 | 1.6130 | 1.0838 |

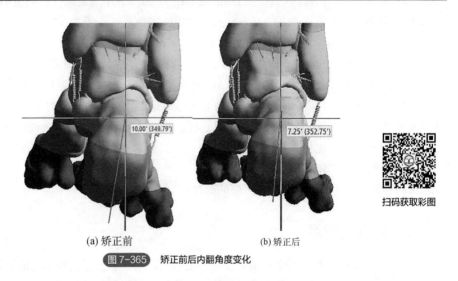

扫码获取彩图

(a) 矫正前　　　　　　　　　　(b) 矫正后

图 7-365　矫正前后内翻角度变化

由图 7-365 和表 7-1 数据分析可知，在水平面和冠状面两平面三点力矫正的作用下，外侧第五跖骨最大压力由 9.8956MPa 降低至 8.3836MPa，降低了 15.28%，外侧跗跖关节处应力也有显著改善，而内侧第四至第一跖骨分摊支撑效果明显增加，有限元仿真的视频动画显示，足踝关节处有明显的外翻动作，在放大变形比例（auto scale）下的后足位移角度测量结果如图 7-365（b）所示，跟骨内翻角由 10°矫正至 7.25°，内翻角度改善 27.5%。故可认为设计的矫形器通过施加三点力对矫正足内翻改善跖骨受力情况是完全有效的。

## 7.2.6　拓扑优化仿真

材料使用的 PLA，将制作的踝足矫形器 x_t 文件导入 Ansys，相关材料机械属性可在已被发表的期刊论文里找，将矫形器底部表面施加固定约束，上部表面模拟穿戴时的受力，进行拓扑优化仿真分析。

上述边界条件与优化设计空间设定完成后进行求解计算，保留质量为 40%、50%、60%的分析结果如图 7-366 所示，能够看出，三种方案优化后的镂空区域基本相差不大，均在矫形器的上部、右侧下部、左侧下部。这些区域可利用正向建模设计软件将模型挖孔来重构，但也不能根据 Ansys 的优化结果大量打孔去除材料，如果矫形器模型表面这些优化区域过于空洞，会降低矫形器的机械强度与力学性能，无法保证患者的矫正与康复效果。

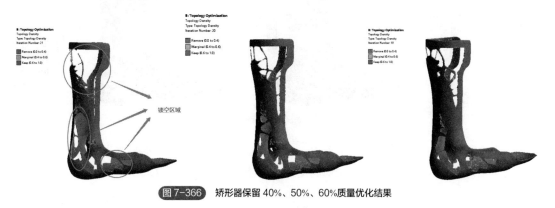

图 7-366　矫形器保留 40%、50%、60%质量优化结果

## 7.2.7　轻量化镂空设计

依据拓扑优化结果对模型进行镂空设计，将矫形器三维模型文件导入 Rhino 的 Grasshoppper 插件中，将模型摆放整齐，利用特征曲线提取、特征曲线切分等命令进行设计，泰森多边形纹理是镂空最佳方案，可保证矫形器满足力学性能的前提下达到减小质量的要求，提高经济性要求，故本设计使用泰森多边形对其进行优化设计，并根据有限元结果来控制泰森多边形的镂空半径、数量、间隔距离。具体的设计程序这里就不过多展示了，下面是 Rhino 软件对矫形器模型的优化设计结果，如图 7-367 所示。

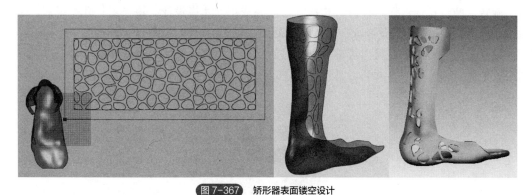

图 7-367　矫形器表面镂空设计

## 7.2.8　矫形器应力仿真

完成踝足矫形器轻量化镂空设计后，因后续将使用热塑性树脂材料进行打印，为保证其刚度，三种方案的矫形器力学性能还需进一步验证，目的是筛选出最佳的设计方案。此部分需要控制单一变量，及在矫形器厚度均一致的前提下进行筛选，这里使用的矫形器厚度为 4mm（单一变量）。将矫形器模型导入 Ansys 软件，使用静力学与动力学模块分别进行分析，其结果如图 7-368 所示。

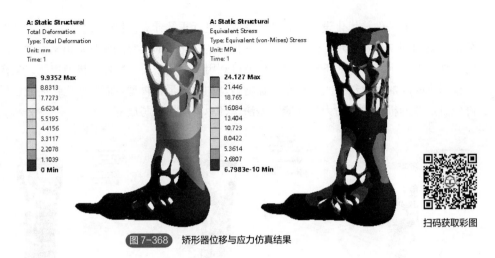

图 7-368　矫形器位移与应力仿真结果

扫码获取彩图

仿真结果显示最大集中应力均小于 PLA 的抗拉强度（59MPa），不会发生断裂，镂空前的矫形器质量为 408.8g，经过对比，在均满足强度性能的前提下，质量最小，此镂空设计为最佳选择。

## 7.2.9　配件设计

在打印踝足矫形器前，应充分考虑矫形器开合两边处绑带的安装位置，矫形器开合两边应与人体小腿软组织紧密贴合，故需要对矫形器两边进行打孔，便于绑带和尼龙搭扣元件的装配。将矫形器 STP 模型导入 SolidWorks 软件对其进行打孔，根据市面上的各类矫形器铆钉直径进行设计，圆孔直径不宜过大，也不宜过小，本节将圆孔直径设为 4mm，并在矫形器三点矫正力施加部位设置多个孔洞，可与绑带联合作用进行微调，提高患者的舒适度，方便铆钉插入矫形器进行固定。如矫形器的配件如铆钉、方形圈、绑带以及尼龙搭扣，使用草图绘制、旋转、凸台拉伸、切除拉伸、扫描等功能完成正向建模设计。矫形器打孔完成后，将模型 STL 文件导入 Geomagic Studio 或 Materialise Magics 软件对模型进一步检查、修复模型交叉、重叠、自相交曲面，这样可提高打印后的产品精度，最终完成的踝足矫形器三维几何如图 7-369 所示。

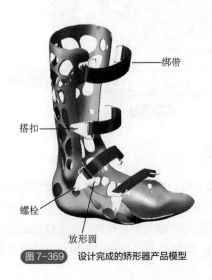

绑带

搭扣

螺栓

放形圆

图 7-369　设计完成的矫形器产品模型

## 7.2.10　打印成品展示

完成上述前处理操作后即可进行 3D 打印，本节采用实验室自研的 FDM 3D 打印机进行打印。在切片软件 Cura 中调整好摆放位置后，依据相关参考文献，将打印机的最佳打印工艺参数调整为层厚 0.2mm，打印速度 30mm/s，打印温度 224℃，使用材料为具有生物相容性且环保的热塑性树脂聚乳酸（PLA）。打印完成后再进行打磨、配件装配等后处理工作，完成的个性化踝足矫形器如图 7-370 所示。

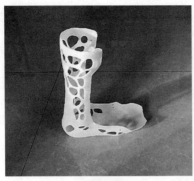

图 7-370　打印后的踝足矫形器产品

# 7.3　正向创新结构设计与 3D 打印综合实例——3D 打印笔

本实例结合人机工程学与结构创新设计了一款全新的 3D 打印笔（图 7-371），并为之加上独特的矫正偏移模式、创作配套的造型书籍，为儿童提供一种全新的以 3D 打印为乐趣的解决方案。本产品充分利用 3D 打印笔的特性，吸引儿童的兴趣，锻炼使用者的空间构成能力与艺术美感，给用户提供一种较低成本的科普途径。基于将孤独症儿童从自己的思维里面解放出来的基本思想，儿童在描绘图标时，通过学习这些标识，可以帮助他们对运动轨迹的捕捉。让他们沿着这些曲线去练习，运用这样的方法为他们的康复提供一定的帮助，有利于提高他们学习这些知识的专注力。

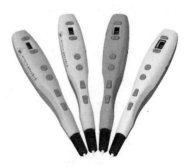

图 7-371　3D 打印笔渲染图

扫码获取相关资料

## 7.3.1　总体设计构思

通过对儿童人机工程学的分析，决定把儿童手抓握部位做到尽可能细小。如图 7-372 所示，首代 3D 打印笔概念及草图模型，灵感来自海豚，整体外观呈纺锤形体，为顺滑优美的弧度曲线。二代打印笔草绘模型在前一代的基础上加宽了笔体，同时将按键放在一起，更符合儿童手掌抓握，给孩子更好的体验，三代打印笔草绘模型主体采用四棱柱（图 7-372），在使用时更易抓握，由于内部硬件 PCB 和轻触按键的尺寸要求，两侧壳体单边壁厚 2mm，最终确定最小尺寸部分达 12mm 左右，这个尺寸是符合儿童抓握的。对于这款打印笔的按键设计，也尽可能地做得大些，这样用户按起来没那么费劲，由于用户在按按键的时候，指面接触的面积增大了，会极大地降低用户手指的按压感，这样能给用户长时间使用带来舒适性。不仅如此，在功能上也对一些常用或一直需要按压的按键做了程序上的设计，比如打印笔的出丝键，按一下就出丝，松开则不出丝。用户在使用这个功能的时候，大多是需要打印笔持续出丝使用的，所以需要用户一直按着出丝键不松开，才能实现这样持续出丝的功能，长时间（5min、10min 和 20min）持续按着，手指会很僵硬很累，甚至会出现手指表层向内凹陷。所以通过 PCB 里设计的程序，连续按两下出丝键可达到自动出丝的效果。

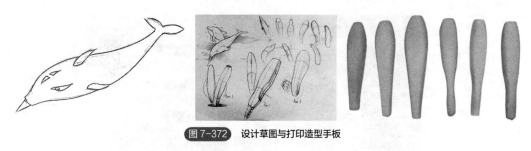

图 7-372　设计草图与打印造型手板

## 7.3.2　结构设计与 Pro/E 正向建模

这款 3D 打印笔的结构设计就相当复杂了，涉及很多机械结构和注塑结构的知识。如图 7-373 所示，这款打印笔涉及的结构太多，选其中一些典型结构进行介绍。比如内部结构的设计，这款打印笔的显示屏幕设计是符合用户视觉的，在屏幕的尺寸大小选择时，应尽可能大，尽可能地把用户需要的信息反馈完全，而且还要与外观整体的比例大小搭配，屏幕上需要显示当前材料、当前温度和该材料的最高温度、出丝速度挡位、正常模式或矫正模式、矫正角度的设定、设定的时间挡位调节等。还要考虑在长期使用中，保护好屏幕不被摩擦刮花，因为刮花了就会对用户观看屏幕反馈的信息有影响，所以需要设计一个透明的保护盖保护屏幕。

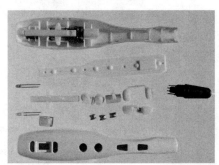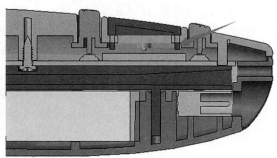

图 7-373　内部结构与热熔柱结构

接下来介绍塑胶结构设计的例子——透明显示保护屏和上壳连接。显示保护屏为透明的 PS 材料，上壳为 ABS 材料。有两种结构可以将这两个零件连接在一起，分别是超声熔线和热熔柱结构。这两种结构都能使两个零件紧固地连接在一起，并且在外观上看不到任何连接的痕迹。对比这两种结构，超声熔线结构相比于热熔柱结构复杂，成本高，故选择热熔柱结构。热熔柱结构的设计需要考虑热熔柱穿过上壳，需预留出长度和虚位。长度留长了，可能会引起热熔后和其他零件存在干涉；长度留短了，可能会造成热熔失败、连接不紧固等问题。预留出来的虚位应正正合适,虚位过小会引起热熔前期装配困难,效率低下;虚位过大,可能引起热熔后不紧固,通过透明件的外观会看到热熔的结构,影响整体外观的美观性。打印笔里面还有很多塑胶结构,细致的建模流程和模型展示可扫码获取,在这里就不进行详细解释了,如图 7-374 所示为将设计完整的模型利用 Pro/E 软件装配出来。

图 7-374　建立完整的打印笔模型图

## 7.3.3　矫正偏移系统设计

如图 7-375 所示,本书设计的 3D 打印笔带有偏移矫正功能,可以精准控制抓握姿态,为儿童提高专注力提供了新的思路,实现了专注力训练。偏移矫正功能便是监测角度,超过所设矫正角会提醒,并且指示灯开始闪烁,达到纠正专注度以及书写姿势的作用。

在使用模板绘制图形时,就能检测到使用打印笔时打印笔倾斜的角度。可以给矫正功能设置一个角度偏移的范围,比如以 PCB 垂直为 0°,旋转一周偏移 45° 均可以检测到,但在 0°~45° 之间,还是可以通过按键调节检测角度范围的大小。这样孤独症儿童在训练平衡力的时候,可以由角度偏移较大慢慢向角度偏移小的趋势发展,他们使用的时候,所偏移的角度会在显示屏上显示,偏移量超

图 7-375　矫正偏移系统设计

过所设定的矫正角度时,打印笔会发出警报声,并伴有红灯提示,帮助他们及时矫正不平衡姿势。当他们在规定时间内使用,发生矫正警报时,及时进行矫正,则不记偏移次数,当超过 1s 还没进行矫正,则记为一次,后面记数累加,后期也可以通过在规定时间内完成模板绘制,总矫正警报了多少次,或者通过完成同一个模板,矫正警报的次数的多少来衡量孤独症儿童平衡力训练进步与否。

## 7.3.4　PCB 电路板设计

将 3D 打印机的控制电路装换为 PCB 控制板,如图 7-376、图 7-377 所示,从而极大地缩小了各个部位机器所占的空间。打印笔将 3D 打印机的喷头改装为陶瓷头和黑色的加热笔头,通过上面部分将材料送入笔头,用笔头将材料加热送入陶瓷头挤出从而打印出轨迹。将 3D 打印机原有的丝杠结构等全部用人手代替,带动打印笔画出使用者想要的轨迹。打印笔的电机用到六级齿轮减速和一级蜗轮蜗杆,六级齿轮就只起到了减速作用,但一级蜗轮蜗杆不仅起到了减速,还起到了直角变位作用,也就将电机直线输出改为直角输出。通过这个电机将材料卷入

笔中进行下一步的加热操作。

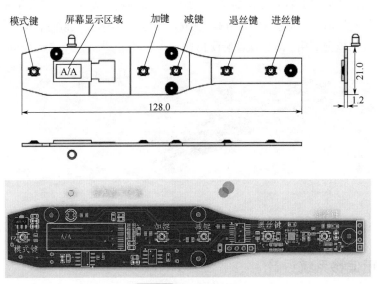

图 7-376  PCB 板设计

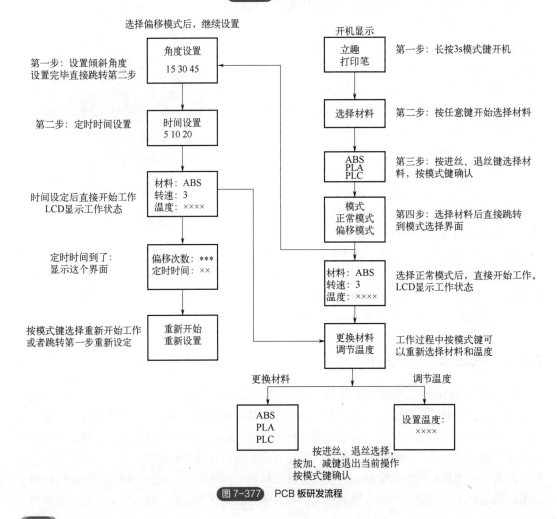

图 7-377  PCB 板研发流程

## 7.3.5  表面工艺处理与打印成品展示

整个 3D 打印笔主要采用三种类材料——塑料、陶瓷和钢材。打印笔的上壳、下壳以及里面的配件都采用 ABS 塑料，使用 ABS 作为塑料壳原料有诸多好处，例如 ABS 成本低、打印的塑件强度高、易于配色等。打印笔的透明显示保护屏采用 PS 塑料，PS 的透明度很高，透光率可达到 90%。打印笔喷头包裹的那部分塑料应采用耐高温的材料打印，打印完成后进行打磨上色装配等后期处理工作，最终的成品展示如图 7-378 所示。

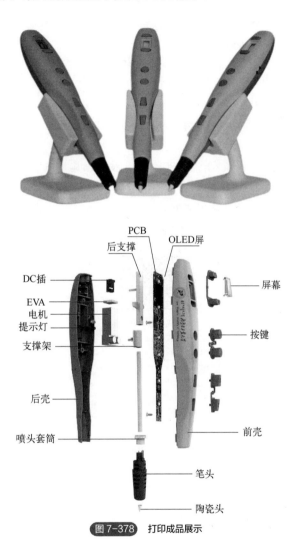

图 7-378  打印成品展示

### 思考与练习

1. 结合踝足矫形器应用实例，分析增材制造技术如何实现医疗产品个性化定制？
2. 结合踝足矫形器应用实例，分析拓扑优化流程和注意事项。
3. 结合 3D 打印笔应用实例，分析总体设计构思需要考虑哪些因素。
4. 结合 3D 打印笔应用实例，分析 Pro/E 建模内部结构时有什么技巧和方法。

5．某医疗器械公司利用增材制造技术生产定制化的人工关节，分析该案例中增材制造技术的应用过程、优势以及可能面临的挑战。

6．研究一个涉及增材制造技术在航空航天领域应用的案例（例如喷嘴、机翼等），探讨其在轻量化设计、结构优化等方面的应用效果。

## 拓展阅读

**书籍拓展阅读**

1．王华明　《3D 打印技术及其应用》

2．史玉升　《增材制造技术》

3．李涤尘，连芩，卢秉恒　《陶瓷光固化增材制造技术》

4．杨永强，王迪　《激光选区熔化 3D 打印技术》

5．杨永强　《3D 打印技术及应用实例》

6．胡迪·利普森（Hod Lipson），梅尔芭·库曼（Melba Kurman）　《3D 打印：从想象到现实》

7．吉奥夫·图克（Geoff Tock）　《3D 打印：技术、应用与市场》

8．张靖　《3D 打印实战宝典》

9．王广春　《3D 打印技术及应用实例》

10．徐旺　《3D 打印：从平面到立体》

扫码获取本书资源

# 第 8 章

# 4D 打印与增材制造的未来

**思维导图**

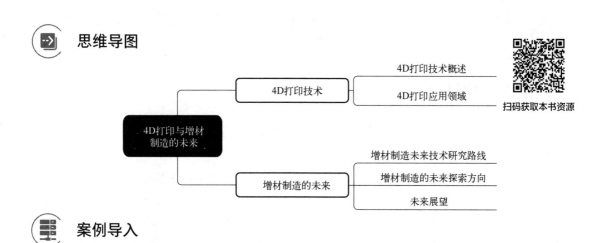

扫码获取本书资源

**案例导入**

　　未来的 4D 打印（图 8-0）会出现怎样的变革？当 4D 打印遇到可编程材料会有什么奇迹发生？我们能否通过 4D 打印制造有生命的房子呢？

图 8-0　4D 打印实验

学习目标

认知目标

● 理解 4D 打印技术的概念，理解"第四维度"在实现复杂形状和功能中的作用。

● 识别和分析 4D 打印在各个领域的潜在应用，掌握 4D 打印技术材料的研究进展。

● 了解增材制造技术的未来探索方向包括哪几大方面。

● 理解增材制造的未来发展趋势，预测它们在未来可能出现的新应用。

● 分析增材制造在可持续发展中的作用，评估这些技术在减少浪费、降低环境影响和推动可持续发展方面的潜力和挑战。

● 探讨增材制造在个性化定制和智能制造中的前景，预测它们在未来制造业的发展趋势。

能力目标

● 培养跨学科思维和创新能力，结合不同领域的知识和技能，提出创新性的解决方案，并探索 3D 打印与逆向工程技术在不同领域中的应用可能性。

素养目标

● 通过对增材制造未来技术和 4D 打印的学习，激发对新技术探索的热情和动力。

# 8.1　4D 打印技术

## 8.1.1　4D 打印技术概述

4D 打印技术是在 3D 打印的基础上引入时间维度，在一定外界刺激的作用下，4D 打印智能材料的形状、结构和功能随时间的推移而不断变化。如图 8-1 所示，增材制造目前多指 3D 打印（三维几何空间：$X+Y+Z$），未来增材制造还会包括 4D 打印（3D 打印+时间）、5D 打印（4D 打印+生命）、6D 打印（5D 打印+意识）等。3D 打印可成型任意复杂形状的结构/功能构件；4D 打印最终成型可控的智能构件；5D 打印可成型可控的生命器官；6D 打印可成型可控的智慧物体。

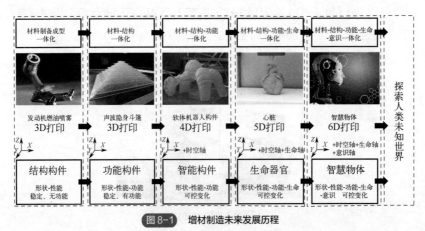

图 8-1　增材制造未来发展历程

4D 打印技术的概念最初是由美国麻省理工学院的 Tibbits 教授在 2013 年的 TED 大会上提出的。4D 打印过程采用对触发器做出反应的智能材料，水、热、光和电流是常见的触发因素。将一个软质长圆柱体放入水中，该物体能自动折成 MIT 的形状，这一演示即为 4D 打印技术的开端，随后掀起了研究 4D 打印技术的热潮。4D 打印技术在刚提出的时候被定义为"3D 打印+时间"，即 3D 打印的构件，随着时间的推移，在外界环境的刺激（如热能、磁场、电场、湿度和 pH 等）下，能够自适应地发生形状的改变。由此可见，最初的 4D 打印技术概念注重的是构件形状的改变，并且认为 4D 打印是智能材料的 3D 打印，关键要在 3D 打印中应用智能材料。随着研究的深入，4D 打印技术的内涵也在不断演变和深化。

近十年来，"4D 打印"概念的提出引起了社会和学术界广泛的关注。美国在 4D 打印技术的研究上处于领先地位，中国紧随其后，但中国的高水平论文发表数量大约只有美国的一半，所以在未来一段时间内 4D 打印技术将成为增材制造技术的研究热点。目前研究 4D 打印的工艺以现有常见的 3D 打印工艺为主，主要有熔融沉积成型（FDM）、光固化成型（SLA）、墨水直写（direct ink writing，DIW）、喷墨打印（inkjet）、数字光处理（digital light processing，DLP）、激光选区烧结（SLS）和激光选区熔化（SLM）。

4D 打印材料按属性不同，可分为聚合物、形状记忆合金和陶瓷材料。比如，自动调温纤维材料 4D 打印，如果你曾经坐在一架闷热的飞机里汗流浃背，就会体会到空客公司研发的可编程碳纤维的好处了。这项发明还能维持舱内气压，使人们可以在飞机内更舒适地呼吸。再比如自动变形管道材料 4D 打印，如图 8-2 所示，洪水来临时，大量水涌进下水道，管道面临巨大压力，甚至可能会破裂。可编程管道可以根据水流强度调整管道直径。遇到地震，管道还可以通过编程变弯曲，而不会破裂。

**图 8-2** 自动变形管道材料

4D 打印技术是人类向往美好生活的起点，通过 4D 打印和可编程材料解决了一定的科学问题，但要想形成产业突破需面对很多关键共性技术问题，比如，目前 4D 打印智能构件尚处于演示阶段，大多数结构只能用于实验室展示，未能将微观变形与宏观性能改变相结合，未能建立 4D 打印智能构件形状-性能-功能一体化可控/自主变化的方法。很多实验室不具备开展 4D 打印智能构件形状/性能/功能的理论模拟、仿真与预测研究的实验条件。还有就是 4D 打印材料体系匮乏，如 4D 打印中聚合物、复合纤维，形状记忆合金和陶瓷等材料无法实现形控一体化，缺乏高性能材料的可编程控制方法和技术。最后，目前 4D 打印智能构件具有自适应变化特性，其验证方法区别于常规构件，尚无有效的评价方法与集成验证体系。4D 打印技术在造福人类上是艰难而正确的，很多科研工作者都在为此深耕，正如泰戈尔所说"因为相信，所以看见"。

## 8.1.2  4D 打印应用领域

4D 打印通过对材料和结构的主动设计，使构件的形状、性能和功能在时间和空间维度上实现可控变化，满足变形、变性和变功能的应用需求。3D 打印技术要求构件的形状、性能和功能稳定，而 4D 打印技术要求构件形状、性能和功能可控变化，由此可知 4D 打印不只是"能看"，而且要"能用"。对 4D 打印的深入研究必将推动材料、机械、力学、信息等学科的进步，为智能材料、非智能材料和智能结构的进一步发展提供新的契机。4D 打印这种极具颠覆性的新兴制造技术在航空航天、生物医疗、汽车、柔性机器人等领域都具有广泛的应用前景。

### （1）航空航天领域

4D 打印技术还可用于成型折叠式卫星天线。形状记忆合金（shape memory alloy，SMA）是一种具有变形回复能力的智能金属材料，常用于 4D 打印工艺，用来成型结构复杂的智能构件，如图 8-3 所示这种折叠式的卫星天线就是 4D 打印技术的典型应用。

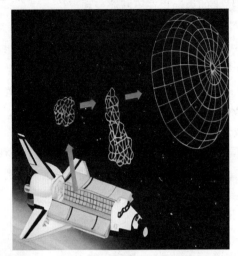

图 8-3　4D 打印天线在太空中展开的过程与变形机理示意图

### （2）生物医疗领域

在生物医疗领域，如图 8-4 所示，利用 4D 打印技术成型医疗支架，在植入前对其进行变形处理，使之体积最小，在植入人体后，通过施加一定的刺激使其恢复设定的形状以发挥功能，这样可以最大限度地减小患者的伤口面积。图 8-5 所示为采用 Dicom 构建的 3D 气管模型。

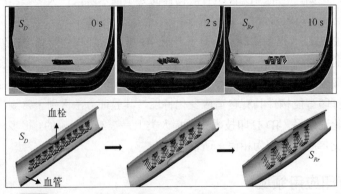

图 8-4　4D 打印形状记忆血管支架在外加磁场的作用下发生形变的示意图

如图 8-6 所示，美国乔治·华盛顿大学的 Miao 等利用新型可再生大豆油环氧丙烯酸酯，光固化成型了具有高生物相容性的支架，该支架能够促进髓间充质干细胞的生长，并且能够在-18℃下维持折叠的形态，在人体正常体温（37℃）下恢复到初始状态。

如图 8-7 所示，荷兰特温特大学的 Hendrikson 等利用形状记忆聚氨酯，4D 打印出了不同孔隙结构的支架。该支架在恢复初始形状的过程中，会带动接种在上面的细胞发生形态的改变，进一步诱导细胞的生长，这样的支架在人体骨骼、肌肉、心血管等组织再生中具有很大的应用潜力。

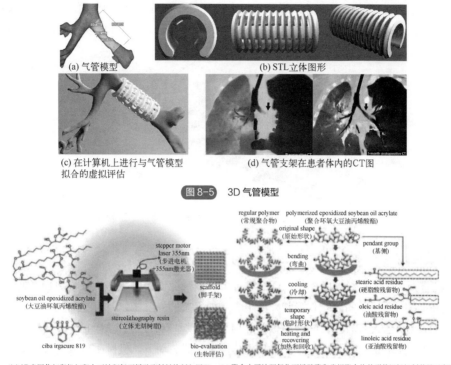

(a) 气管模型　　　　(b) STL立体图形

(c) 在计算机上进行与气管模型　　　(d) 气管支架在患者体内的CT图
　　　拟合的虚拟评估

图 8-5　3D 气管模型

(a) 3D光固化打印机打印大豆油环氧丙烯酸酯材料的制备原理　(b) 聚合大豆油环氧化丙烯酸酯和常规聚合物的形状记忆机制差异示意图

图 8-6　4D 打印的高生物相容性的支架

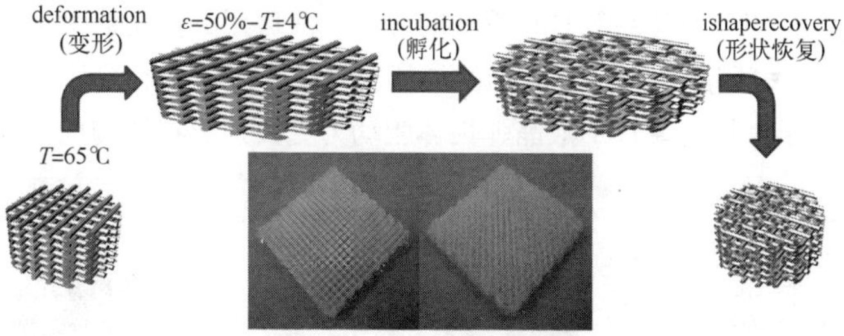

(a) 0/90° 支架　(b) 0/45° 支架的
　　　　　　　不同空隙结构的
　　　　　　　培养支架

图 8-7　4D 打印的不同孔隙结构的支架

　　4D 打印技术和可编程材料正改变着我们的生活。美国密歇根大学 C.S.莫特儿童医院的葛林医生针对"气管支气管软化症"的婴儿，研发出了一种 4D 打印的呼吸道支撑器，可有效避免婴儿气管塌陷。这种细小的支撑器可以保证婴儿的气道一直处于扩张的状态。随着婴儿逐渐长大，这个支撑器会不断扩张，直到孩子能够独立呼吸，最终被人体降解吸收。

### （3）汽车领域

　　在汽车领域，智能自修复材料可以大显身手。汽车凭借智能材料，可以"记住"自身原来的形状，甚至可以在汽车发生事故后实现"自我修复"的功能，还可以改变汽车的外观和颜色。4D 打印构件组成的汽车会具有可变的外形，比如可调节的天窗和扰流板，汽车可以根据气流改进其空气动力学结构，提升操纵性能。

如图 8-8 所示，丰田公司采用 NiTi 基形状记忆合金成型的散热器面量活门，当发动机的温度低于形状记忆合金的响应温度时，形状记忆合金弹处于压缩状态，则活门关闭；当发动机温度升高至响应温度以上时弹簧则为伸长状态，从而活门打开，冷空气可以进入发动机室内。

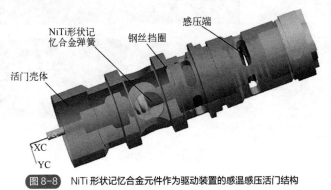

图 8-8　NiTi 形状记忆合金元件作为驱动装置的感温感压活门结构

### （4）柔性机器人领域

柔性机器人相比于传统的由电机、活塞、关节、铰链等组成的机器人来说更加轻便灵活，可以根据实际需要改变自身的尺寸和形状，可用于更加复杂的作业中，具有更高的安全性和环境相容性，因此柔性机器人有着巨大的应用价值和前景。新加坡科技设计大学的 Ge 等通过多重形状记忆聚合物 4D 打印成型出了多种仿生机械手结构，在热驱动下，机械手可成功实现螺钉的抓取和释放，如图 8-9 所示。他们还利用形状记忆聚合物纤维和弹性基体 4D 打印成型出了热驱动的折纸结构，聚合物纤维在一定的温度范围内具有形状记忆效应，受热刺激带动整个结构发生折叠，该研究成果对于 4D 打印自组装系统具有重要的意义。西班牙萨拉戈萨大学的 López-Valdeolivas 等利用液晶弹性体 4D 打印成型出了热驱动的具有软体机器人功能的驱动器，能够在温度刺激下进行快速响应，相对于常规的薄片形液晶弹性体驱动力更大，形状结构更为复杂。

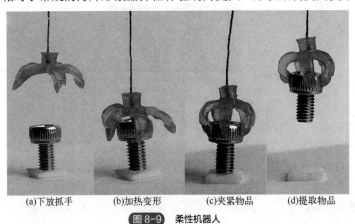

(a)下放抓手　　(b)加热变形　　(c)夹紧物品　　(d)提取物品

图 8-9　柔性机器人

## 8.2　增材制造的未来

增材制造具有丰富的科学和技术内涵，涉及机械、材料、计算机、自动化控制和其他先进技术。

由于其设计自由、成型快速、浪费少以及能够制造具有独特性能的复杂结构的特点，在航空航天、生物医学、汽车、核能和建筑行业带来了革命性的应用。作为"中国制造 2025"和中国"十四五"规划等国家战略中关键的工业技术，增材制造将极大地促进和引领中国智能制造的升级和发展。

增材制造技术最重要的优势是释放了材料选择和结构的设计自由，可以实现形状可控和性能定制。增材制造技术通过建立从材料到最终应用的数据流，成功实现了设计和制造过程的数字化。大多数处于不同状态的工程材料都可以作为原材料在增材制造工艺中使用，其中甚至可以通过原材料的微观结构和成分设计来设计和制备新的特性和性能。从微观尺度到中观和宏观尺度，增材制造技术为具有不同功能的复杂结构的设计和制造带来了重大机遇，特别是在复杂的曲面、分层晶格和薄壁/空心结构方面。

## 8.2.1　增材制造未来技术研究路线

2022 年 2 月 18 日，*Chinese Journal of Mechanical Engineering：Additive Mangacturing Frontiers* 的首篇论文 *Roadmap for Additive Manufacturing：Toward Intellectualization and Industrialization*，在 *ScienceDirect* 上线，中国增材制造专家，如西安交通大学李涤尘、田小永教授团队，南京航空航天大学顾冬冬教授团队，西北工业大学林鑫教授团队，清华大学林峰教授团队，华中科技大学宋波教授团队，对增材制造的设计方法、材料、工艺和设备、智能结构以及在极端规模和环境中的应用进行了全面的综述，描述了未来 5～10 年的技术研究路线图。

如图 8-10 所示，技术路线图从增材制造创新设计方法、打印材料和设备工艺等基础，向智能结构、极端制造和活体打印应用领域延伸，逐渐形成了数字化到智能化，创新概念到工业量产的过程。

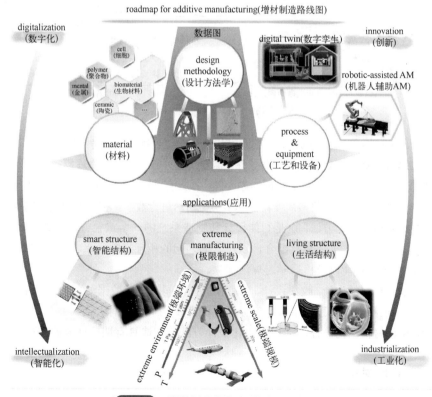

图 8-10　增材制造路线图：迈向智能化和工业化

## 8.2.2　增材制造的未来探索方向

### （1）设计方法论

增材制造实现了三维结构和产品的智能设计和制造自由。为增材制造而设计已经成为跨学科研究的新兴领域。一种被称为拓扑优化的计算机辅助设计方法被用来生成创新 3D 打印结构，表现出可调整的刚度、分层特征和出色的轻质性能，通过拓扑优化可进行部件整合。此外，多学科优化在最近得到了解决，设计结构需要满足多个目标并满足相关的约束条件，如复杂的负载条件、高耐热性、有限的应力和位移等。

如图 8-11 所示，在未来，3D 打印技术设计方法论有望在以下方面突破。

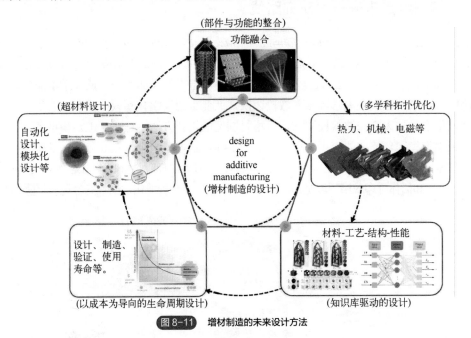

图 8-11　增材制造的未来设计方法

① 结构、多目标和多学科的拓扑优化。结构设计的综合优化需要考虑宽频振动、循环载荷下的材料疲劳极端高温和强辐射等极端载荷条件。需要实施外部载荷的多物理模拟，以增强和拓宽综合优化的视野。所设计的部件保持必要的力学性能，并具有其他功能，例如光学、电磁、热性能等。引入多物理驱动的体积设计，将多尺度特征和多类型材料进行数字化整合实现结构的功能融合。

② 知识库驱动的设计方法。这是智能设计和制造系统的一个重要方面，知识库包括材料数据库、功能晶格单元库、工艺参数组合，以及它们之间的相互影响关系。这些信息可以通过多物理过程模拟、人工智能以及机器学习算法建立。

③ 以成本为导向的设计。收集设计、制造和服役期间的真实数据流，支撑面向成本的设计。产品设计的迭代过程在数字系统中进行将显著降低开发成本和时间消耗。

④ 自动化超材料结构设计。通过模块化设计方法，创造具有期望性能的超材料。

### （2）3D 打印材料

电响应智能结构材料通常由电活性聚合物驱动，如图 8-12 所示的介电弹性体致动器

（DEA）和电活性水凝胶（EAH），它们具有相当大的应变能力和能量密度。电响应智能结构材料通常通过分层或缠绕的方式将电致伸缩材料和非电活性材料结合起来，以实现弯曲和扭曲等基本动作，复杂的动作可以通过多个基本动作的组合来实现。

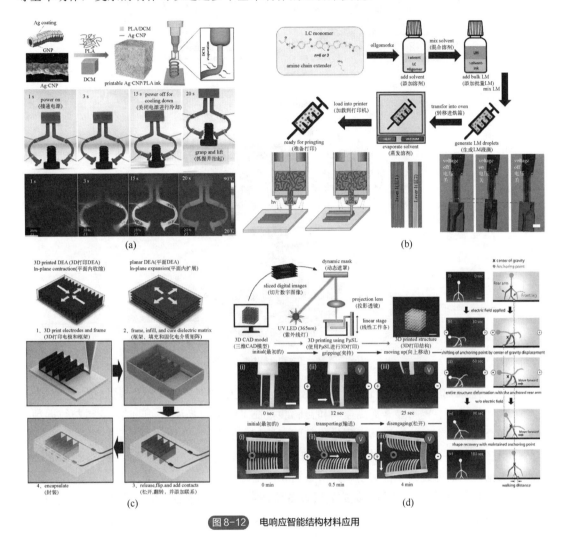

图 8-12　电响应智能结构材料应用

① 材料设计理论。通过材料基因组建立专业数据库，实现智能优化选材。通过建立成分工艺、微观结构与性能之间的内在联系，根据材料的性能设计出满足要求的微观结构。

② 以目标为导向的材料多层次、多因素设计。对于结构材料，要实现面向材料的增韧设计；对于智能材料，如形状记忆聚合物和合金，有必要实现可控的变形恢复设计。

③ 智能复合材料。先进复合材料的先进制造技术将为实现跨尺度智能复合材料结构的设计和制造提供有力的工具。

## （3）工艺与设备

如图 8-13 所示，在未来，3D 打印技术工艺与设备有望在以下方面突破。

① 开发多机器人协作下的混合增材制造解决方案。以敏捷制造为核心的混合制造结合了各种加工技术的优点，在多材料、多结构和多功能制造方面显示出良好的前景。

图 8-13　工艺和设备未来行动项

② 提高监控和传感设备的功能和集成度。调幅过程中的信号处理涉及视觉、光谱、声学和热学。多功能单一装置将显著提高监测和传感装置在工业中的普及性；同时，通过与数据预处理软件耦合，将提高物理建模、过程优化和闭环控制中的数据可用性。

③ 将工业互联网融合成增材制造数字孪生。工业互联网可以解决数字孪生的核心问题——模型和数据，从而通过云平台共享、分析数据和模型。

④ 完善增材数字生态系统。集成先进设备或技术，如过程监控、信息感知、机器学习、人工智能、数据库等。

### （4）极端尺度和极端环境

增材制造的发展主要有两个极端尺度：一个是微/纳米尺度，即实现微米和纳米尺寸的精细3D打印；另一个是宏观尺度，即实现大尺寸和高速3D打印。在航空航天领域，继打印中国首架国产 C919 飞机的主风挡窗框和中央法兰盘等大型复杂钛合金结构件之后，中国又成功打印了世界上第一个重型运载火箭上 10m 级别的高强度铝合金连接环。这些突破克服了大尺寸结构在打印过程中的结构变形和应力控制问题，为中国航天工程的快速发展提供了技术支持。

极端环境如极端温度、压力、强辐射和微重力。2020 年，NASA 完成了液体火箭发动机 3D打印双金属燃烧室的重要材料表征和测试，同时进行了点火测试，证明了双金属燃烧室在恶劣温度和压力下的多功能性和生存能力。自 2014 年国际空间站配备 3D 打印设备后，中国也在 2020年成功完成了首次微重力空间的 3D 打印测试。这个世界上第一个连续碳纤维增强聚合物复合材料的在轨 3D 打印测试，使研究人员能够检查材料的成型过程，更好地说明微重力对相关材料和结构机制的影响。3D 打印不仅有助于国际空间站上现有的研究基础设施，而且使长时间的航天飞行、太空探索更加方便和可持续。微/零重力、宇宙辐射、昼夜温差大等极端环境条件对利用月球或火星雷石进行原位打印有很大影响。

如图 8-14 所示，在未来，极端尺度下的 3D 打印技术有望在以下方面突破。

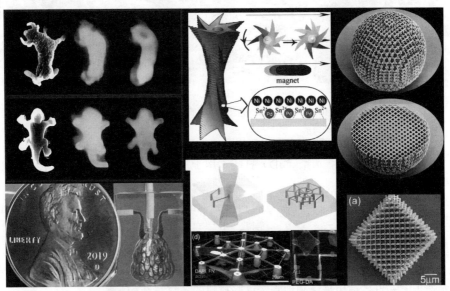

图 8-14　极端尺度和极端环境：水相环境双光子微纳 3D 打印

① 微/纳米尺度。以双光子聚合为代表的微纳米尺度 3D 打印，由于克服了照明的光学极限，能够以亚波长空间分辨率打印纳米结构，打印精度小于 100nm。这种高精度的复杂纳米结构极大地拓宽了其在超材料和光电子领域的应用。

② 宏观尺度。实现任意形状大型结构体的全自动化、无人化建造，同时打印内部多功能组件和电线，以实现集成制造。大尺度 3D 打印有潜力用于大型复杂结构的自动化制造，如建筑物、火箭甚至太空基地。

在未来，极端环境下的 3D 打印技术有望在以下方面突破。

① 极端温度和压力、强辐射、微重力等极端环境。如微/零重力、宇宙辐射、昼夜温差大等极端环境条件下的月球或火星原位打印。

② 开发相关的太空机器人和自动化技术。为了适应这种极端环境，需要开发优良的抗辐射和耐热电子器件和结构材料，多传感器集成和数据融合可能是未来无人系统探索的关键技术。空间敏捷制造需要控制系统"观察-定位-决策-行动"的独特循环，以实现制造过程的自适应控制和监控。

③ 加速 3D 打印的数字化，利用数字孪生技术高效设计 3D 打印新产品，针对极端使用场景和环境的生产规划。

## （5）智能结构

智能结构又称机敏结构（smart/intelligent material and structure），如图 8-15 所示，在外界环境刺激下，如电磁场、温度场、湿度、光、pH 值等，智能材料结构可将传感、控制和驱动三种功能集于一身，能够完成相应的反应，智能材料结构具有模仿生物体的自增值性、自修复性、自诊断性、自学习性和环境适应性。

(a) 热触发变形　　　　　　　(b) 光触发变形　　　　　　　(c) 水触发变形

图 8-15　4D 打印技术制造的智能材料和硬质有机聚合物智能结构发生变形

在未来，智能结构 3D 打印技术有望在以下方面突破。

① 融合不同的物理场和 $n$ 维（$n$D）打印，用于复杂的多尺度结构，基于传感和驱动能力的有效组合对刺激做出动态响应。

② 更多独特功能的材料，如可编程材料（programmable material）是指物体能够通过程序化的方式进行变化（包括形状、密度、模量、电导率、颜色等）。4D 打印实际上使物质的"可编程"成为现实，即通过设计理念阶段对产物预编程，从而使其具有智能变化的特征。因此，4D 打印也被认为是 3D 打印与编程思想的结合，在某种程度上，可编程材料亦即智能材料。智能增材制造工艺和设备被用来精确地制造这些材料的多材料结构。

③ 在极端条件下的多物理领域中具有鲁棒性和适应性。因此，在结构设计之初，就应该考虑各种不同的工作条件，集成在线诊断、柔性控制、全生命周期设计和自动原型制造的智能系统。

## （6）生物制造

未来，生物 3D 打印技术有望解决器官移植和组织修复的挑战，生物墨水——活体细胞打印技术+基因编码技术可能创新出高级生物智能的产品（图 8-16）。同时，多材料打印能力和高精度制造能力使其能够制造出复杂的生物结构，如血管、神经网络和人工骨骼等，也能制造复杂的细胞模型和组织模型，用于药物研发和药物筛选。这将加速新药开发过程，减少动物实验的依赖性，并提高药物的有效性和安全性。伴随着巨大的前景，3D 打印的活体结构在走向智能化和商业化时需要解决多方面的挑战。

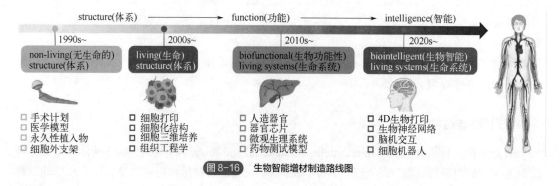

图 8-16　生物智能增材制造路线图

①　技术挑战。3D打印的活体结构在结构和功能复杂性方面还不能完全匹配天然器官。增材制造技术在构建复杂的多尺度结构时需要更高的空间分辨率和效率，因此需要更多与增材制造兼容的功能生物材料。

②　跨学科挑战。有效控制3D打印结构内的细胞发育为成功应用奠定基础。对于植入的活体结构的生物智能，应该进一步建立活体结构和人体之间的相互作用和联系，因此需要机械工程师、生物工程师、生命科学家和临床医生之间的密切合作，根据对特定应用的生物医学见解来设计制造策略。

③　监管和伦理挑战。3D打印活体构造构成了生物医学行业中一组新的产品，这些产品受到高度监管并涉及伦理问题。3D打印活体构造的商业化需要一套系统的基于科学的法规，专门为这些产品设计，以解决潜在的医学和伦理影响问题。

## 8.2.3　未来展望

未来，增材制造技术将进一步向智能化和产业化发展。增材制造是一个极其复杂的系统，涉及多因素、多层次、多尺度，耦合了材料、结构、各种物理和化学性能。有必要结合大数据和人工智能对这一极其复杂的系统进行研究，并在增材制造多功能集成优化设计原理和方法上取得突破。通过发展主动可控形状的智能增材制造技术，为未来的增材制造技术实现材料、工艺、结构设计、产品质量和服务效率的飞跃式提升打下充分的科技基础。具有自我采集、自我建模、自我诊断、自我学习和自我决策能力的智能增材制造设备是未来增材制造技术大规模应用的重要基础。应开展增材制造技术与材料、软件、人工智能、生命和医药科学的跨学科研究，实现重大原创性技术创新。增材制造的应用应扩展并集中在新能源、航空航天、健康、建筑、文化创意以及导航、核电等领域。

未来，增材制造技术将朝着制造四维智能结构、生命体，以及材料、结构、功能一体化的部件方向发展，为形状和性能可控提供新的技术方法，为产业创新创业提供技术平台。发展增材制造应遵循"以应用开发为导向，以技术创新为动力，以产业发展为目标"的原则。应建立合理的增材制造行业标准体系，结合云制造、大数据、物联网等新兴技术和智能制造系统，推动增材制造工艺和装备的全面创新和应用，这对实现制造技术的跨越式发展具有重要意义。

### 思考与练习

1．分析当前3D打印技术的发展趋势，并预测未来可能出现的新技术和新材料。

2．分析这种跨学科融合对3D打印技术发展的推动作用，以及可能面临的挑战和机遇。

3．讨论4D打印将如何推动绿色设计、再制造和修复等领域的发展。

4．分析4D打印在智能结构设计中的作用，以及它们将如何改变传统的生产方式和流程。

5．讨论未来政策与法规对4D打印的可能限制或支持措施。

### 拓展阅读

1.《3D打印技术的未来发展趋势》

作者：王华明

简介：本书详细探讨了3D打印技术的当前进展和未来发展方向，包括新材料、新工艺、新应用等方面的创新，以及各个领域的应用前景。

2.《逆向工程技术的创新与应用》

作者：李三雁

简介：本书分析了逆向工程技术在产品设计、制造和修复中的应用现状，并探讨了高精度测量、复杂曲面重构、智能化处理等方面的创新点和发展趋势。

3.《3D 打印与逆向工程在可持续发展中的潜力》

作者：张丽梅

简介：本书研究了 3D 打印和逆向工程在减少资源消耗、提高资源利用效率、推动循环经济等可持续发展方面的潜力，并提出了相应的实施策略和发展建议。

4.《个性化定制与智能制造的未来展望》

作者：刘伟

简介：本书分析了个性化定制市场的现状和趋势，并探讨了 3D 打印与逆向工程在个性化定制产品制造中的作用，以及它们对智能制造和自动化生产的影响。

扫码获取本书资源

# 参考文献

[1]  王华明. 3D 打印技术及其应用[M]. 北京：中国铁道出版社，2015.

[2]  史玉升. 增材制造技术[M]. 北京：清华大学出版社，2022.

[3]  卢秉恒. 增材制造技术——现状与未来[J]. 中国机械工程，2020，31(01)：19-23.

[4]  王华明，张述泉，王向明. 大型钛合金结构件激光直接制造的进展与挑战[J]. 中国激光，2009，36(12)：3204-3209.

[5]  林鑫，黄卫东. 高性能金属构件的激光增材制造[J]. 中国科学：信息科学，2015，45(09)：1111-1126.

[6]  田宗军，顾冬冬，沈理达，等. 激光增材制造技术在航空航天领域的应用与发展[J]. 航空制造技术，2015(11)：38-42.

[7]  Gu Dongdong, et al. Material-structure-performance integrated laser-metal additive manufacturing[J]. Science, 2021: 1487.

[8]  陈继民. 3D 打印技术概述[M]. 北京：化学工业出版社，2020.

[9]  杨永强，王迪. 激光选区熔化 3D 打印技术[M]. 武汉：华中科技大学出版社，2019.

[10]  杨永强. 金属零件 3D 打印技术[M]. 北京：机械工业出版社，2019.

[11]  成思源，杨雪荣，等. 逆向工程技术[M]. 北京：机械工业出版社，2020.

[12]  连伟龙，连芩，焦天，等. 皮肤修复生物 3D 打印的研究进展与挑战[J]. 光电工程，2021，48(08)：4-21.

[13]  高帆. 3D 打印技术概论[M]. 北京：机械工业出版社，2015.

[14]  辛志杰. 逆向设计与 3D 打印实用技术[M]. 北京：化学工业出版社，2019.

[15]  杨占尧，赵敬云，崔风华. 增材制造与 3D 打印技术及应用[M]. 北京：清华大学出版社，2021.

[16]  王寒里，原红玲. 3D 打印入门工坊[M]. 北京：机械工业出版社，2018.

[17]  王晓燕，朱琳. 3D 打印与工业制造[M]. 北京：机械工业出版社，2019.

[18]  陈国达. 3D 打印技术：从入门到精通[M]. 北京：电子工业出版社，2017：220-250.

[19]  刘建伟. 逆向工程技术与实践[M]. 北京：国防工业出版社，2016：160-195.

[20]  刘利，张晓红. 逆向工程与 3D 打印技术[M]. 上海：上海交通大学出版社，2017 .

[21]  李青，王青. 3D 打印：原理、技术与应用[M]. 北京：清华大学出版社，2018.

[22]  赵毅，陈志杨. 逆向工程技术及应用[M]. 北京：机械工业出版社，2019.

[23]  张亚勤. 3D 打印技术及其在制造业的应用[M]. 北京：人民邮电出版社，2016.

[24]  王宁. 3D 打印技术：原理、实践与未来[M]. 北京：科学出版社，2017.

[25]  朱世强. 3D 打印与智能制造[M]. 杭州：浙江大学出版社，2018.

[26]  吴国庆. 3D 打印成型工艺及材料[M]. 北京：高等教育出版社，2018.

[27]  蔡晋，李威，刘建邦. 3D 打印一本通[M]. 北京：清华大学出版社，2016.

[28]  陈国清. 选择性激光熔化 3D 打印技术[M]. 西安：西安电子科技大学出版社，2016.

[29]  Fu Jun, Jin Zhongmin, Wang Jinwu. UHMWPE biomaterials for joint implants: Structures, properties and clinical performance[M]. Springer, 2019.

[30]  Brandt M. Laser additive manufacturing: Materials, design, technologies, and applications[M]. Duxford: Woodhead Publishing, 2017.

[31]  蔡启茂，王东. 3D 打印后处理技术[M]. 北京：高等教育出版社，2019.

[32]  陈森昌. 3D 打印的后处理及应用[M]. 武汉：华中科技大学出版社，2018.

[33]  Noorani R. 3D printing[M]. London: Taylor and Francis, CRC Press, 2017.

[34]  王广春. 3D 打印技术及应用实例[M]. 北京：机械工业出版社，2016.

[35]  刘静，刘昊，程艳，等. 3D 打印技术理论与实践[M]. 武汉：武汉大学出版社，2017.

[36]  Muralidhara H B, Soumitra B. 3D printing technology and its diverse applications[M]. Apple Academic Press, 2021.

[37]  宁天亮. 3D 打印踝足矫形器的设计与应用研究[D]. 呼和浩特：内蒙古工业大学，2023.

[38]  袁磊. 面向 3D 打印的轻量化结构研究[D]. 呼和浩特：内蒙古工业大学，2020.

[39] 白宇，王坤. 基于参数化的 3D 打印个性化外固定支具设计研究[J]. 图学学报，2023, 44(05): 1050-1056.

[40] 宁天亮，王坤，王领彪，等. 基于三点力原理对足内翻矫形器矫正效果的有限元分析[J]. 中国组织工程研究，2023:1-9.

[41] 彭志鑫，闫文刚，王坤，张振江. 3D 打印前臂外固定支具的有限元分析与结构优化设计[J]. 中国组织工程研究，2023:1-6.

[42] 王坤，张振江，赵卫国. 3D 打印外固定支具参数化反求建模方法[J]. 机械设计，2021, 38(05): 121-126.

[43] Wang Kun , Feng Haiquan, Tian Rui. Performance test and experimental study of special stent for treatment of iliac vein stenosis[J]. Journal of Mechanics in Medicine and Biology, 2020, 20(6): 2040014.

[44] Feng Haiquan, Wang Kun, Qiu Hongran, et al. Research on biomechanics properties and hemodynamics performance of the convertible vena cava filter[J]. Journal of Mechanics in Medicine and Biology, 2017, 17(5): 1740022.

[45] 王晓辉，王坤，胡志勇，等. 假肢接受腔设计及界面应力的有限元分析[J]. 中国组织工程研究，2020, 24(06): 862-868.

[46] Feng Haiquan, Wang Dong, Wang Kun, et al. Simulation studies on the hemodynamics of a centrifugal ventricular assist pump[J]. International Journal of Fluid Machinery and Systems, 2019, 12(3): 181-188.

[47] 李艳. 3D 打印企业实例[M]. 北京：机械工业出版社，2017.

[48] 陈雪芳，孙春华. 逆向工程与快速成型技术应用[M]. 北京：机械工业出版社，2021.

[49] 胡宗政，王方平. 三维数字化设计与 3D 打印[M]. 北京：机械工业出版社，2020.

[50] 刘然慧，刘纪敏. 3D 打印——Geomagic Design X 逆向建模设计实用教程[M]. 北京：化学工业出版社，2017.

[51] 张振贤，张磊，樊彬. 3D 打印从全面了解到亲手制作[M]. 北京：化学工业出版社，2014.

[52] 辛志杰，陈振亚. 3D 打印成型综合技术与实例[M]. 北京：化学工业出版社，2021.

[53] 黄健，姜耀林. 3D 打印技术及应用趋势[M]. 北京：机械工业出版社，2016.

[54] 陈泰. 逆向工程与 3D 打印：创新设计与制造实践[M]. 北京：科学出版社，2019.

[55] 斯科特·克鲁斯. 3D 打印革命：增材制造如何改变世界[M]. 北京：中信出版集团，2018.

[56] 陈光霞. 逆向工程在产品设计中的应用与实践[M]. 北京：北京大学出版社，2018.

[57] Gibson I, Rosen D, Stucker B. Additive manufacturing technologies: Rapid prototyping to direct digital manufacturing[M]. Springer. 2010.